Nezar Watted · Tobias Teuscher

Verlagerte Zähne

Diagnose und erfolgreiche Therapie

Verlagerte Zähne

Diagnose und erfolgreiche Therapie

Priv.-Doz. Dr. med. dent. Nezar Watted
Dr. med. dent. Tobias Teuscher

Quintessenz Verlags-GmbH

Berlin, Chicago, Tokio, Barcelona, Istanbul, London, Mailand, Moskau,
Mumbai, Paris, Peking, Prag, São Paulo, Seoul, Warschau

Bibliografische Information Der Deutschen Bibliothek

Die Deutsche Bibliothek verzeichnet diese Publikation in der Deutschen Nationalbibliographie; detaillierte bibliografische Daten sind im Internet über <fttp://dnb.ddb.de> abrufbar.

quintessenz bibliothek

Druck- und Bindearbeiten: Bosch-Druck, Landshut
Printed in Germany

ISBN 3-87652-554-3

Vorwort

Die Folgen einer Verlagerung beinhalten nicht nur das Fehlen des betroffenen Zahnes im Zahnbogen, sondern können bis zum Verlust benachbarter Zähne durch Resorptionen führen. Die rechtzeitige Diagnose und erfolgreiche Behandlung verlagerter Zähne ist somit für den Patienten nicht nur aus Gründen der dentofazialen Ästhetik wünschenswert, sondern auch für den Erhalt des stomatognathen Systems und dessen Funktion wichtig.

Die jeweils bestmögliche Therapie richtet sich nach einer Summe von Faktoren, wie dem Ausmaß der Verlagerung, dem Stadium der Gebissentwicklung und nicht zuletzt der Behandlungsbereitschaft des Patienten. Um diese Faktoren im einzelnen Fall angemessen gewichten zu können und den Behandlungsablauf und -aufwand sowie das Ergebnis im Vorfeld einer Behandlung abzuschätzen, ist ein möglichst standardisiertes und verlässliches Behandlungskonzept hilfreich.

Aufgrund der Diversität der zu erbringenden Therapiemaßnahmen, von der Diagnose, über den chirurgischen Eingriff, bis zur aktiven Einstellung des verlagerten Zahnes, wird weder der Zahnarzt noch der Kieferorthopäde allein tätig werden, sondern in Absprache mit dem jeweiligen Kollegen die individuell nötigen Maßnahmen festlegen und durchführen.

Der Zahnarzt kann den Patienten in der Regel über den allgemeinen Ablauf der Einstellung eines verlagerten Zahnes aufklären. Für die Abschätzung der Durchführbarkeit mit allen Risiken im konkreten Fall benötigt der Zahnarzt normalerweise jedoch die Meinung eines Kieferorthopäden. Dieser kann den Patienten anhand evtl. weiterführender diagnostischer Unterlagen und unter Berücksichtigung der Gesamtsituation über die individuellen Risiken und den Ablauf des Eingriffes aufklären. Der Kieferchirurg hat mit der Durchführung der chirurgischen Freilegung entscheidenden Einfluss auf den Verlauf der kieferorthopädischen Einstellung, auf die Prognose der posttherapeutischen Parodontalverhältnisse und sogar auf die Stabilität des Ergebnisses.

Die erfolgreiche Therapie verlagerter Zähne erfordert also in Diagnose und Therapie ein interdisziplinäres, aufeinander abgestimmtes Vorgehen von Zahnarzt, Kieferchirurg und Kieferorthopäde, um aus funktioneller und ästhetischer Sicht effizient und zuverlässig das individuelle Behandlungsoptimum zu erreichen. Die Kommunikation und Zusammenarbeit der verschiedenen zahnärztlichen Fachdisziplinen wird im Praxisablauf wesentlich erleichtert, wenn auf ein abgestimmtes Behandlungskonzept für verlagerte Zähne zurückgegriffen werden kann.

An dieser Stelle danken wir Herrn Prof. Dr. Dr. *Jürgen Reuther* und dem Team der Poliklinik für Mund-, Kiefer- und Gesichtschirurgie Würzburg für die gute Zusammenarbeit und Geduld, ohne die die Anfertigung der intraoperativen Aufnahmen nicht möglich gewesen wäre. Herrn Prof. em. *Emil Witt* danken wir für die Fachweiterbildung und die konstruktive Arbeit an der Poliklinik für Kieferorthopädie Würzburg.

Größter Dank gilt unseren Frauen und Kindern, die in der Zeit der Entstehung dieses Buches des öfteren gerne den Stecker aus dem PC gezogen hätten.

Inhalt

1 Grundlagen

1.1 Definition

Um Durchbruchsstörungen wie Retentionen oder Verlagerungen zuverlässig und rechtzeitig diagnostizieren zu können, sind genaue Kenntnisse der physiologischen Zahnentwicklung und der entsprechenden Durchbruchsstadien erforderlich.

Als **verlagert** wird ein Zahn bezeichnet, wenn seine Längsachse von der physiologischen Durchbruchsrichtung abweicht. Um einen Zahn als verlagert einstufen zu können, ist ein Orthopantomogramm (OPG) hilfreich (Abb. 1.1 bis Abb. 1.5). Auch eine geringgradige Verlagerung kann durch den Seitenvergleich entsprechender Zähne im gegenüberliegenden Quadranten desselben Kiefers diagnostiziert werden.

Da die Oberkiefereckzähne einen kurvenförmigen Durchbruchsweg aufweisen[20], indem sie sich in ihrer Zahnachse von anfänglich schräg liegend schließlich senkrecht in den Zahnbogen einreihen[32], ist diese Zahngruppe besonders anfällig für eine verfrühte oder verspätete Diagnose einer Verlagerung (Abb. 1.6).

Eine **Retention** liegt vor, wenn die morphologische Entwicklung eines Zahnes weiter fortge-

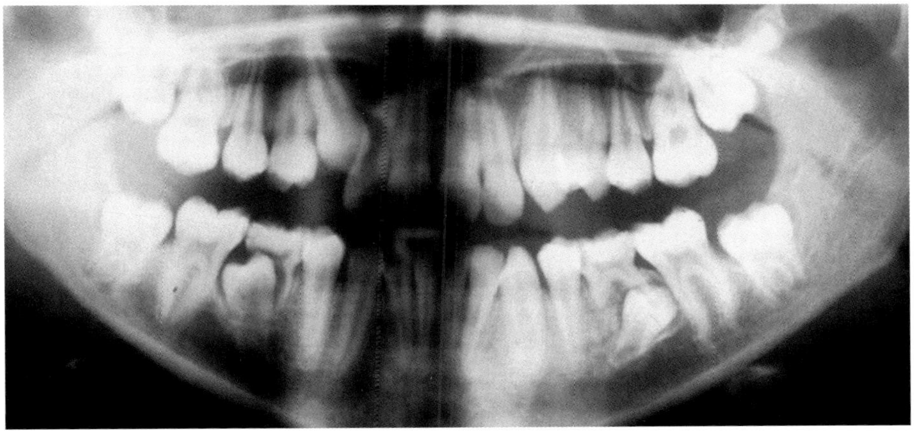

Abb. 1.1 Verlagerung der Zähne 13, 35 und 45. An den Zähnen 35 und 45 liegt zusätzlich eine Entwicklungsverzögerung vor.

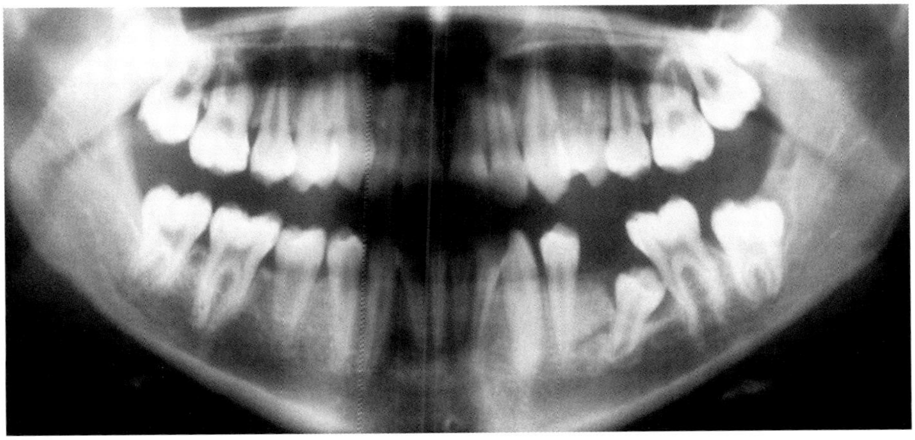

Abb. 1.2 OPG des gleichen Patienten. Es liegt eine Retention und Verlagerung der Zähne 35 und 37 vor.

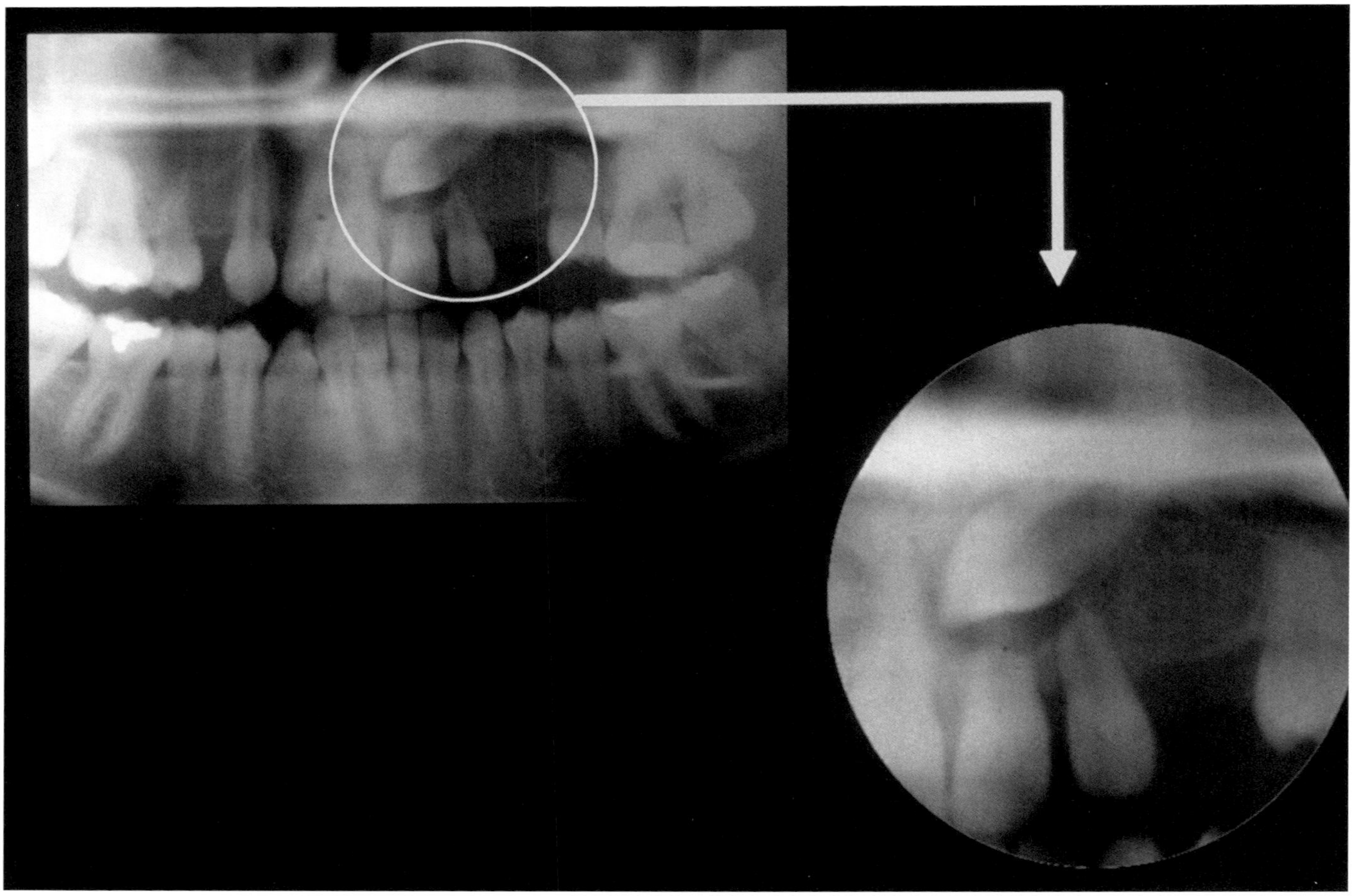

Abb. 1.3 Verlagerung und Retention des Zahnes 23. Resorptionen an den benachbarten Zähnen sind zu vermuten. Zur Abklärung ist eine weiterführende Diagnostik indiziert, evtl. eine Computertomographie(CT)-Aufnahme.

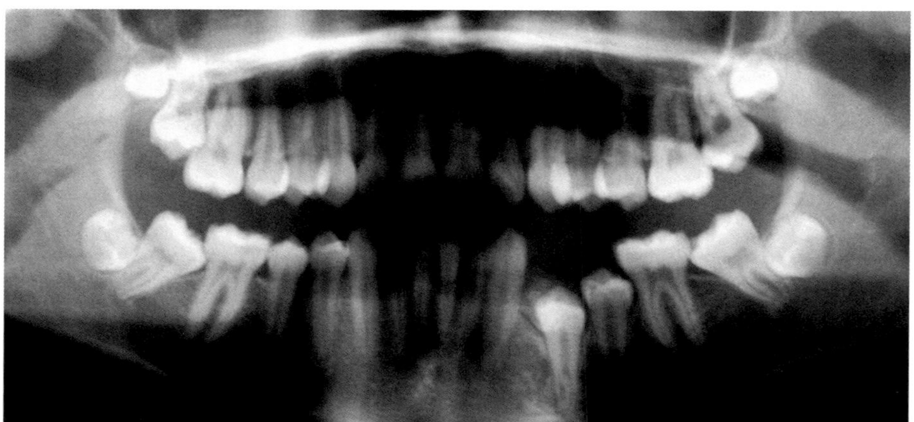

Abb. 1.4 OPG: Verlagerung der Zähne 37 und 47.

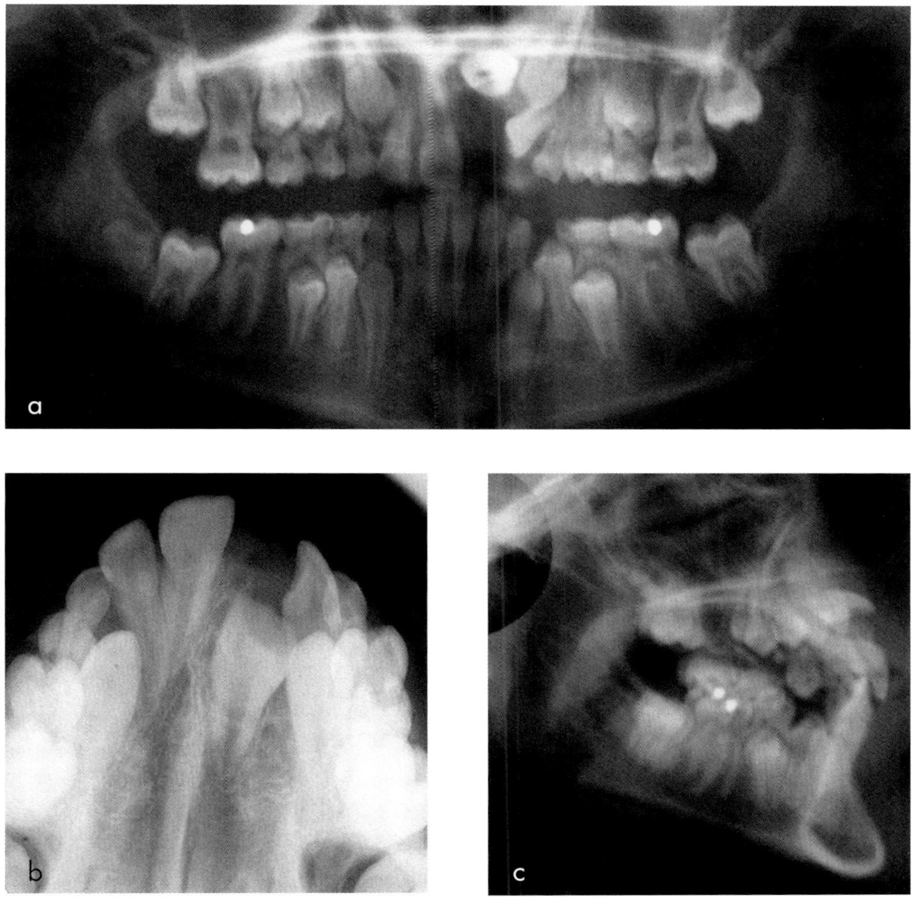

Abb. 1.5a bis c
a OPG: Verlagerung des Zahnes 21; b OK-Aufbissaufnahme: Verlagerung von Zahn 21; c Fernröntgenseitenbild (FRS): horizontal verlagerter Zahn 21.

schritten ist, als die zu diesem Zeitpunkt zu erwartende Vertikalentwicklung (Abb. 1.7).

Generell gilt, dass der Durchbruch eines Zahnes erwartet werden sollte, wenn zwei Drittel der wahrscheinlichen Wurzellänge erreicht sind (Abb. 1.8 und Abb. 1.9).

Ist das Wurzelwachstum eines Zahnes abgeschlossen, wofür der röntgenologische Verschluss des Apex ein sicheres Zeichen ist, und ist der Zahn dennoch nicht durchgebrochen, kann dieser definitiv als retiniert eingestuft werden[47] (Abb. 1.10). Aus dem Begriff der Retention lässt sich keine Aussage über eine eventuell vorliegende unphysiologische Durchbruchsrichtung ableiten.

Zwischen dem Extrem des retinierten, aber nicht verlagerten Zahnes einerseits und dem verlagerten, aber noch nicht retinierten Zahn andererseits, sind alle denkbaren Kombinationen mit unterschiedlichem Ausmaß der einzelnen Komponenten möglich.

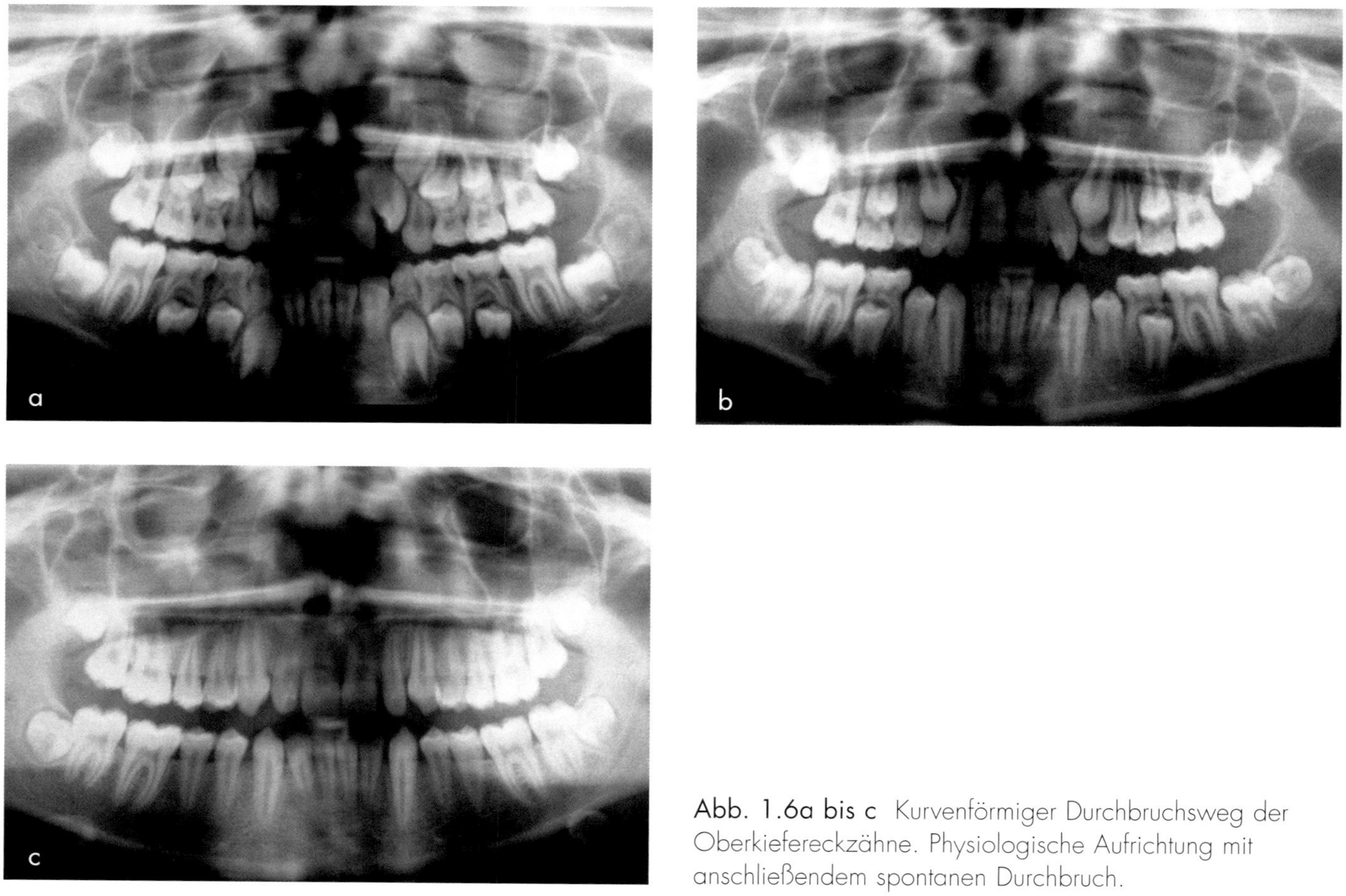

Abb. 1.6a bis c Kurvenförmiger Durchbruchsweg der Oberkiefereckzähne. Physiologische Aufrichtung mit anschließendem spontanen Durchbruch.

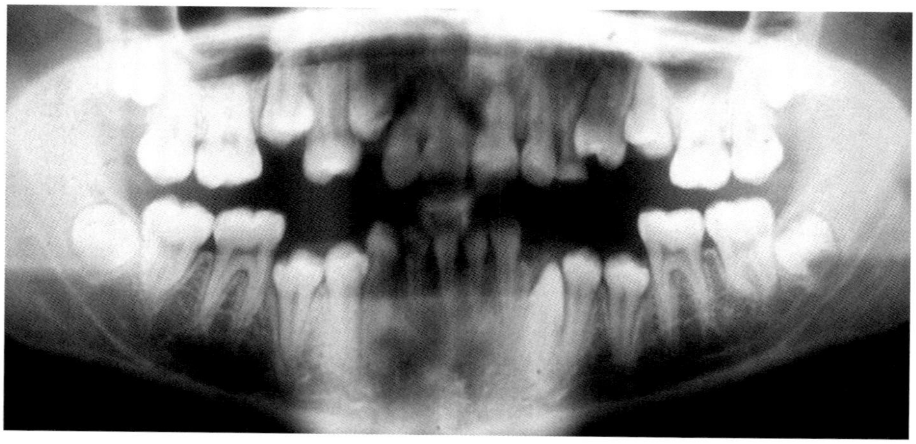

Abb. 1.7 Retention mehrerer Zähne in den Stützzonen ohne Verlagerung.

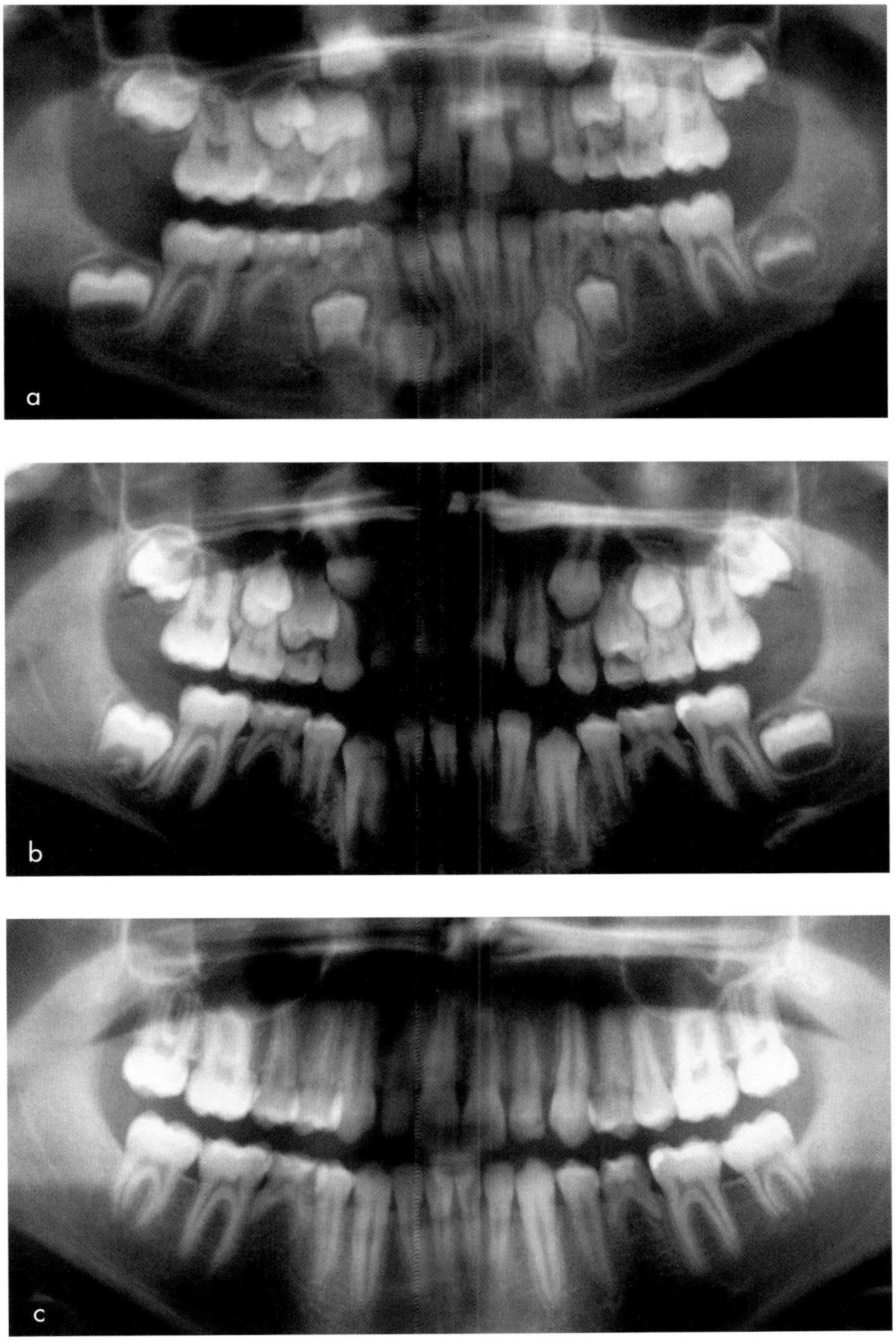

Abb. 1.8a bis c OPG eines Patienten mit 9, 11 und 14 Jahren; alle Zähne sind altersgemäß entwickelt, die Zähne 35 und 45 sind nicht angelegt.

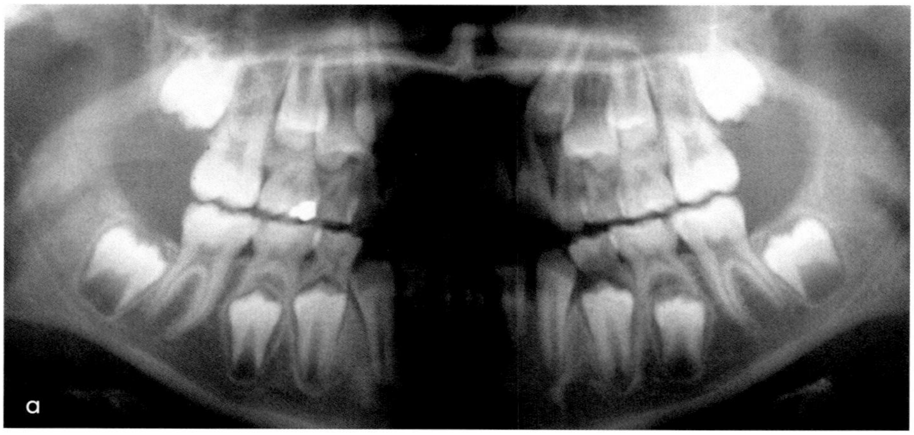

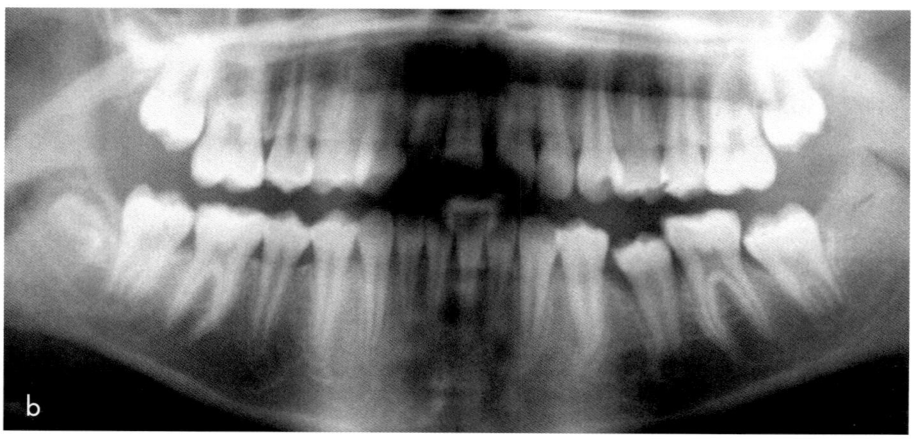

Abb. 1.9a und b Dentale Frühentwicklung: **a** OPG einer 8-jährigen Patientin; das dentale Alter ist dem biologischen voraus; **b** OPG der gleichen Patientin mit 11 Jahren; alle Zähne sind durchgebrochen, das Wurzelwachstum ist nahezu abgeschlossen.

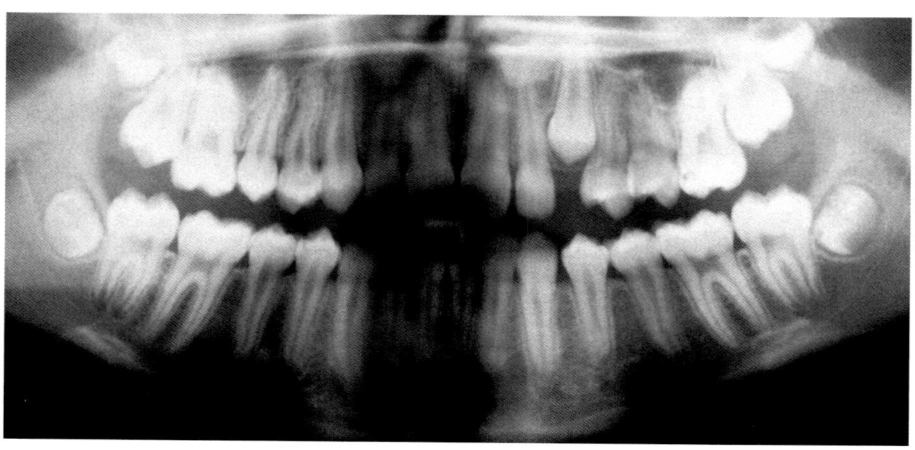

Abb. 1.10 Der Zahn 23 ist retiniert, sein Wurzelwachtum ist abgeschlossen.

1.2 Prävalenz

Die oberen Eckzähne gehören nach den Unterkieferweisheitszähnen zu den am häufigsten retinierten und verlagerten bleibenden Zähnen. Unter Ausgrenzung der Weisheitszähne macht der Oberkiefereckzahn knapp 60% der verlagerten Zähne aus, wobei 8% der Patienten beidseits eine Verlagerung haben. 2,5% der Durchbruchsstörungen betreffen obere mittlere Inzisivi[33].

Die Prävalenz **palatinal verlagerter Eckzähne** variiert im Wechselgebiss der 2. Phase je nach Autor zwischen 0,92%[19], 1,7%[29] und 2,2%[80], wobei weibliche Patienten doppelt so häufig betroffen sind wie männliche. **Bukkale Verlagerungen** treten unter kieferorthopädischen Patienten mit einer Inzidenz von ungefähr 2%[6] auf.

Die Schwierigkeit der exakten Bestimmung des **Verhältnisses** zwischen bukkaler und palatinaler Verlagerung von Oberkiefereckzähnen liegt in der Tendenz bukkal verlagerter Zähne zum ektopischen Durchbruch hochvestibulär im Bereich der Alveolarmukosa[42] (Abb. 1.11).

Entsprechend variieren die Verhältniszahlen: gegenüber bukkalen Verlagerungen ist das Vorkommen palatinaler Impaktionen doppelt bis 12-fach so hoch[30]. Ca. 85% bis 90% verlagerter Eckzähne liegen palatinal[32] und 15% bukkal[29]. Nach *Diedrich* sind 50% palatinal, 30% vestibulär und der Rest inmitten des Alveolarfortsatzes verlagert[23].

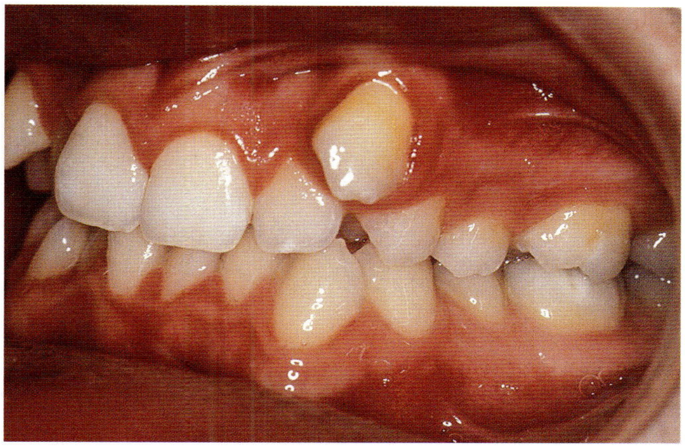

Abb. 1.11 Ektopischer Durchbruch der Oberkiefereckzähne.

1.3 Ätiologie

Die Pathogenese von Verlagerungen wird von einer Vielzahl endogener und exogener Faktoren beeinflusst. Unabhängig von der betroffenen Zahngruppe können starker Platzmangel oder Durchbruchshindernisse zu Verlagerungen führen.

Mesiodente bzw. überzählige Zahnanlagen werden häufig bei verlagerten und retinierten oberen Schneidezähnen diagnostiziert, können aber auch an anderer Stelle zur Verlagerung führen (Abb. 1.12).

Zysten können die benachbarten Zähne verdrängen und Verlagerungen hervorrufen (Abb. 1.13). Während ein Trauma im bleibenden Gebiss per se zur Verlagerung der betroffenen Zähne führen kann (Abb. 1.14), verursacht es im Milchzahngebiss u. U. eine Dilazeration und Dislokation der permanenten Zähne und kann eine Verlagerung bzw. Retention der Oberkieferinzisivi nach sich ziehen[54] (Abb. 1.15).

Im Falle der **Eckzahnverlagerung** gibt es unzählige Untersuchungen bezüglich der auslösenden Faktoren. Die Gründe für eine Eckzahnverlagerung können allgemeiner oder lokaler Art[13, 63], anatomischer oder sogar genetischer Natur sein. 15% bis 20% der betroffenen Patienten haben nach *Trauner* eine vererbte Eckzahnretention[82].

Die Überlegungen zur entwicklungsbedingten Eckzahndystopie nehmen in der Literatur den größeren Raum ein[21]. Die Eckzähne haben den längsten Durchbruch sowohl im zeitlichen als auch im räumlichen Sinn. Seitlich der *Apertura piriformis* in der *Fossa canina* angelegt, nimmt der Eckzahn einen kurvenförmigen Weg[20] vom basalen Kieferabschnitt zum Zahnbogen, wobei er sich in seiner Zahnachse von

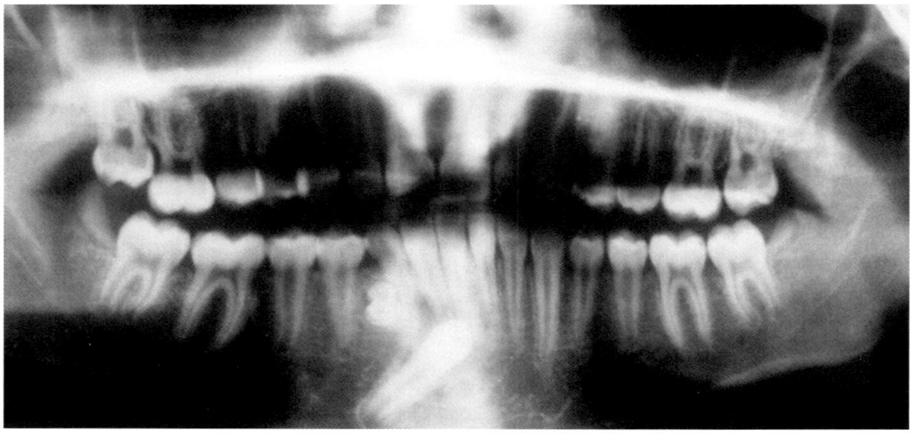

Abb. 1.12 Ein überzähliger Zahn bzw. ein Odontom in regio 43 und 44. Der Zahn 43 ist reteniert und nach mesial verlagert, Persistenz des Zahnes 83.

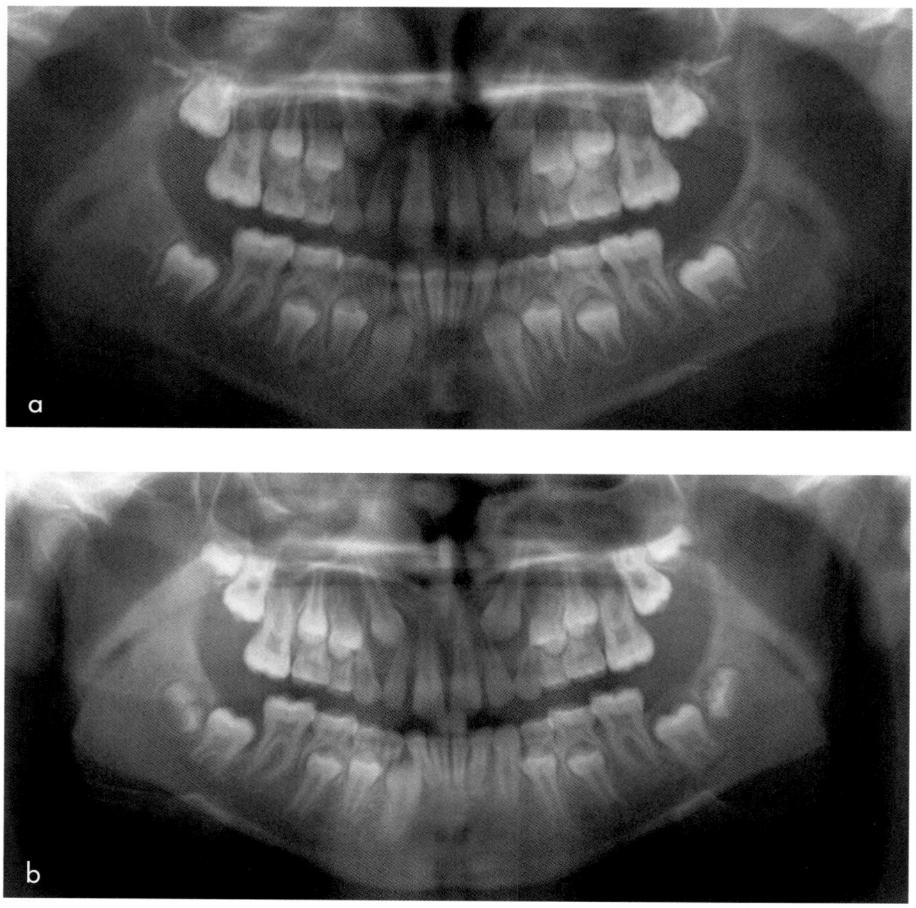

Abb. 1.13a und b
a OPG: Es bildet sich eine perikoronare Zyste in regio 13 und 23.
b OPG derselben Patientin: Das Fortschreiten der Zystenbildung führte zu einer Verdrängung der Eckzähne nach mesial.

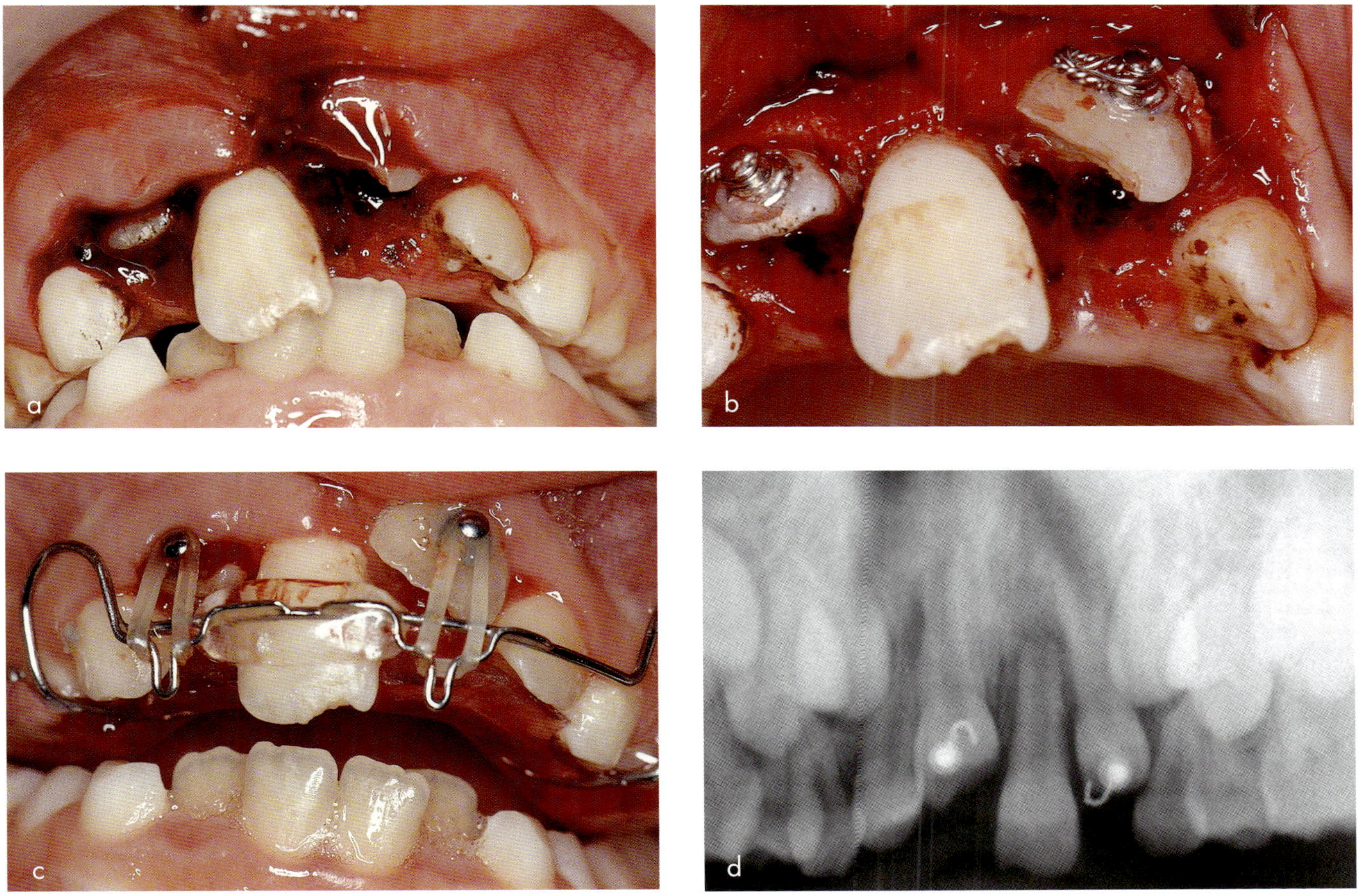

Abb. 1.14a bis d

a Traumabedingte Verlagerung (Intrusion) der Zähne 12 und 21; **b** Vorbereitung der intrudierten Zähne zur aktiven Eruption; **c** Situation während der aktiven Einstellung der intrudierten Zähne; **d** Aufbissaufnahme derselben Patientin.

anfänglich schräg liegend, schließlich senkrecht in den Zahnbogen einreiht[32].

Der seitliche Schneidezahn nimmt als Führungsfläche für den durchbrechenden Eckzahn dabei eine wichtige Position ein[82, 91] (Abb. 1.16).

Miller sah einen Zusammenhang zwischen fehlenden seitlichen Schneidezähnen und der Verlagerung der benachbarten Eckzähne[62]. *Zilberman* zeigte den engen Zusammenhang zwischen seitlichen Schneidezähnen mit reduzierter Größe (Hypoplasien) und abnormaler Form sowie der Eckzahnverlagerung auf[91] (Abb. 1.17).

Palatinal verlagerte Eckzähne sind 6-mal häufiger mit anormal geformten seitlichen Inzisivi kombiniert als normal durchgebrochene Eckzähne. Weitere ätiologische Faktoren sind kurzwurzelige 2er, fehlende Zähne und spät entwickelte Gebisse. Kein Zusammenhang besteht zum Vorliegen von Platzmangel[48]. Nach *Karwetzky*[47] kommt der Eckzahn palatinal zu liegen durch endogene Faktoren und vestibulär durch Platzmangel, was *Jacoby*[42] bestätigt. Weitere Befunde bei Eckzahnverlagerung sind Milchzahnretention – wobei offen bleibt ob dies Ursache oder Folge der Verlagerung ist – bzw. verfrühter Verlust des Milcheckzahnes, Lippen-Kiefer-Gaumen(LKG)-Spalten, Ankylosen, Zysten, oder Dilazerationen[12].

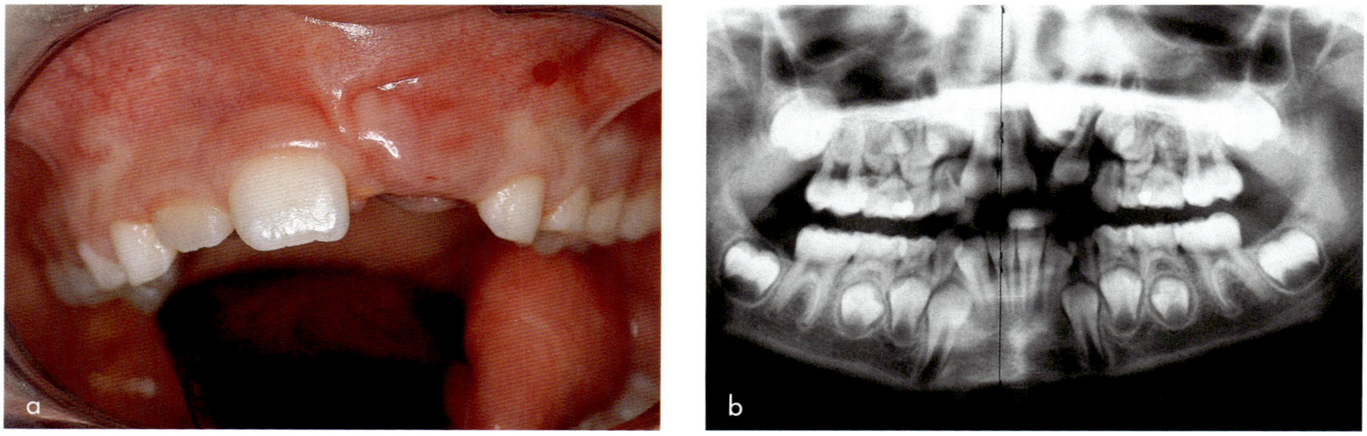

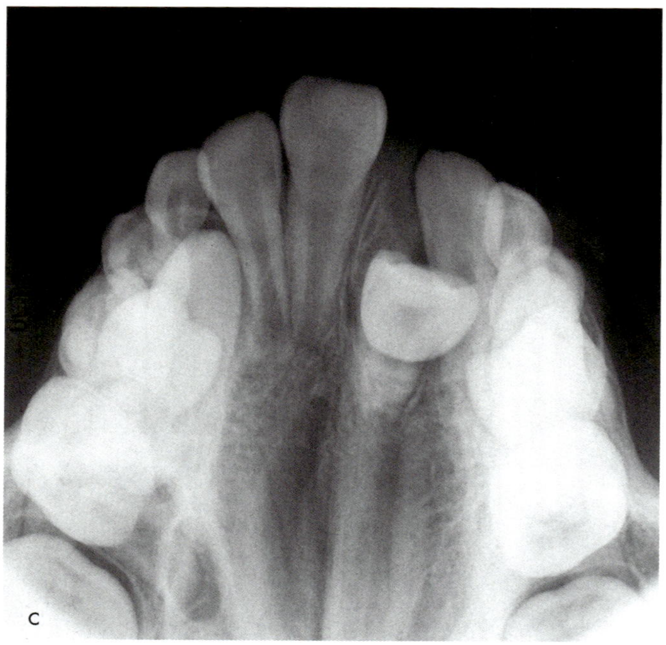

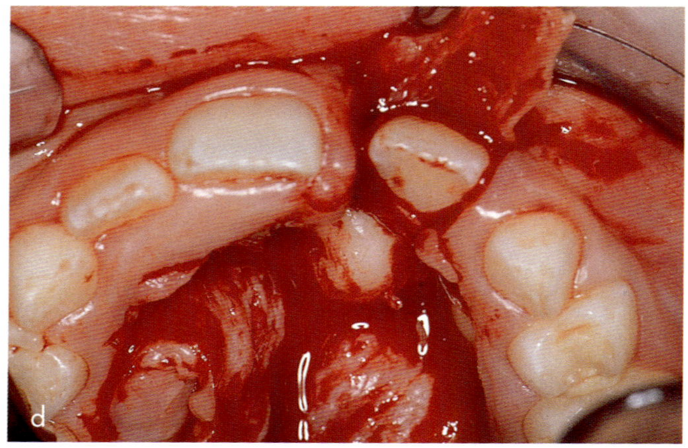

Abb. 1.15a bis d Klinisches Bild einer 10-jährigen Patientin: **a** Die Zähne 21 und 22 sind nicht durchgebrochen. Die Patientin hatte im Milchgebiss ein Frontzahntrauma erlitten; **b und c** OPG und Aufbissaufnahme: Verlagerung der Zähne 21 und 22; **d** Intraoperative Ansicht während der Freilegung der verlagerten Zähne.

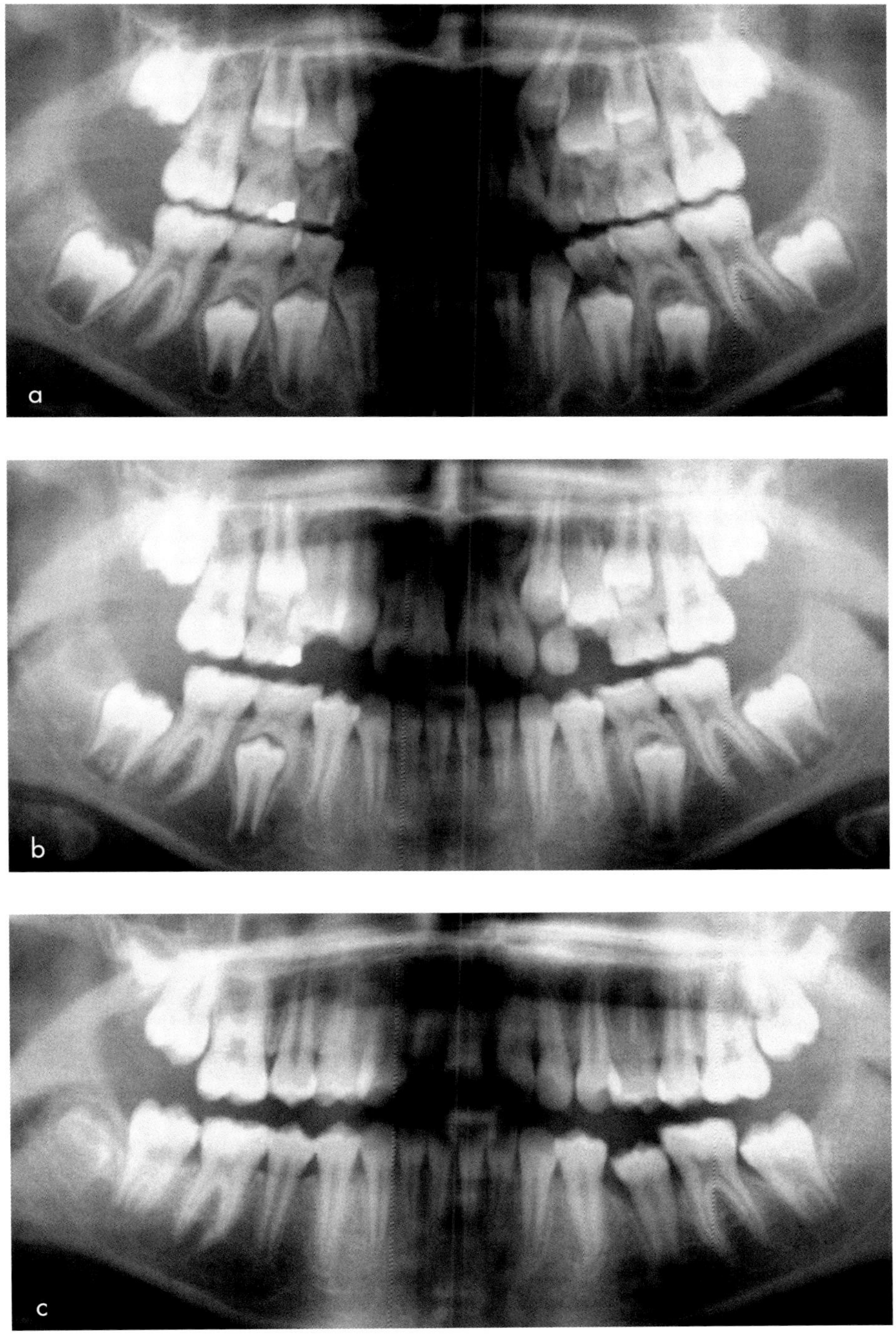

Abb. 1.16a bis c Entwicklungsverlauf der Oberkiefereckzähne. Die Eckzähne richten sich mit dem Durchbruch auf.

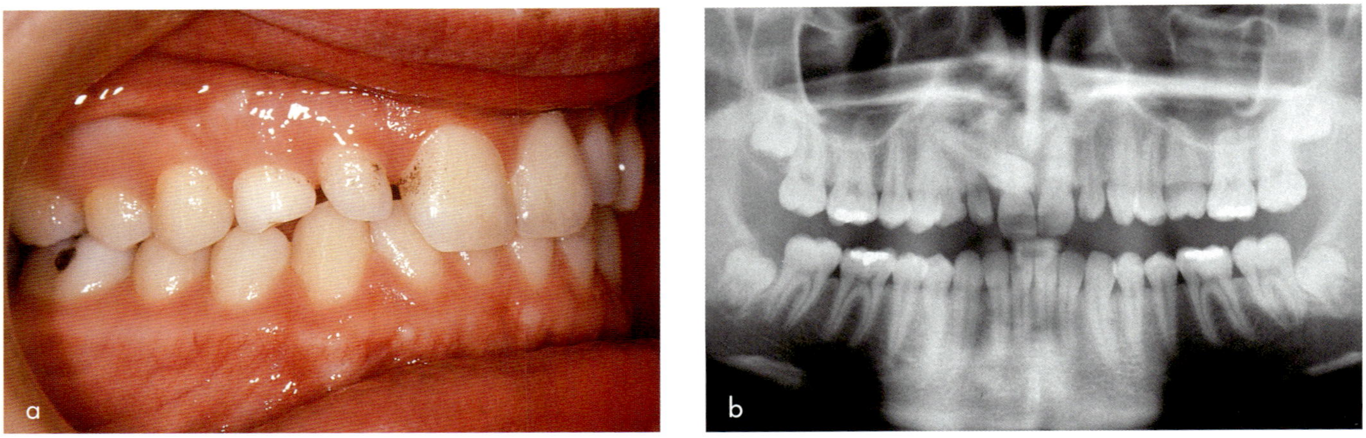

Abb. 1.17a und b Palatinal verlagerter Zahn 13 mit Persistenz von Zahn 53. Der Zahn 12 ist hypoplastisch.

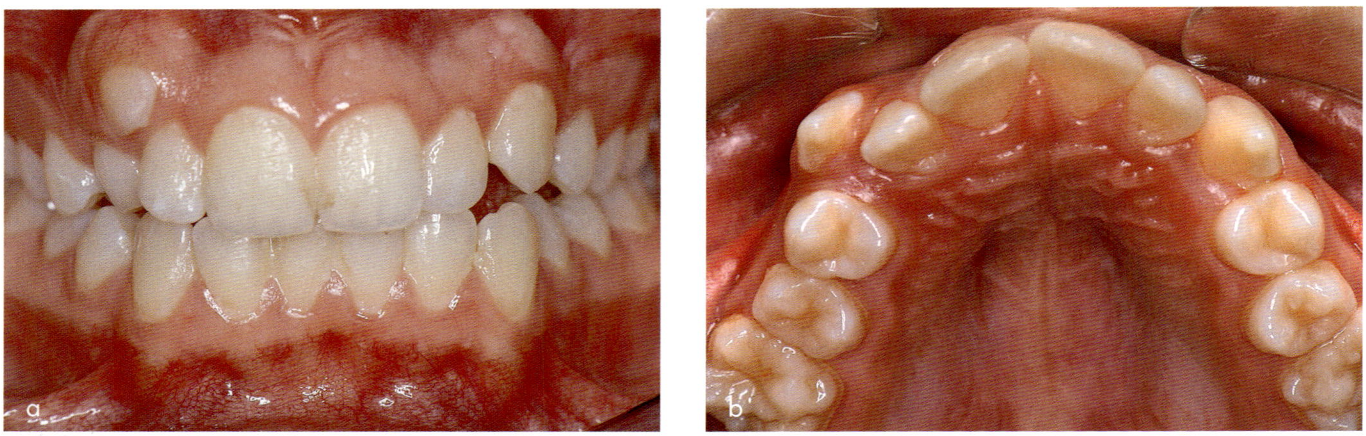

Abb. 1.18a und b Ektopischer Durchbruch von Zahn 13 mit Wanderung der benachberten Zähne und Verkürzung des Zahnbogens.

Bukkale Verlagerungen sind vorwiegend durch ein Defizit der Zahnbogenlänge bedingt[12]. In einer Untersuchung von *Jacoby* lagen in 85% der Fälle mit palatinal impaktierten Eckzähnen ausgeglichene Platzverhältnisse im Zahnbogen vor[42]. Dagegen hatten lediglich 17% der bukkal verlagerten Eckzähne ausreichende Platzverhältnisse für den regelrechten Durchbruch. Ursächlich hierfür kann der vorzeitige Verlust von Milchzähnen mit den entsprechenden Folgen für die Platzverhältnisse sein: die distal gelegenen Zähne wandern nach mesial und der Platz im Zahnbogen wird für den regelrechten Durchbruch der Eckzähne eingeengt (Abb. 1.18).

1.4 Risiken durch verlagerte Zähne

Als mögliche Folgen einer unbehandelten Verlagerung sind der ektopische Durchbruch und das Verbleiben im Kiefer mit allen daraus resultierenden Konsequenzen zu nennen: Wanderungen der benachbarten Zähne, Verkürzung des Zahnbogens, Resorptionen, Zysten und Infektionen bei teilretinierten Eckzähnen (Abb. 1.19). Die möglichen Folgen sollten jedem Zahnarzt die Bedeutung der Überwachung des korrekten Zahnwechsels im Zuge der routinemäßigen

Abb. 1.19a bis c
a Das OPG zeigt große Zysten sowohl im Oberkiefer rechts als auch im Frontzahngebiet des Unterkiefers. Der Zahnkeim 13 wurde bis zum Orbitaboden verdrängt. Im Unterkiefer wurden die Zähne 32, 33 sowie 43 nach kaudal und Zahn 43 zusätzlich nach distal verlagert.
b und c Die CT-Aufnahmen in unterschiedlichen Schichtebenen zeigen die Zyste im Oberkiefer und den in Richtung des Orbitabodens verlagerten Eckzahn.

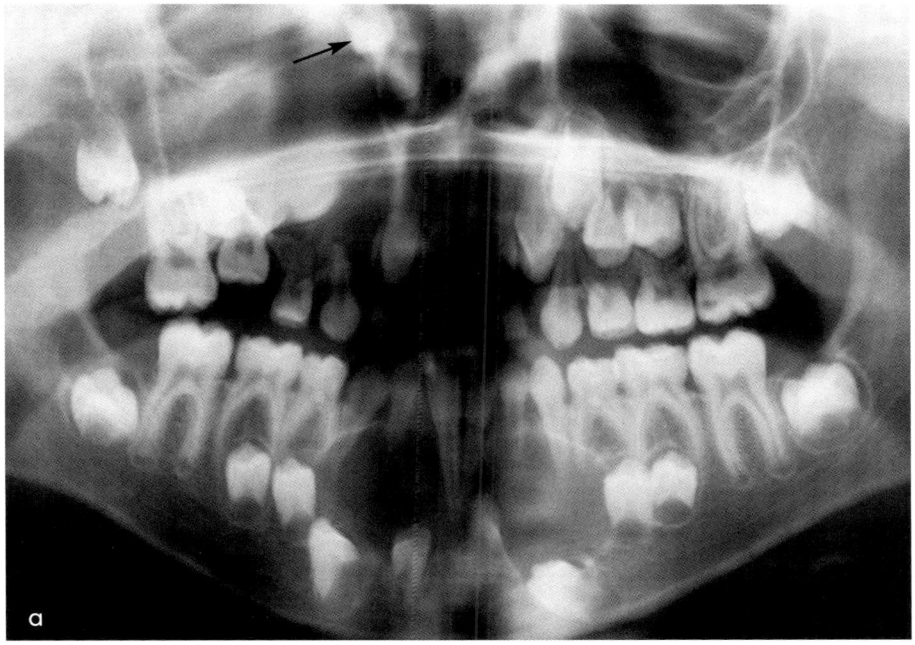

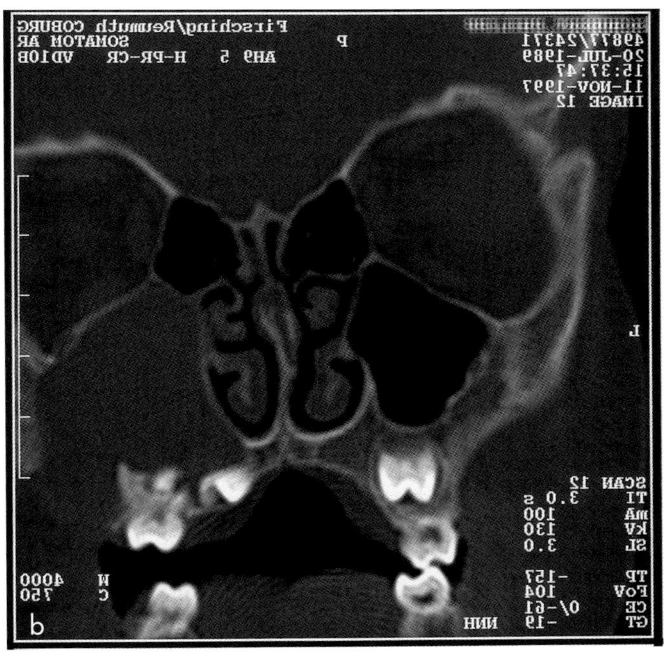

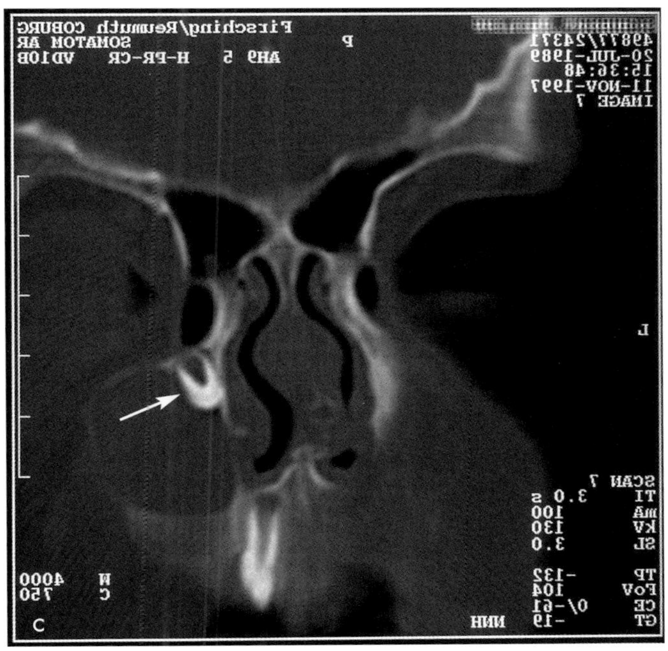

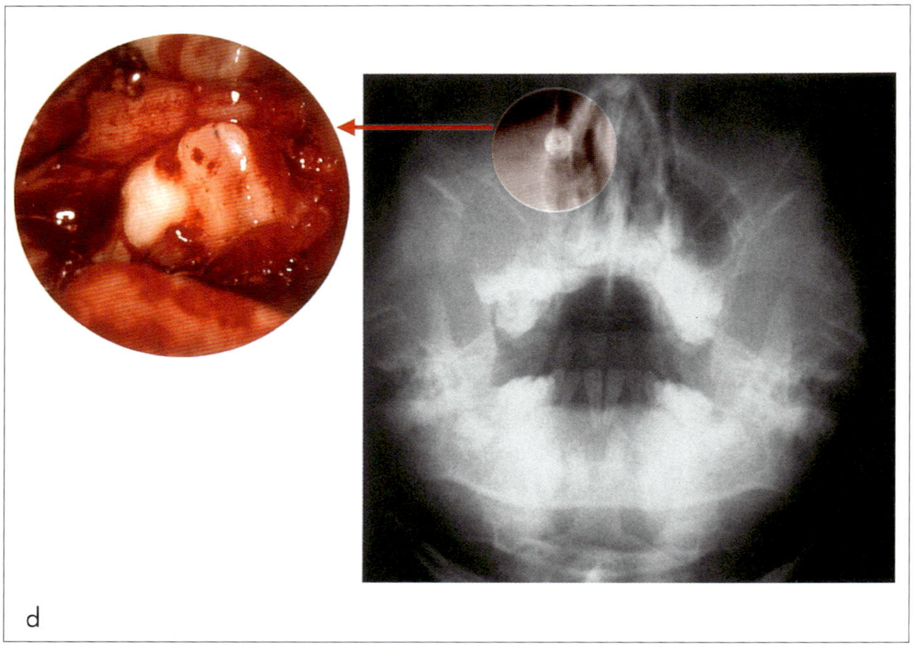

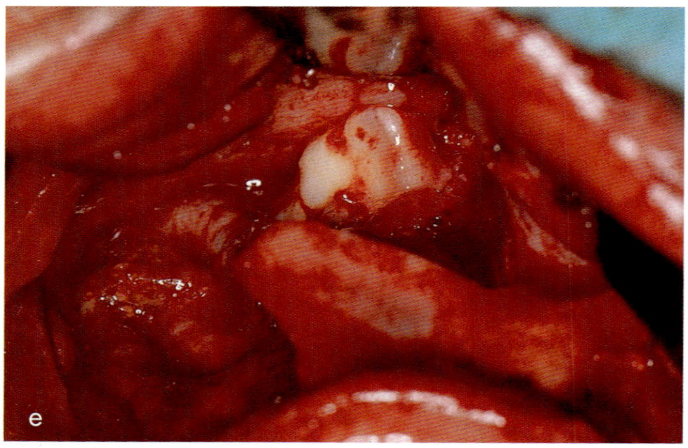

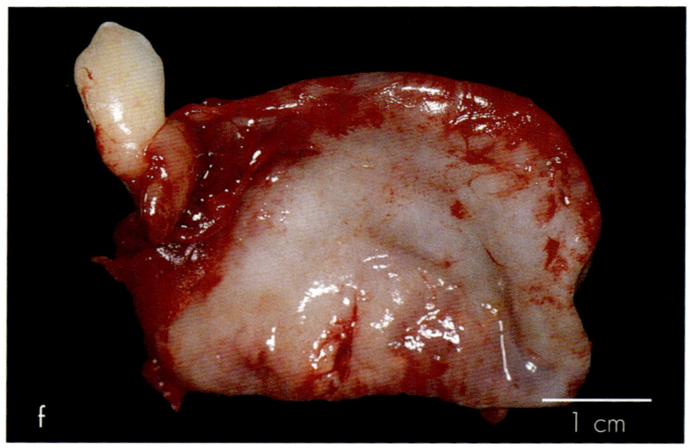

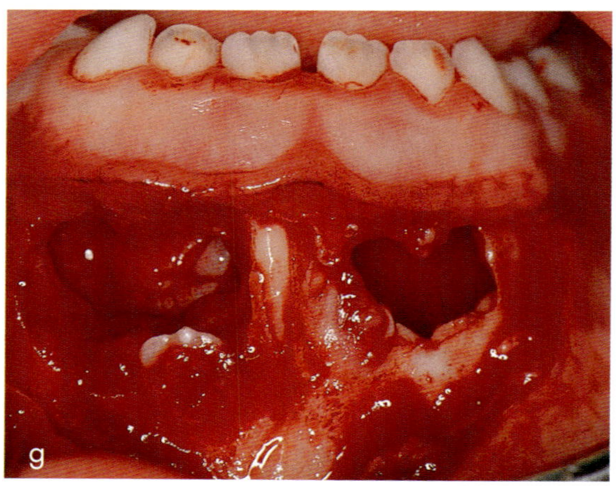

Abb. 1.19d bis h
d Die Nasennebenhöhlen-Aufnahme und der klinische Ausschnitt zeigen das Ausmaß der Eckzahnverlagerung.
e Intraoperative Darstellung des an der Zyste hängenden verlagerten Zahnes.
f Zystenbalg mit verlagertem Zahn.
g Intraoperative Darstellung der Zyste im Unterkiefer.
(Die Abb. e bis g wurden mit freundlicher Genehmigung von Dr. Dr. *Bill* zur Verfügung gestellt).

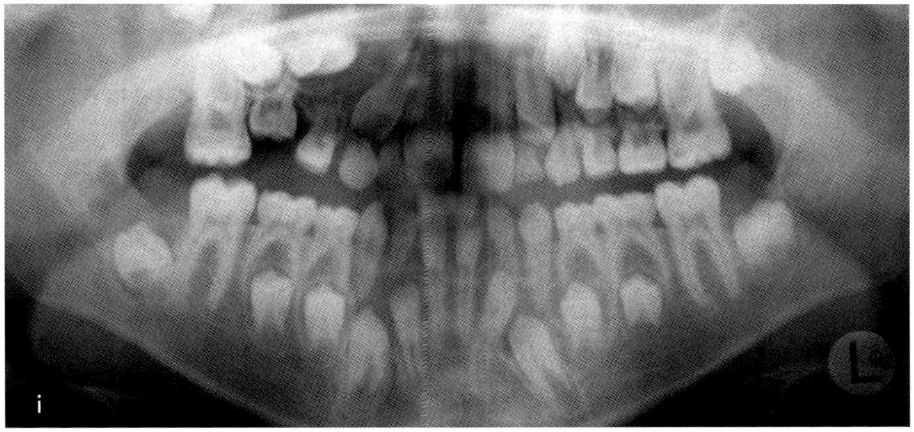

Abb. 1.19i OPG desselben Patienten anderthalb Jahre nach Zystotomie im Unterkiefer und Zystektomie im Oberkiefer mit Entfernung des Zahnes 13; der Durchbruch der Zähne normalisiert sich.

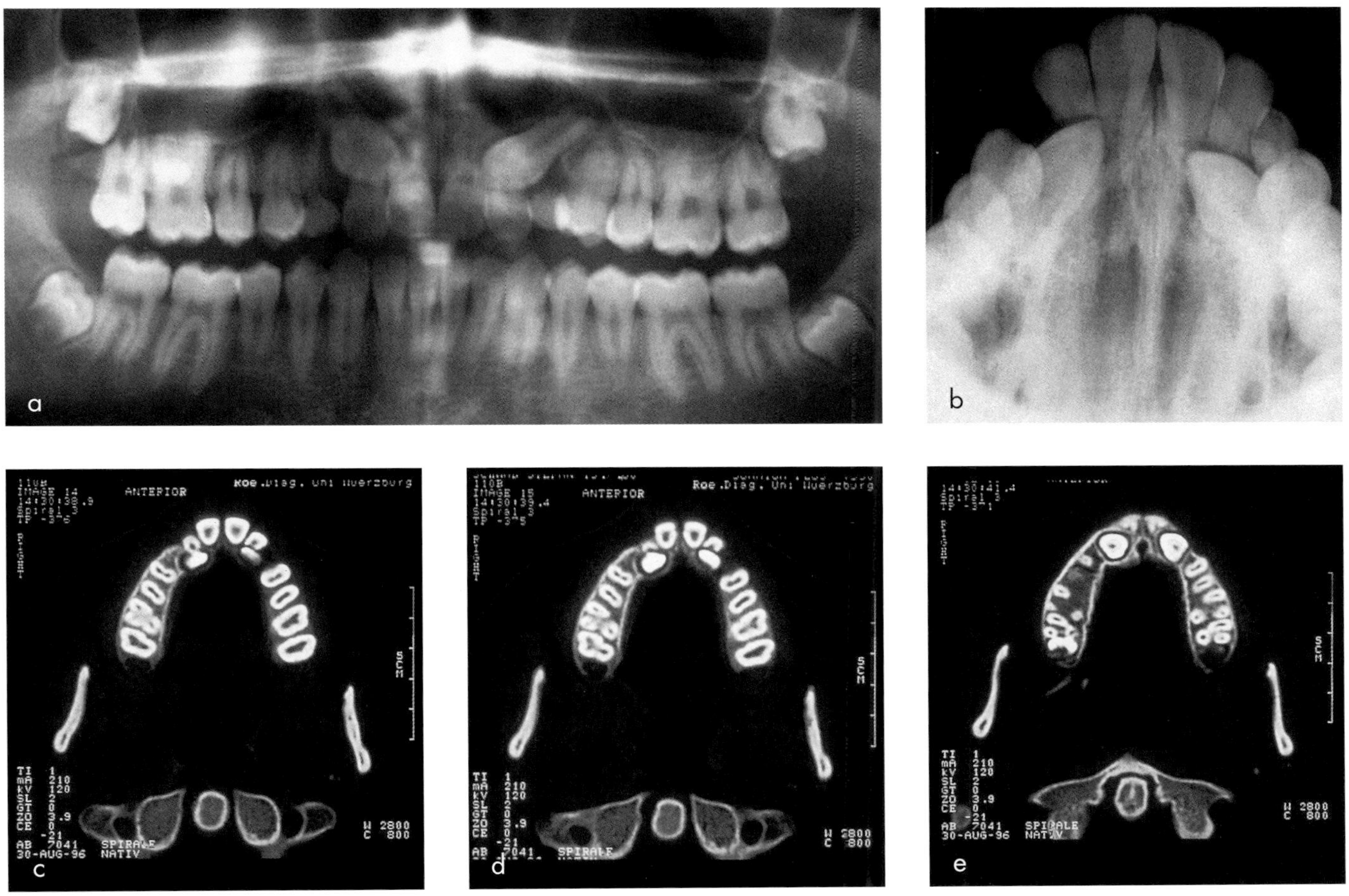

Abb. 1.20a bis e **a** Ausschnitt einer Panoramaschichtaufnahme: Verlagerung der Zähne 13 und 23 mit Resorptionen an den Schneidezähnen. Verkürzte Wurzeln an allen Zähnen außer an den Molaren ohne bekannte Ursache. **b** Oberkieferaufbissaufnahme: palatinale Verlagerung der Eckzähne mit ausgedehnten Wurzelresorptionen an den seitlichen Schneidezähnen; auch die mittleren Schneidezähne scheinen teilweise resorbiert. **c** **b** **s** **e** CT-Aufnahmen: **c** Distopalatinal an 12 und v. a. an 22 ausgedehnte Resorptionen im mittleren Wurzeldrittel mit Beteiligung der Pulpa. 11 und 21 scheinen nicht beteiligt zu sein. **d** Weiter apikalwärts gelegene Schicht: Die Wurzeln der seitlichen Schneidezähne sind ab dem apikalen Drittel vollständig resorbiert. Die Wurzeln der mittleren Schneidezähne, v. a. an 21, weisen ebenfalls Resorptionen auf. **e** An beiden mittleren Schneidezähnen relativ weit apikal fortschreitende Resorptionen an distopalatinalen Wurzelanteilen. Diese konnten auf dem OPG nicht diagnostiziert werden

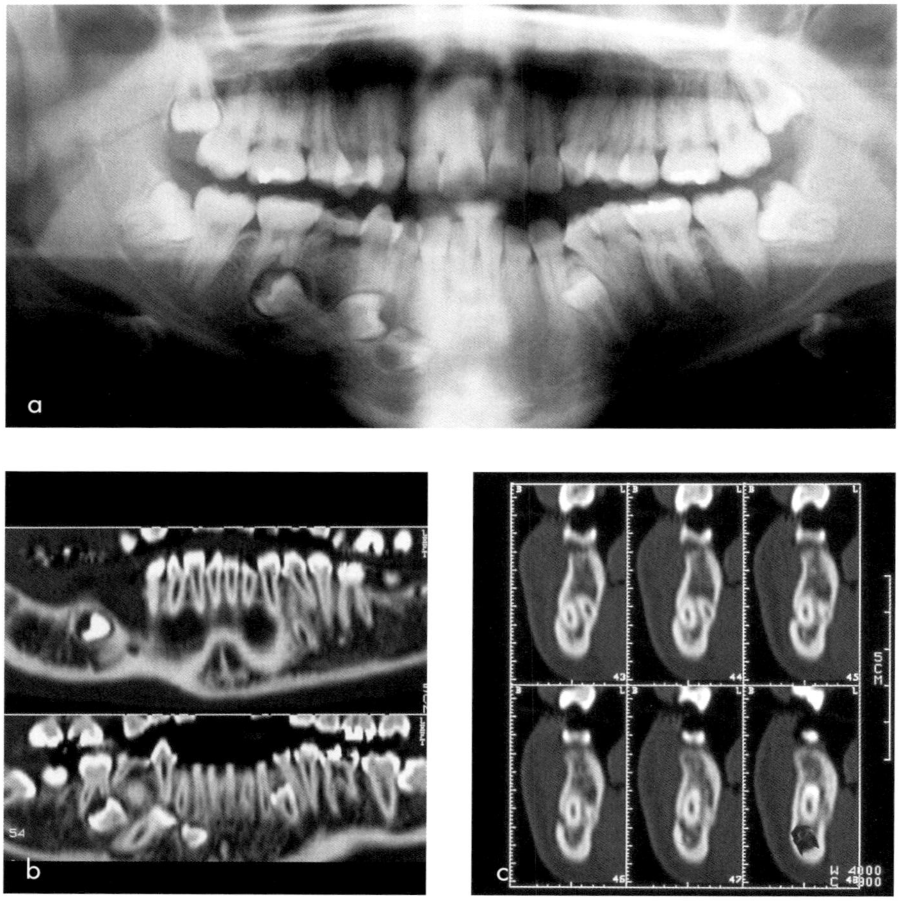

Abb. 1.21a bis c
a Orthopantomogramm einer 22-jährigen Patientin mit überzähligen Zähnen im Unterkiefer, Verlagerungen und unterminierender Resorption der mesialen Wurzel des Zahnes 46 durch den verlagerten Prämolaren. Zudem Persistenz des Zahnes 75.
b und c Computertomogramm derselben Patientin.

zahnärztlichen Kontrolle verdeutlichen. Weiterhin lässt sich daraus die Behandlungsnotwendigkeit verlagerter und retinierter Zähne ableiten.

Die **Verlagerung von Eckzähnen** birgt das Risiko pathologischer Wurzelresorptionen an den Nachbarzähnen[10,38,39,51,73] (Abb. 1.20 und Abb. 1.21).

In der Patientengruppe zwischen 10 und 13 Jahren mit verlagerten Eckzähnen im Oberkiefer, treten bei ca. 12,5% der Fälle ausgedehnte Resorptionen an den Schneidezähnen auf. Davon nehmen seitliche Schneidezähne einen Anteil von ca. 80% ein[28].

Resorptionen, die im Zusammenhang mit verlagerten Eckzähnen auftreten, sind progressiven Charakters und können nur durch eine Richtungsänderung der Eckzähne gestoppt werden[7]. Diesen Resorptionsprozessen folgt, sofern sie gestoppt werden, in der Regel die knöcherne Reparation mit eventuell nachfolgender Zahnankylose und bei Pulpeneröffnung die Umwandlung des Pulpengewebes in Bindegewebe[3]. Da die Resorptionen lange Zeit ohne Beschwerden für den Patienten sein können, ist die rechtzeitige Diagnose durch den Zahnarzt entscheidend für die Prognose der betroffenen Zähne.

2 Diagnostik

Die rechtzeitige Diagnose einer sich abzeichnenden Verlagerung ist entscheidend für die Einleitung von geeigneten Therapieschritten. Dadurch kann im günstigen Fall der spontane Zahndurchbruch erreicht, eine Zunahme der Verlagerung verhindert oder die spätere Einstellung des verlagerten Zahnes erleichtert werden.

Da die Verlagerung von Zähnen ein nicht alltäglicher Befund in der zahnärztlichen Praxis ist, können bei der routinemäßigen, zahnärztlichen Kontrolle erste Anzeichen einer Verlagerung leicht übersehen werden. Maßnahmen, die eine Verlagerung durch frühzeitiges Eingreifen verhindern können, wie z. B. die Extraktion des entsprechenden Milchzahnes, sind dann meistens nicht mehr erfolgreich. Schlimmstenfalls wird erst nach vollständig abgeschlossenem Zahnwechsel oder im Erwachsenenalter die Verlagerung erkannt. Die Behandlung solcher Fälle wird nicht nur durch therapiekorrelierte Gegebenheiten, wie erschwerte Zahnbewegungen o. Ä. diffiziler, sondern auch durch Umstände wie Fragen zur Kostenübernahme oder der Einstellung des erwachsenen Patienten zu einer kieferorthopädischen Behandlung deutlich komplizierter.

Da die Folgen einer Zahnverlagerung, wie z. B. Wurzelresorptionen, in der Regel lange Zeit ohne fühlbare Beschwerden für den Patienten bleiben und nicht selten der Milchzahn persistiert, konsultiert der Patient in den seltensten Fällen von sich aus den Zahnarzt zur Abklärung einer Durchbruchsstörung. Ausnahmen bilden Durchbruchsstörungen im Frontzahnbereich, die dazu führen, dass eine Lücke im Zahnbogen vorliegt. Auch starke Zahnlockerungen infolge ausgedehnter Wurzelresorptionen können den Patienten zum Zahnarzt führen (Abb. 2.1).

In aller Regel wird die Verlagerung bzw. Retention aber im Rahmen der zahnärztlichen Kontrolluntersuchung diagnostiziert.

2.1 Klinische Untersuchung

Bereits die **Anamnese** kann erste Hinweise auf eine Verlagerung geben. So kann z. B. die Verlagerung bleibender Oberkieferfrontzähne häufig mit einem Frontzahntrauma im Milchgebiss in Zusammenhang gebracht werden. Auch das Wissen um die Korrelation einer Oberkiefereckzahnverlagerung und der hereditären Disposition hilft bei Eingrenzung des Befundes.

Bei der klinischen Befunderhebung ist der erste und einfachste Schritt die **Inspektion und Palpation**. Scheint der normale zeitliche Ablauf der Zahnentwicklung gestört – wobei nicht so sehr das biologische Alter, als viel mehr die Gebissentwicklung entscheidend ist – oder deutet ein einseitig verspäteter Durchbruch entsprechender Zähne Probleme an, ist eine klärende Diagnose nötig.

Da im Falle von **Oberkiefereckzahnverlagerungen** unzureichende Platzverhältnisse die häufigste Ursache für **bukkale Verlagerungen** sind[7, 42], ist dieser Befund entsprechend oft festzustellen. In Fällen mit einseitiger Verlagerung weicht die Mittellinie im Oberkiefer häufig zur betreffenden Seite ab (Abb. 2.2).

Die Kippung der Krone des seitlichen Schneidezahnes nach distobukkal ist ein weiteres, typisches Anzeichen für die Nähe der Krone eines verlagerten Eckzahnes (Abb. 2.3). Nichtanlagen oder Zahnanomalien (Zapfenzähne o. Ä.) benachbarter lateraler Inzisivi sind weitere Indizien für eine Oberkiefereckzahnverlagerung.

Während **palatinal impaktierte Eckzähne** meistens horizontal verlagert sind, weichen bukkal verlagerte Zähne vorwiegend in vertikaler Richtung von ihrem physiologischen Standort ab. Sie lassen sich entsprechend häufig im Vestibulum als Auftreibung palpieren (Abb. 2.4).

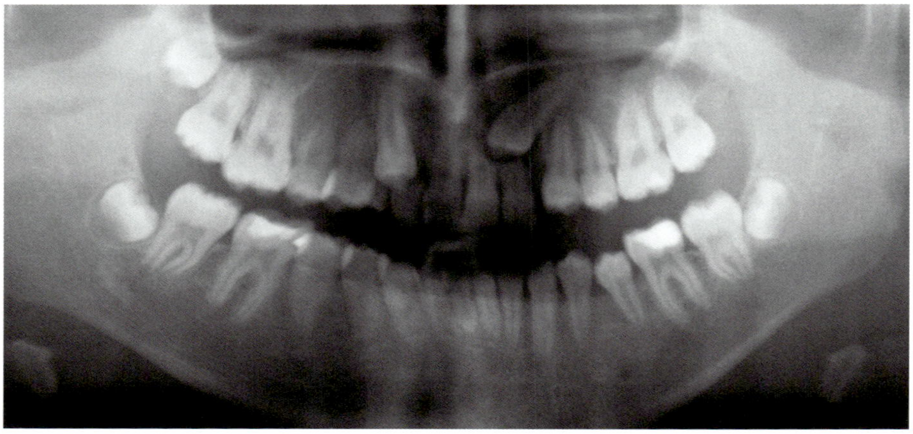

Abb. 2.1 OPG: Ausgedehnte Resorptionen an den Zähnen 12, 21 und 22 durch die verlagerten Oberkiefereckzähne. Zahn 12 weist einen klinischen Lockerungsgrad III auf.

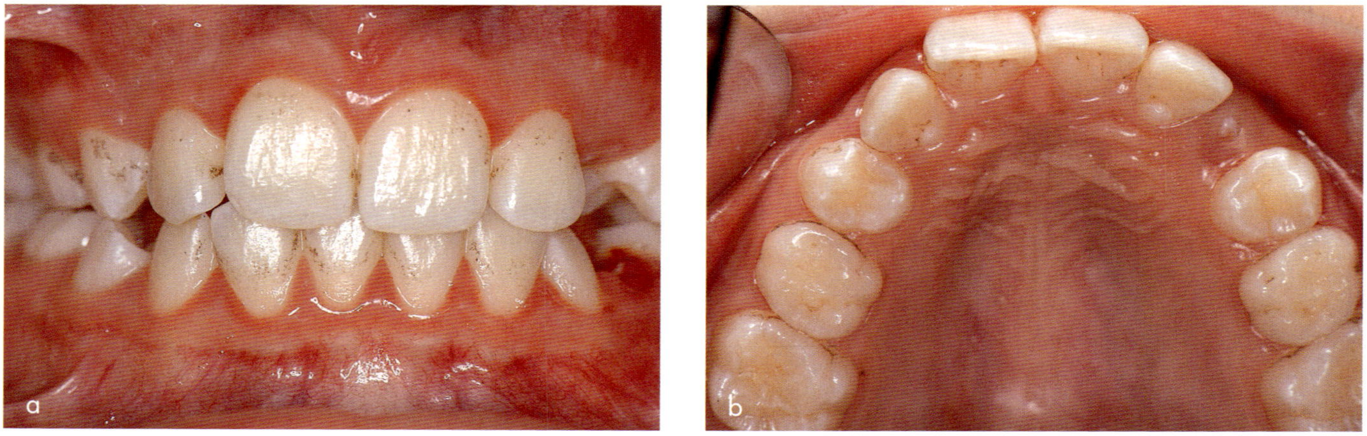

Abb. 2.2a und b Eine Retention des Zahnes 13 ist aufgrund des totalen Platzverlustes zu erwarten. Die Oberkiefermitte weicht nach rechts ab.

Abb. 2.3a bis c Distalkippung des Zahnes 23 infolge der Nähe der Krone des verlagerten Zahnes 23.

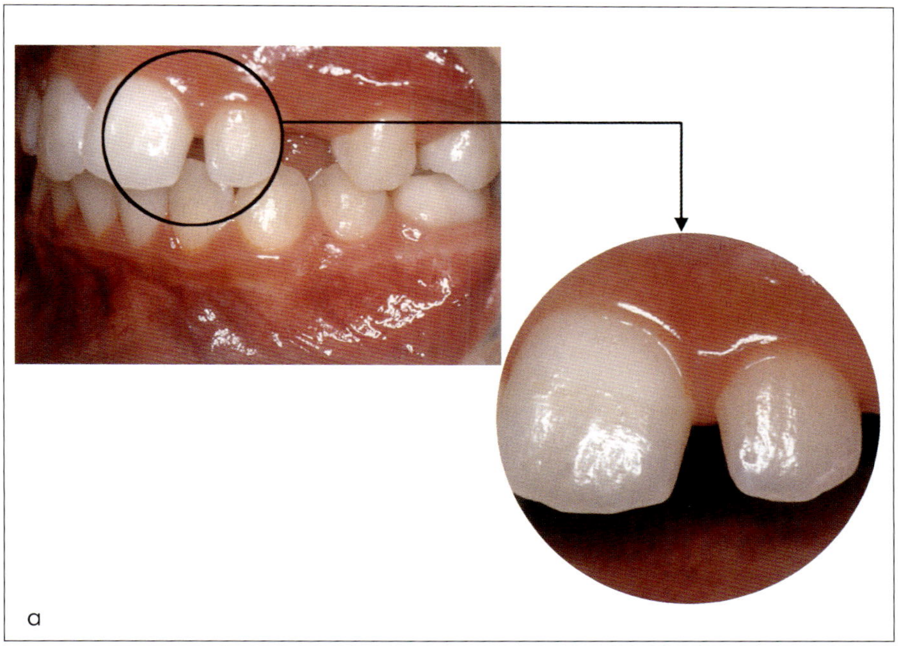

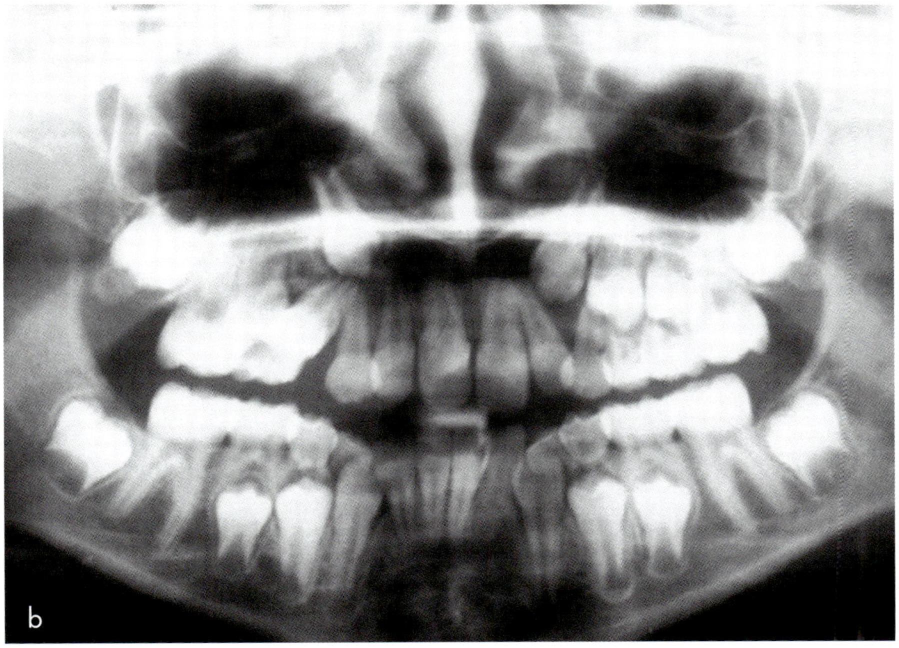

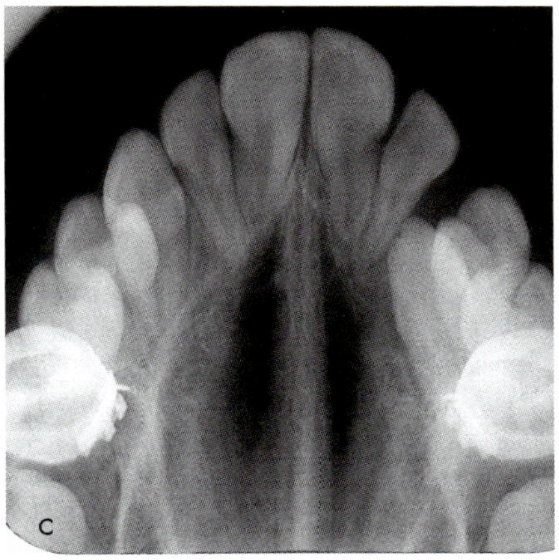

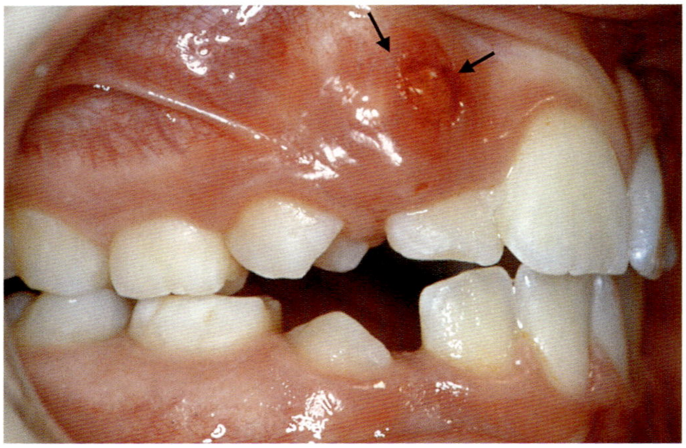

Abb. 2.4 Auftreibung infolge eines bukkal verlagerten Eckzahnes.

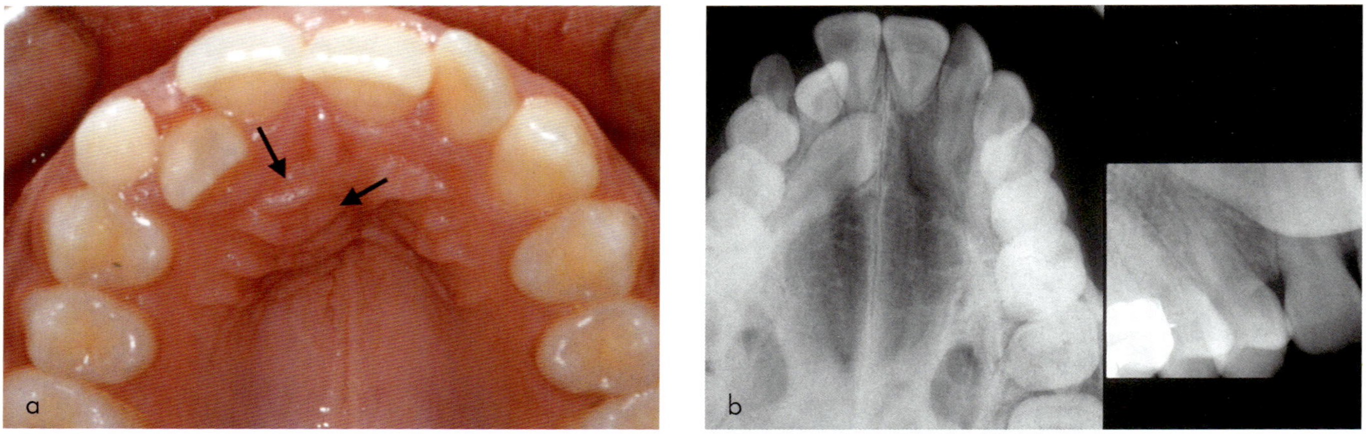

Abb. 2.5a und b
a Palatinale Auftreibung und persistierender Zahn 53. **b** Palatinale Verlagerung und Retention von Zahn 13.

Ist bei der Palpation des Alveolarfortsatzes keine dem Eckzahn entsprechende Vorwölbung zu tasten oder ist dies an ektopischer Stelle z. B. am Gaumen der Fall, so ist eine weiterführende Diagnose nötig (Abb. 2.5).

2.2 Röntgendiagnostik

Röntgenaufnahmen ermöglichen die Diagnosesicherung. Basis der radiologischen Befunderhebung ist das **Orthopantomogramm** (OPG), welches die definitive Abklärung einer Verlagerung bzw. Retention ermöglicht. Es können Rückschlüsse über die Ursache der Verlagerung gezogen und die Position des verlagerten Zahnes kann eingegrenzt werden. Bei einseitiger Verlagerung kann durch den Vergleich der Abbildungsgröße entsprechender Zähne Rückschluss auf die Position des verlagerten Zahnes gezogen werden: palatinal liegende Zähne werden aufgrund der Nähe zur Strahlenquelle größer abgebildet als bukkal verlagerte Zähne[31]. Auch eine geringgradige Verlagerung kann durch den Seitenvergleich gleicher Zähne im gegenüberliegenden Quadranten desselben Kiefers diagnostiziert werden.

Ein **orthoradial angefertigter Zahnfilm** kann ebenfalls Aufschluss über eine Verlagerung geben. Aufgrund des kleinen Bildausschnittes lässt sich die Zahnposition in sagittaler und verti-

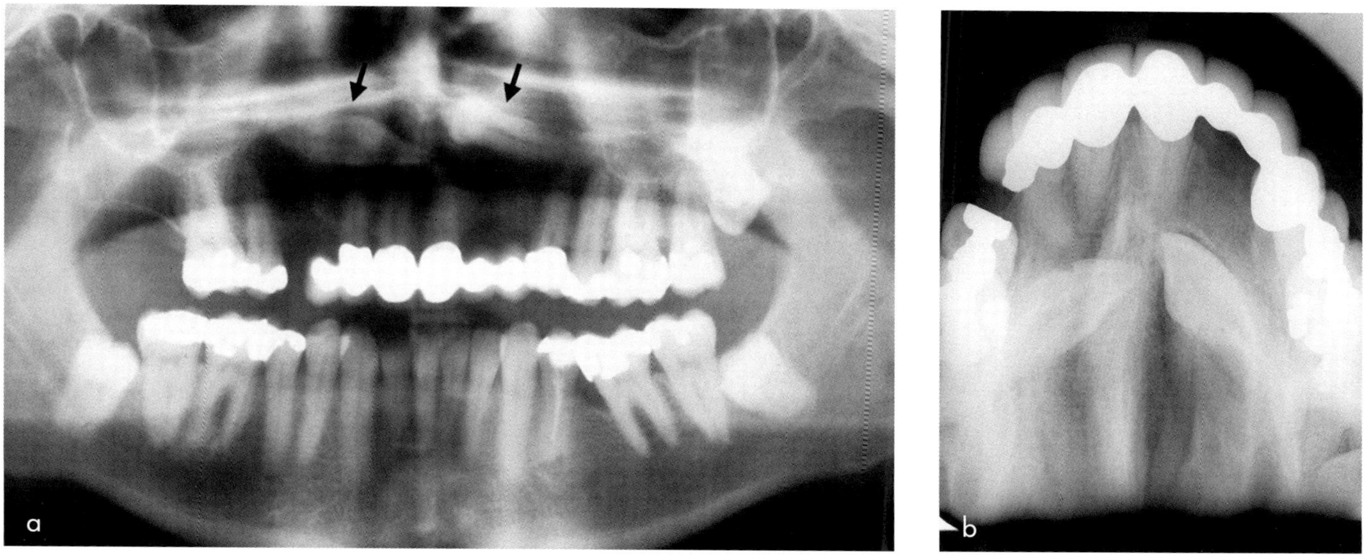

Abb. 2.6a und b OPG und Oberkieferaufbissaufnahme zeigen eine extreme Verlagerung der Oberkiefereckzähne eines 43-jährigen Patienten.

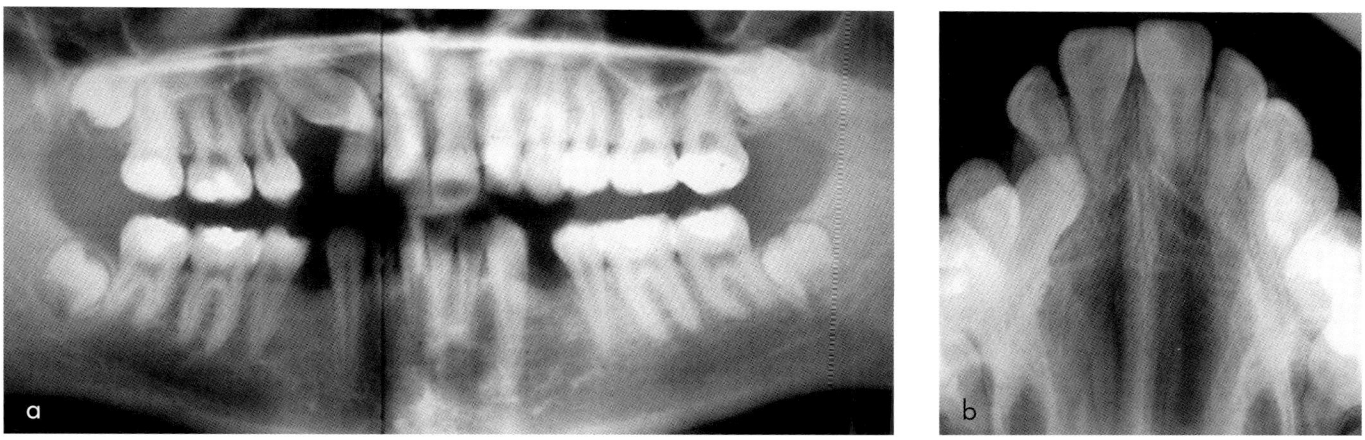

Abb. 2.7a bis c
a und b OPG und Oberkieferaufsichtsaufnahme zeigen die Verlagerung des Zahnes 13.
c Das FRS kann zusätzliche Informationen über die Lage des verlagerten Zahnes liefern.

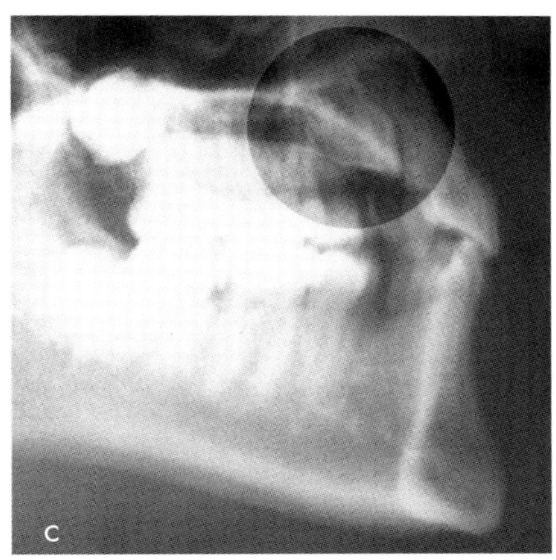

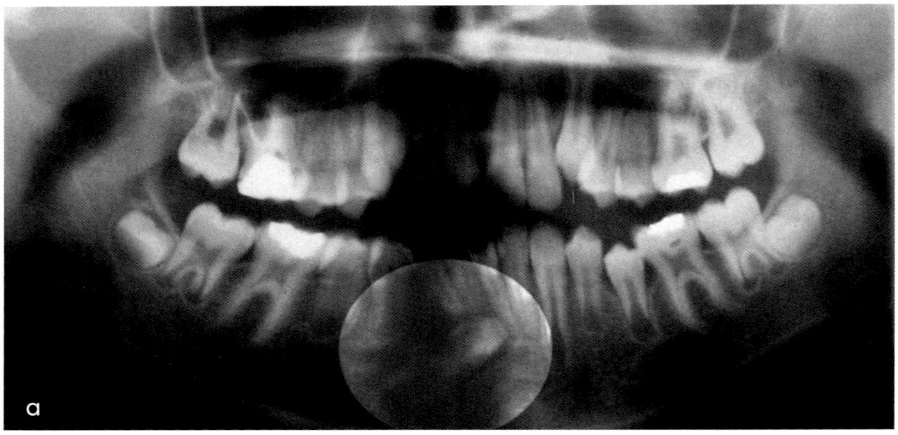

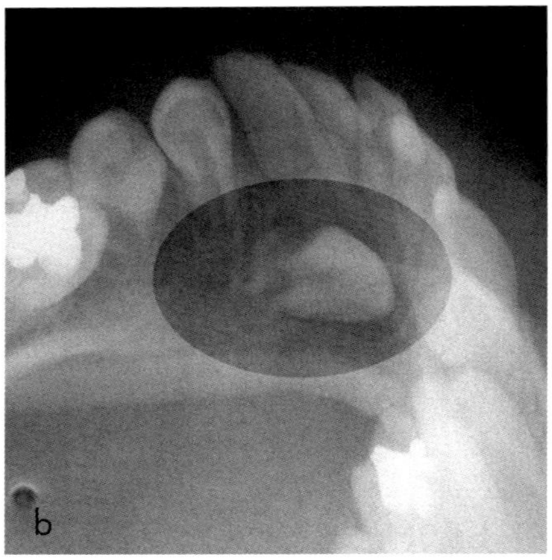

Abb. 2.8a und b a OPG: Extreme Verlagerung des Zahnes 43. b Die Unterkieferaufnahme zeigt die Verlagerung des Zahnes 43.

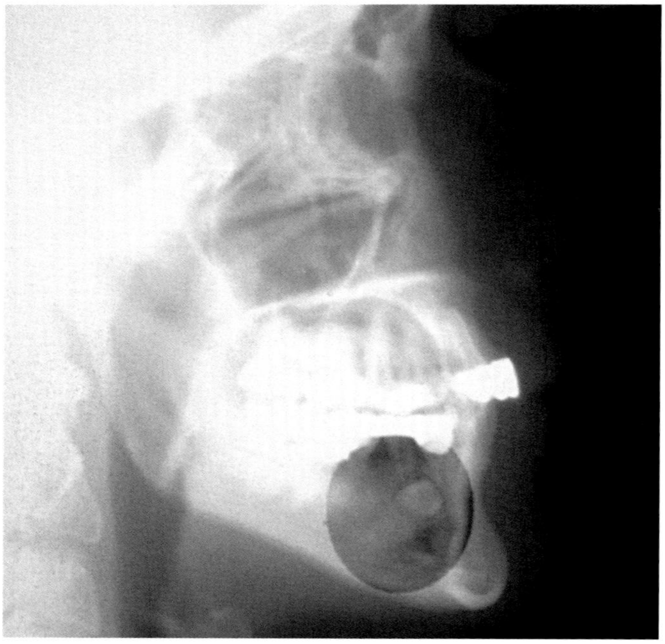

Abb. 2.9 Die FRS-Aufnahme liefert zusätzliche Informationen über die Lage des verlagerten Zahnes 35.

kaler Richtung sowie die Beziehung des Zahnes zu benachbarten Strukturen nur unzureichend darstellen.

Exzentrisch aufgenommene Zahnfilme dienen der genaueren räumlichen Lokalisation des verlagerten Zahnes in bukkolingualer Richtung. Hierbei gilt das Gesetz der parallaktischen Verschiebung: liegt der betroffene Zahn auf dem distalexzentrischeren Bild weiter distal, so ist er palatinal (lingual) verlagert und umgekehrt[76]. Nach *Ericson* und *Kurol* kann anhand von exzentrisch aufgenommenen Zahnfilmen in 92% der Fälle der Eckzahn zuverlässig lokalisiert werden[29].

Zusätzliche Informationen zur räumlichen Ausrichtung des Zahnes kann man einer **Aufbissaufnahme** oder dem **Fernröntgenseitbild** (FRS) entnehmen, das im Rahmen der kieferorthopädischen Behandlungsplanung angefertigt wird (Abb. 2.6 bis Abb. 2.9).

Abb. 2.10a bis c
a OPG: Verlagerung des Zahnes 43.
b Die koronare CT-Schichtaufnahme zeigt die Position des verlagerten Eckzahnes in vertikaler und transversaler Richtung.
c Die sagittale CT-Aufnahme zeigt die Position des verlagerten Eckzahnes in der sagittalen und vertikalen Ebene; bukkal ist kaum Knochenkompakta über dem Eckzahn vorhanden.

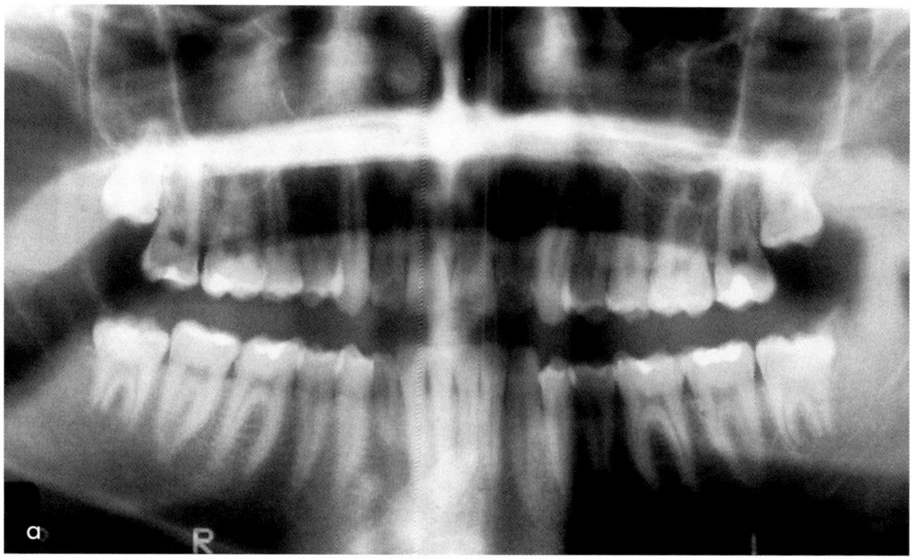

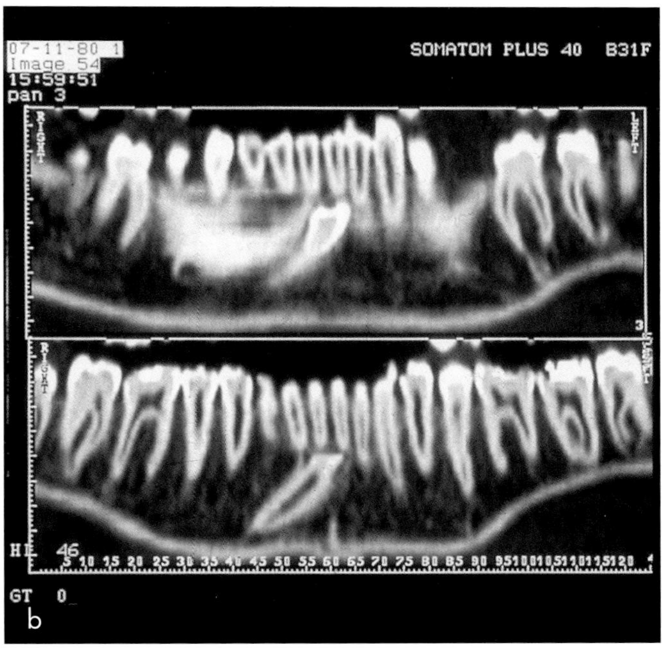

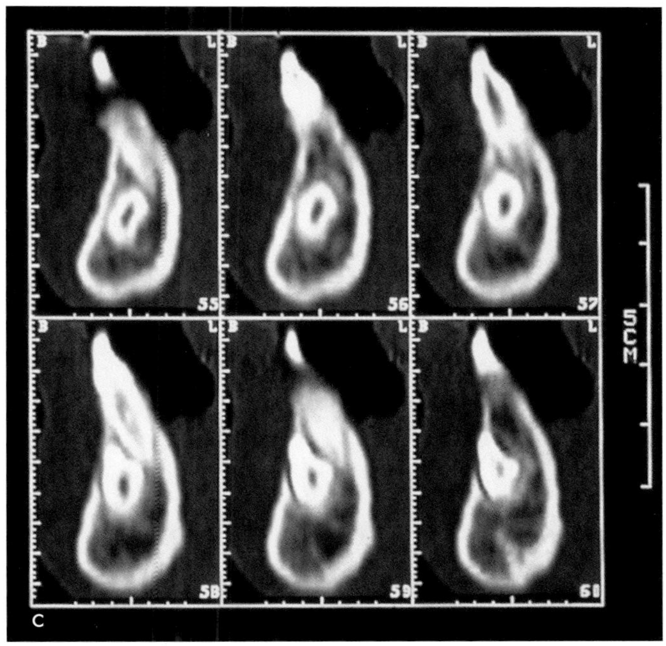

Ein **Computertomogramm** (CT) erlaubt neben der präzisen Lokalisation des verlagerten Zahnes zudem die Diagnose bereits stattgefundener Resorptionen bukkaler und palatinaler Wurzeloberflächen der benachbarten Zähne in Lage und Ausmaß[26, 75]. Weiterhin können eventuelle Ankylosen der verlagerten Zähne erkannt und entsprechende Behandlungskonsequenzen gezogen werden. Die CT-Technik sollte wegen der Strahlenbelastung und aus Kostengründen nur Ausnahmefällen vorbehalten bleiben (Abb. 2.10 bis Abb. 2.12).

Hat sich ein Zahn als verlagert erwiesen und wurde dessen Lage exakt bestimmt, kann das individuell adäquate Timing für die jeweils richtige Vorgehensweise zur Sicherung eines – hinsichtlich Ästhetik und Funktion zufrieden stellenden Ergebnisses – festgelegt werden.

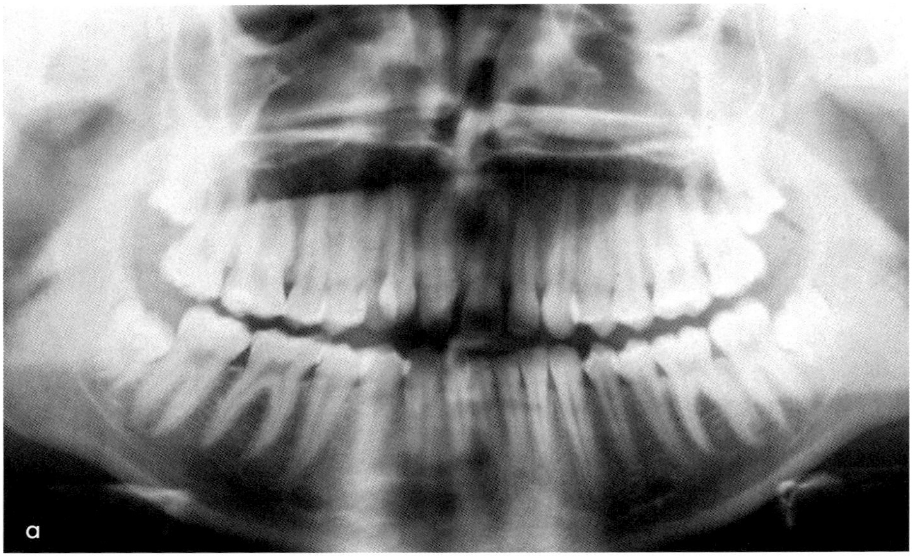

Abb. 2.11a bis c
a Das OPG zeigt eine Verlagerung im Sinne einer vollständigen Transposition der Zähne 12 und 13; Zahn 12 weist außerdem eine Wurzelknickung im apikalen Drittel auf.
b Darstellung der axialen Schichtaufnahmen.
c Die axiale CT-Aufnahme zeigt die komplette Transposition der Zähne 12 und 13.

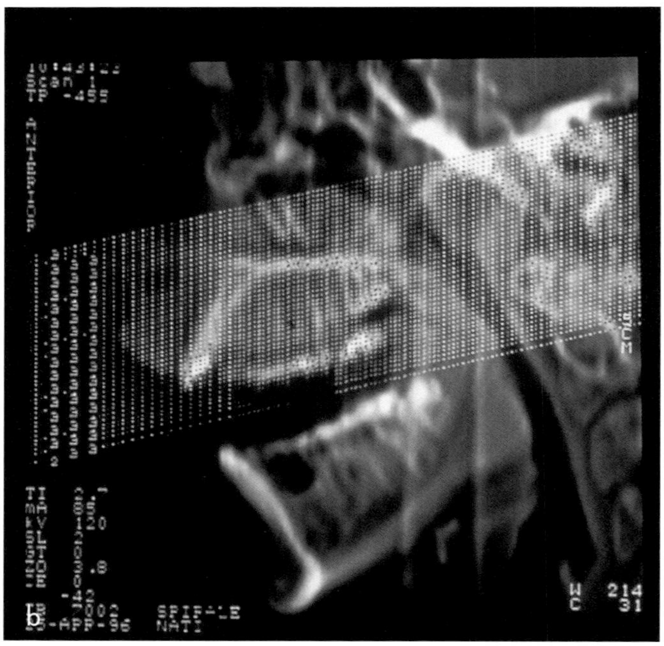

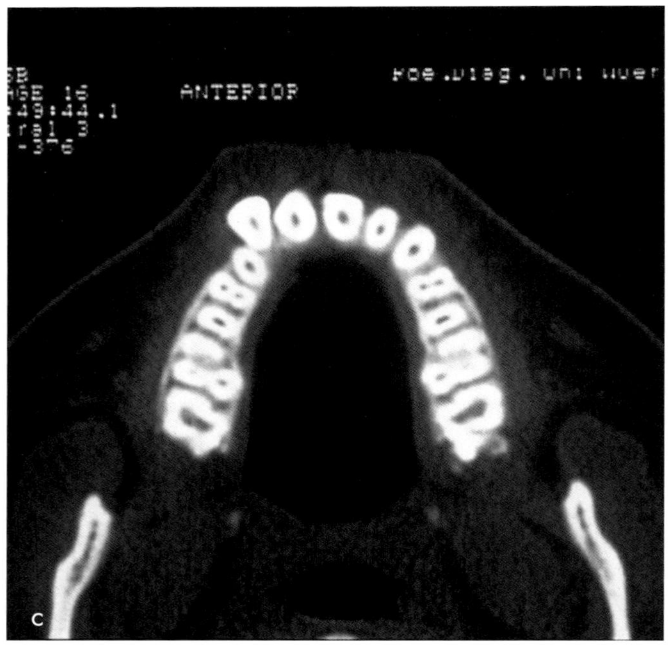

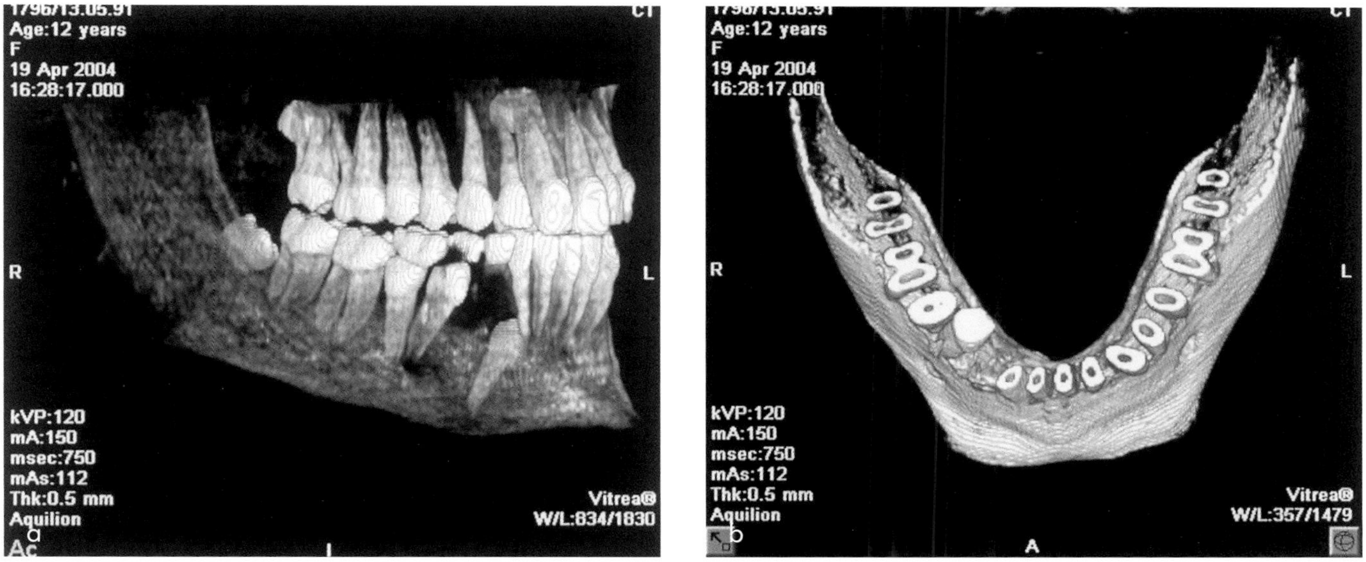

Abb. 2.12a und b Die CT-Bilder zeigen deutlich das Ausmaß und die Art der Verlagerung des Zahnes 43.

3 Behandlungsplanung

Wurde eine Verlagerung bzw. Retention diagnostiziert, muss für den betroffenen Patienten ein Behandlungskonzept erstellt werden. Die Kriterien für die Indikationsstellung zur Einordnung können in lokale und generelle unterteilt werden.

Lokale Kriterien beziehen sich auf den verlagerten Zahn und betreffen:

- Das Ausmaß der Verlagerung (Entfernung zur physiologischen Position im Zahnbogen),
- die Achsenneigung und die Wurzelform des verlagerten Zahnes,
- die räumliche Beziehung zu den benachbarten bleibenden Zähnen,
- eventuell vorliegende Resorptionen an den benachbarten Zähnen,
- zu befürchtende Ankylosen,
- den lokalen parodontalen Befund und
- den Zustand der Wurzel eines evtl. persistierenden Milchzahnes.

Weiterhin ist die Wertigkeit des betroffenen Zahnes im stomatognathen System zu berücksichtigen. So haben die **Eckzähne** aufgrund der geringen Kariesanfälligkeit und der langen Wurzeln eine hohe prothetische Wertigkeit. Die zudem maßgebliche Beteiligung der Eckzähne an der Unterkieferführung sowie die Rolle der Eckzähne für die dentofaziale Ästhetik und den harmonischen Gesichtseindruck machen deren Bedeutung im Gebiss und deren Erhaltungswürdigkeit deutlich. Wenn der Patient im Falle einer Oberkiefereckzahnverlagerung deren kieferorthopädische Einstellung im Zahnbogen ablehnt, müssen in einem Gespräch die unklare Langzeitprognose des evtl. persistierenden Milchzahnes, die erwähnte funktionelle Wichtigkeit des bleibenden Eckzahnes und die Beeinträchtigung der dentalen Ästhetik verdeutlicht werden (Abb. 3.1).

Bei der **Frontzahnverlagerung** steht vor allem der Wunsch nach ästhetischer Rehabilitation des Gebisses im Vordergrund. Entscheidet man sich gegen die Einstellung eines verlagerten Frontzahnes, stellt sich die Frage nach prothetischem Ersatz. Dieser sollte ästhetisch zufrieden stellend durchgeführt werden, was aber häufig erst nach vorausgegangener kieferorthopädischer Behandlung möglich ist, da es infolge der Verlagerung zu Zahnwanderungen und zur Lückeneinengung kommen kann.

Bei verlagerten **Seitenzähnen** ist die ästhetische Komponente weniger bedeutend. Liegt sonst keine behandlungsbedürftige Fehlbildung vor, ist das Belassen des verlagerten Zahnes bzw. dessen Extraktion und der prothetische Ersatz ein oft eingeschlagener Behandlungsweg. Das Belassen des verlagerten Zahnes im Kiefer und die prothetische Versorgung der Lücke über den verlagerten Zahn hinweg, sollten allerdings vermieden werden.

Generelle Kriterien für die Entscheidungsfindung beziehen sich sowohl auf

- die Behandlungsbereitschaft des Patienten,
- den allgemeinen Gebissbefund,
- kieferorthopädische Aspekte wie Zahnfehlstellungen oder Malokklusionen und
- bei erwachsenen Patienten konservierende, parodontologische und prothetische Aspekte.

Unter Berücksichtigung dieser Kriterien sind alle durchführbaren Behandlungsalternativen zu bewerten und in Relation zu den Risiken und dem Aufwand der jeweils nötigen Behandlungsmaßnahmen zu setzen.

Relative Kontraindikationen für den Versuch der kieferorthopädischen Einstellung sind extreme Verlagerungen und – abhängig von der Gesamtsituation – z. B. eine vollständig durch die benachbarten Zähne geschlossene „Lücke“ im

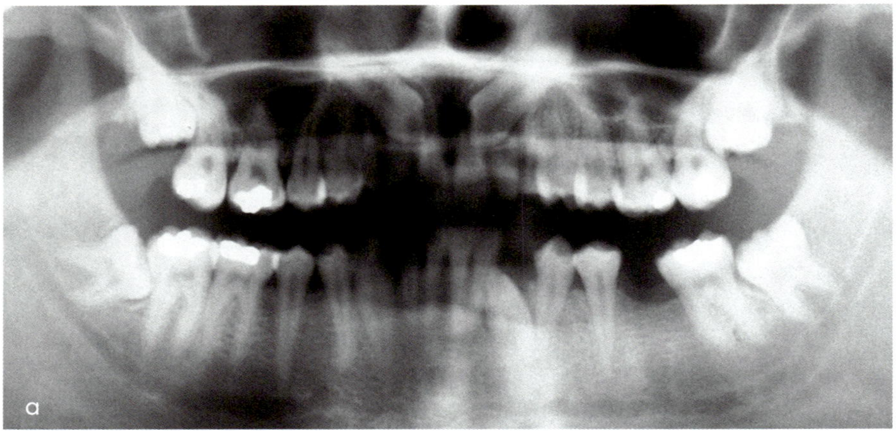

a

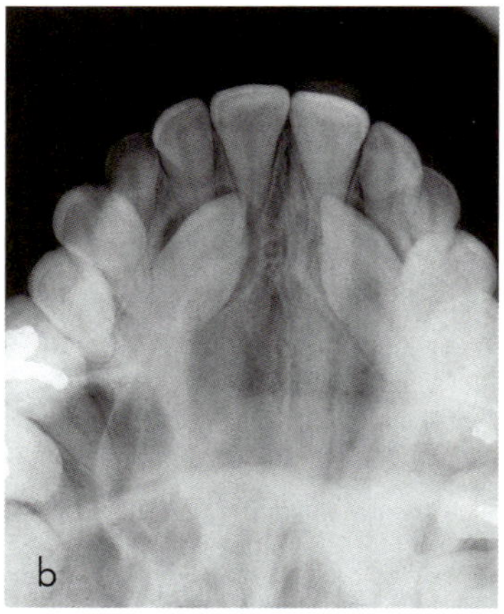

b

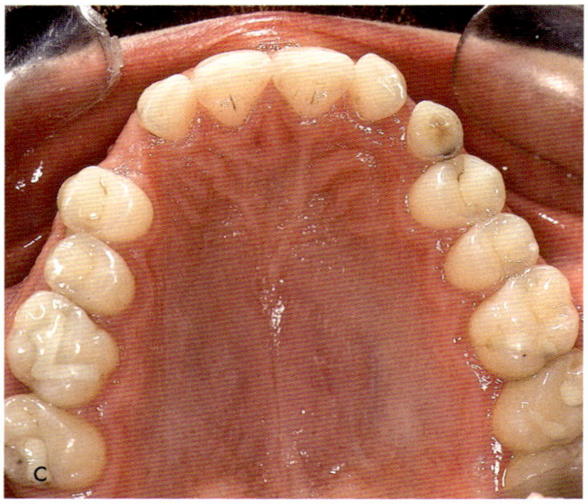

c

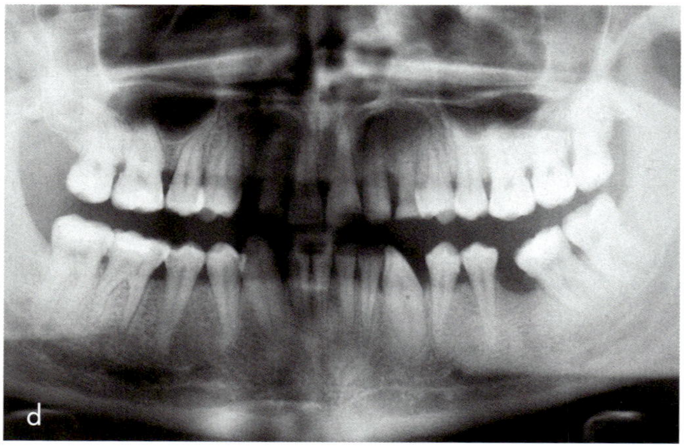

d

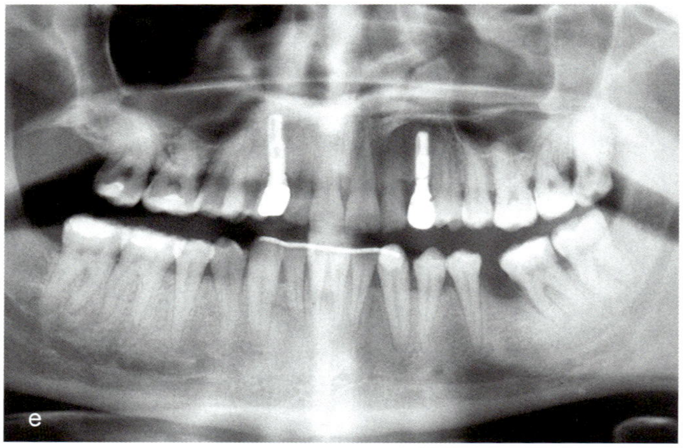

e

Abb. 3.1a bis e

a und b OPG und Oberkieferaufbissaufnahme: palatinale Verlagerung der Zähne 13 und 23 mit Persistenz der Milcheckzähne sowie Retention des Zahnes 33. Die kieferorthopädische Einstellung lehnte der Patient ab. Die Zähne 13 und 23 wurden chirurgisch entfernt.

c Klinische Situation 6 Jahre später nach resorptionsbedingtem Verlust des Zahnes 53.

d OPG: Zustand nach chirurgischer Entfernung der verlagerten Oberkiefereckzähne; ein spontaner Durchbruch des Zahnes 33 hatte stattgefunden.

e Nach der präprothetischen Orthodontie wurden die Eckzähne im Oberkiefer durch Implantatversorgungen ersetzt.

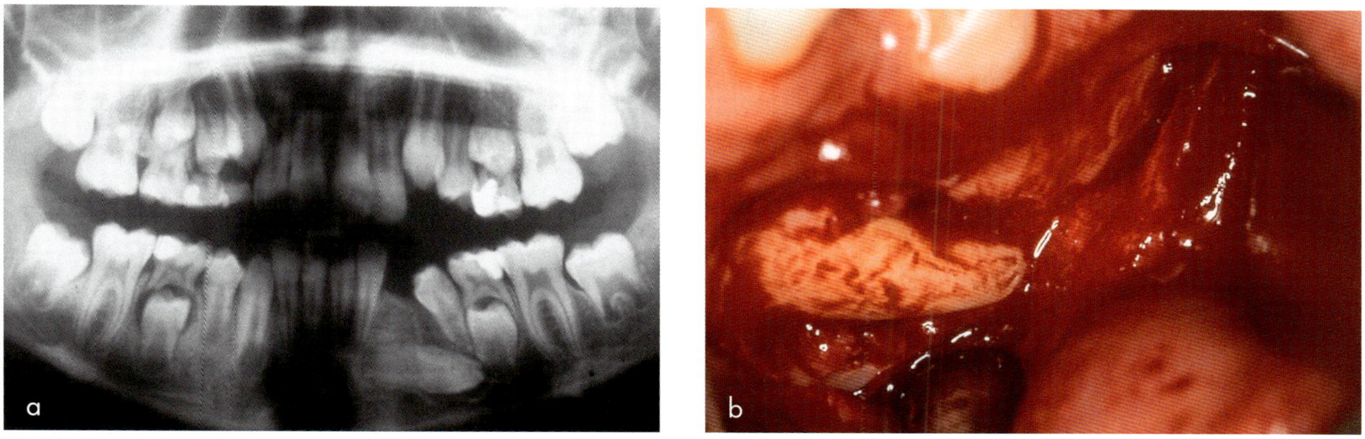

Abb. 3.2 a und b Extrem verlagerter Zahn 33. Zur Vermeidung iatrogener Schädigungen an den benachbarten Zähnen ist die orthodontische Einstellung des Zahnes 33 kontraindiziert.

Bereich der Verlagerung. Die Abknickung der Wurzel stellt keine Kontraindikation für den Versuch der Einstellung dar[81].

Sollte der Patient nicht behandlungswillig sein, so ist er über die schlechte Prognose des persistierenden Milchzahnes und die Gefahren bei Belassen des verlagerten Zahnes aufzuklären. Resorptionen der persistierenden Milchzähne treten früher oder später regelmäßig auf[12], wodurch der Verlust des Milchzahnes zu einem späteren Zeitpunkt wahrscheinlich ist und eine Versorgung der Lücke, z. B. prothetisch, unvermeidlich wird (vgl. Abb. 3.1).

Absolute Kontraindikationen für die kieferorthopädische Einstellung eines verlagerten Zahnes sind eine extreme Verlagerung (Abb. 3.2) oder eine Ankylose. Dabei besteht die Schwierigkeit in der zuverlässigen Diagnose einer **Ankylose**.

Klinisch ist der Verdacht der Ankylose gegeben, wenn ein Zahn ganz oder teilweise durchgebrochen ist und trotz ausreichender Platzverhältnisse in der Eruption stehen bleibt. Erhärtet wird der Verdacht einer Ankylose, wenn sich der Zahn im Röntgenbild mit weitgehend orthograder Achsenneigung darstellt. Im Falle der Verlagerung eines retinierten Zahnes scheiden diese beiden Entscheidungshilfen aus. Das Fehlen eines Parodontalspaltes im Röntgenbild als Diagnosekriterium ist mit Vorsicht zu genießen, da nicht der komplette Parodontalspalt „verknöchert" sein muss, sondern punktförmige Verbindungen zum Alveolarknochen für eine Ankylose ausreichen. Des Weiteren können im Zahnfilm oder im OPG die bukkalen und lingualen bzw. palatinalen Parodontalabschnitte nicht beurteilt werden. Aufgrund der Schwierigkeiten der Diagnose einer Ankylose kann diese ggf. erst während des Versuches der kieferorthopädischen Einstellung diagnostiziert werden. Entsprechend ist jeder Patient über dieses Risiko aufzuklären (Abb. 3.3).

Aufgrund dieser Überlegungen ist es ratsam, bei der Einstellung eines verlagerten Zahnes (v. a. eines Eckzahnes) mit der Extraktion bleibender Zähne, z. B. der 4er, zur Platzbeschaffung möglichst so lange zu warten, bis sich der verlagerte Zahn als mobilisierbar und nicht-ankylosiert erwiesen hat (Abb. 3.4). Bei Verdacht einer Ankylose besteht auch die Möglichkeit durch eine entsprechend gestaltete, kieferorthopädische Behandlungsapparatur isoliert den verlagerten Zahn zu mobilisieren, ohne die übrige Dentition in die Apparatur einbeziehen zu müssen. Lässt sich der verlagerte Zahn bewegen, kann die Behandlung wie geplant fortgeführt werden.

Unter Berücksichtigung der genannten Punkte wird ein **Behandlungsplan** erstellt und

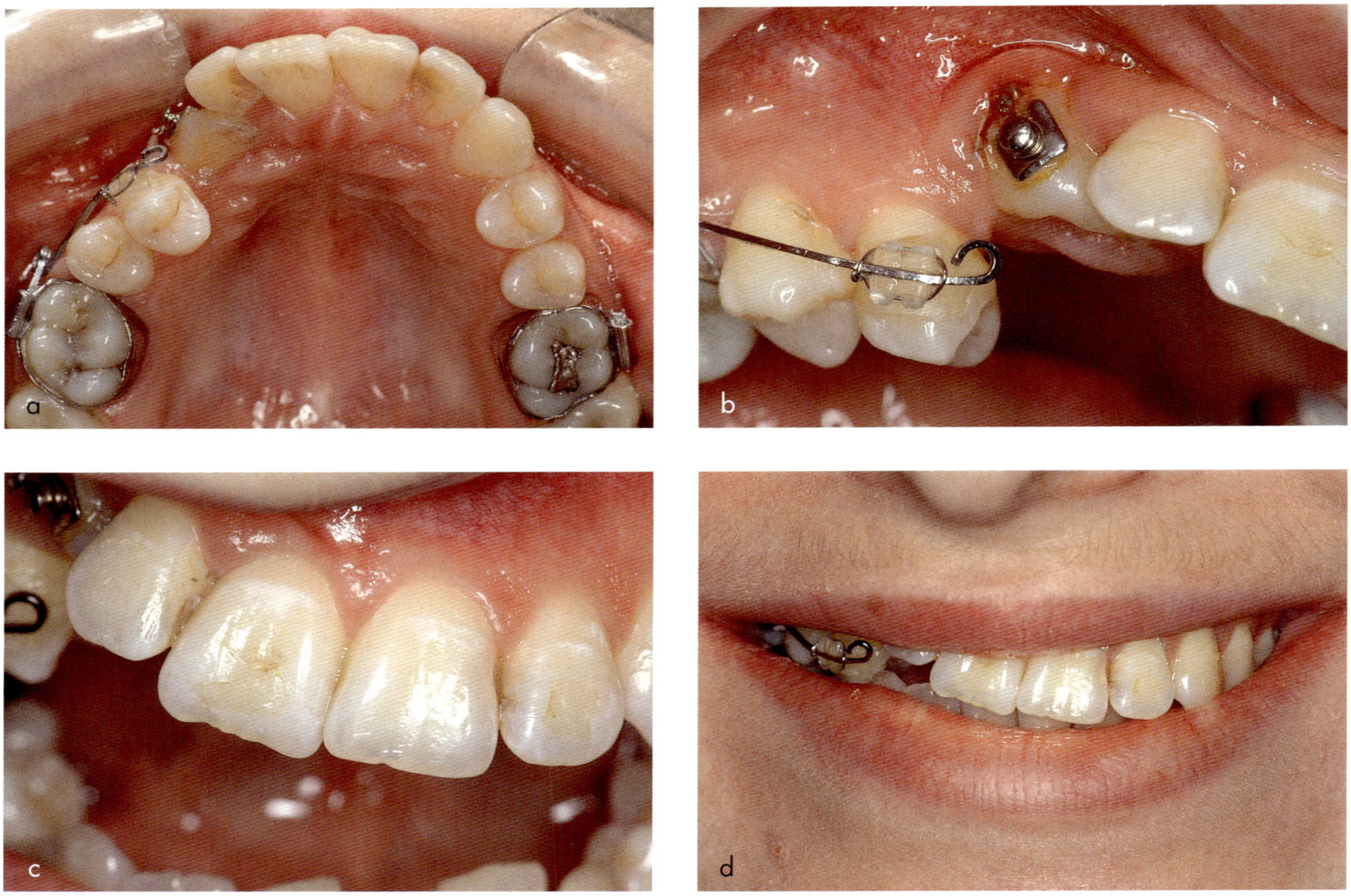

Abb. 3.3a bis d Zustand einer Patientin mit verlagertem Zahn 13; im Laufe der Behandlung (alio loco) erwies sich der Eckzahn als ankylosiert.
a und b Darstellung des Zustandes beim Versuch der Eckzahneinstellung.
c Beim Versuch der aktiven Einstellung des Eckzahnes kam es zu einer starken Nebenwirkung auf die Nachbarzähne. Die Okklusionsebene wurde asymmetrisch.
d Die Nebenwirkung führte zu einer Störung des ästhetischen Erscheinungsbildes.

der koordinierte Ablauf festgelegt. Dabei bestehen, abhängig vom Zeitpunkt der Diagnose und dem Ausmaß der Verlagerung, unterschiedliche Therapieansätze.

Bei gering abweichender Keimlage und verbliebenem Wurzelwachstum als Voraussetzung für spontanes Durchbruchspotenzial, sind folgende Maßnahmen Erfolg versprechend:

Platzbeschaffung. Kam es z. B. infolge eines vorzeitigen Milchzahnverlustes zur Wanderung oder Kippung benachbarter Zähne, kann durch den fehlenden Platz eine Durchbruchsstörung resultieren. Platzbeschaffende Maßnahmen sind deshalb bei fehlender oder geringfügiger Verlagerung und noch zu erwartendem Durchbruch des retinierten Zahnes aussichtsreich (Abb. 3.5).

Die Entfernung eines Durchbruchshindernisses. Behindert z. B. ein Mesiodens, Odontom oder eine Zyste einen Zahn am Durchbruch, so ist die chirurgische Entfernung des Durchbruchshindernisses oftmals Anreiz genug für den spon-

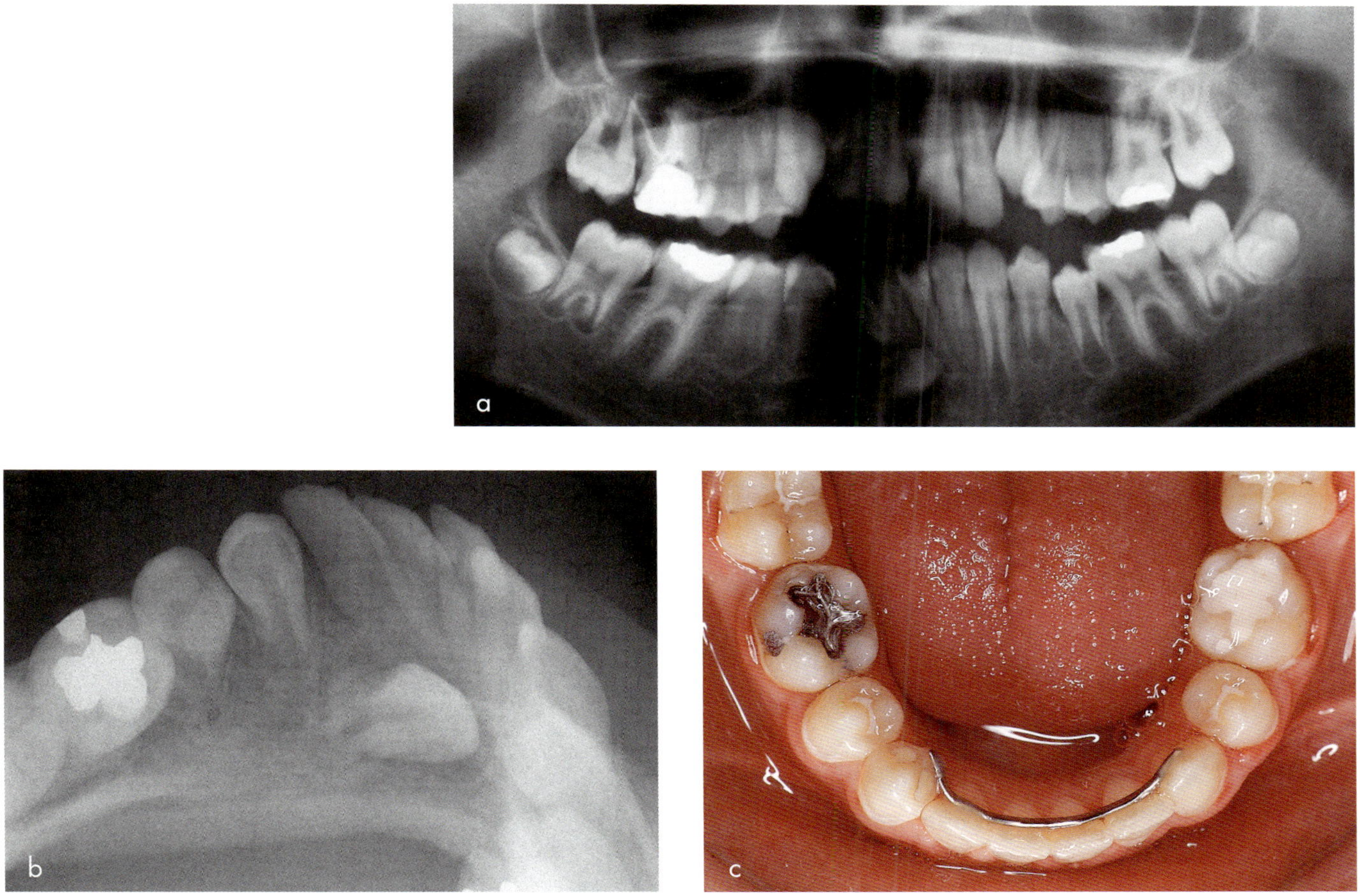

Abb. 3.4a bis c
a OPG: Verlagerter Zahn 43, die Lücke für den verlagerten Zahn ist komplett geschlossen.
b Aufbissaufnahme: horizontal und nach lingual verlagerter Zahn 43.
c Zustand nach Behandlung. Der verlagerte Zahn 43 wurde extrahiert und der Zahn 44 an dessen Position eingestellt.

tanen Durchbruch des verlagerten Zahnes. Ist die Wurzel des am Durchbruch gehinderten Zahnes zur Hälfte bzw. zu zwei Dritteln entwickelt, ist der günstigste Zeitpunkt für den Eingriff erreicht.

Liegt durch einen vorzeitigen, karies- oder traumabedingten Milchzahnverlust eine Weichgewebeimpaktion im Sinne einer verdickten Mukosa vor, die den regelrechten Durchbruch verzögert bzw. verhindert[2, 22], ist bei geringer Verlagerung, ausreichenden Platzverhältnissen und noch zu erwartendem Wurzelwachstum die alleinige **Freilegung/Gingivektomie** ohne kieferorthopädische Maßnahmen anzuraten[9]. Dabei wird als einzige Maßnahme die fibröse Mukosa entfernt bzw. so wieder vernäht, dass die Inzisalkante frei bleibt. Dem Eingriff folgt in der Regel die normale Eruption des betroffenen Zahnes.

Die Extraktion des entsprechenden Milchzahnes. Deutet sich im Verlauf des Zahnwechsels eine Verlagerung an, sollte versucht werden einer weiteren ungünstigen Entwicklung durch

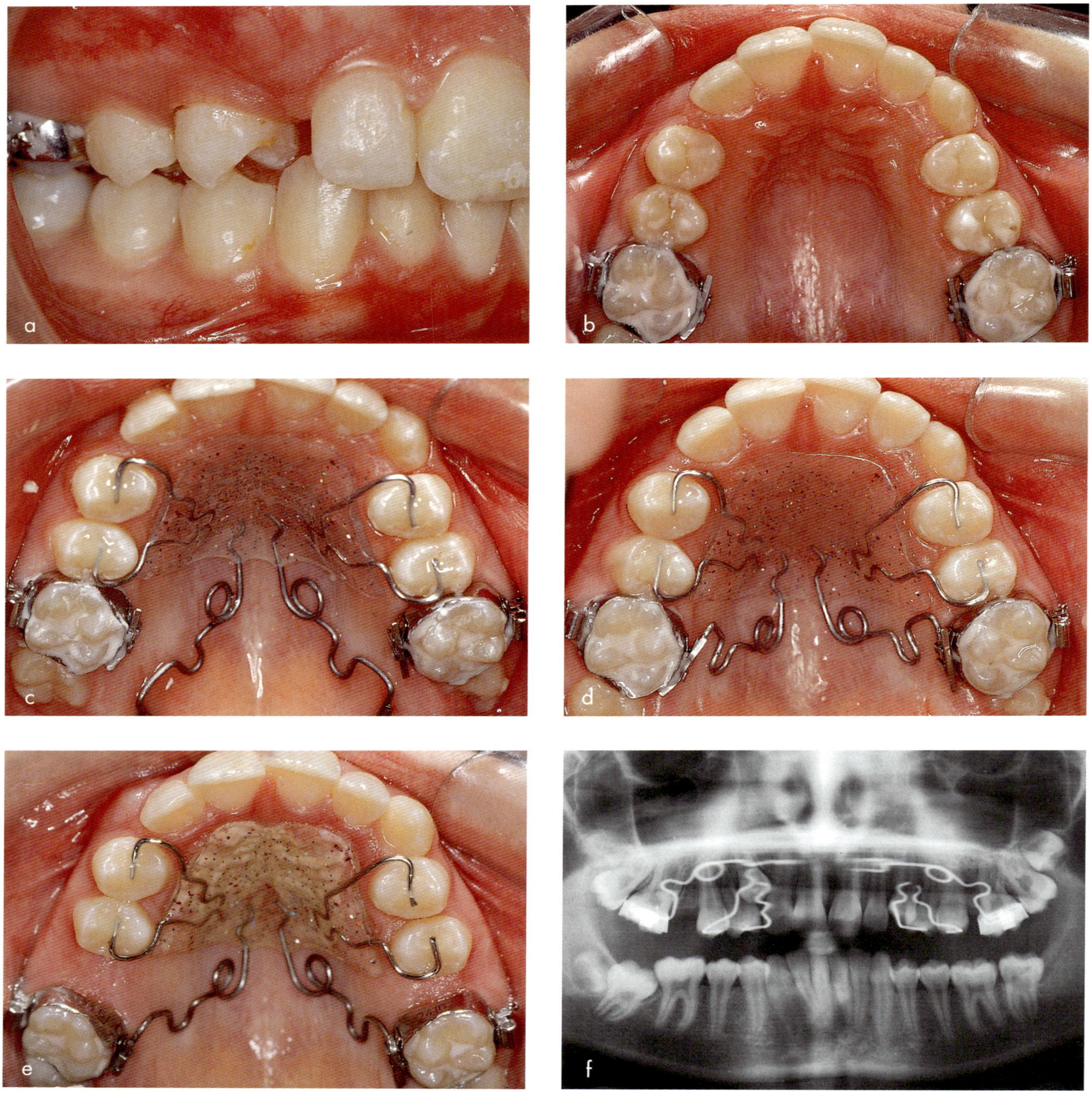

Abb. 3.5a bis h Platzschaffende Maßnahmen führen zu einem spontanen Durchbruch des Eckzahnes.
a und b Starker Platzmangel für Zahn 13.
c Pendulum-Apparatur zur Distalisation der ersten Molaren in situ, Gerät im passiven Zustand.
d Gerät im aktiven Zustand.
e Zustand nach Distalisation der Molaren.
f OPG: Erfolgte Distalisation der Molaren.

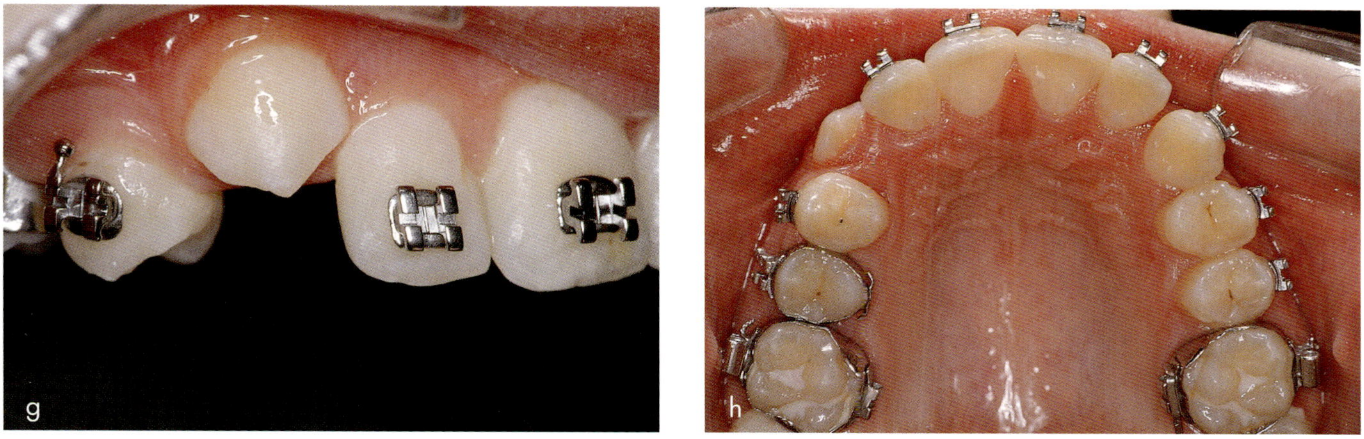

Abb. 3.5g und h Nach Platzbeschaffung erfolgte der spontane Durchbruch des Zahnes 13.

die Extraktion des entsprechenden Milchzahnes entgegenzuwirken. Der richtige Zeitpunkt für die Extraktion des Milchzahnes richtet sich nach der Wurzelentwicklung des verlagerten Zahnes. Dieser sollte mindestens die Hälfte der Wurzelentwicklung abgeschlossen haben, um post extractionem keine Mukosaverdickung zu bekommen, die den Durchbruch verzögert. Bei drohender Verlagerung bleibender Eckzähne führen rechtzeitige Extraktionen der Milcheckzähne und gegebenenfalls der ersten Milchmolaren in 78% zu einer spontanen Normalisierung des Durchbruchs, wobei sich die Prognose mit fortschreitender Verlagerung nach medial verschlechtert[25]. Im Alter zwischen 10 und 13 Jahren ist die Extraktion des Milcheckzahnes die Therapie der Wahl. Vorraussetzung sind ausreichende Platzverhältnisse und keine Resorptionen an den benachbarten Inzisivi. *Williams* schlägt dieses Vorgehen bei Klasse-I-Fällen ohne Platzmangel im Patientenalter von 8 bis 9 Jahren vor[88]. Anschließend sollten halbjährliche Kontrollen (klinisch und/oder radiologisch) des Eckzahndurchbruches durchgeführt werden. Mögliche nachteilige Folgen einer unsachgemäßen Eckzahneinstellung wie Alveolarknochenverlust, Devitalisation der Inzisivi[71] und parodontale Schäden[37,64] können somit von vornherein umgangen werden.

Das OPG eines 16-jährigen Patienten zeigt die Verlagerung und Retention von Zahn 45. Nach erfolgter Extraktion des Milchmolaren 85 kam es zum spontanen Durchbruch von Zahn 45 (Abb. 3.6). Wird eine Verlagerung am Ende bzw. nach Ablauf des Zahnwechsels diagnostiziert, liegen nicht ausreichende Platzverhältnisse für den Zahn vor oder ist dieser extrem verlagert, müssen andere Behandlungsalternativen erwogen werden:

- **Die operative Entfernung des verlagerten Zahnes.** Im Falle der Extraktion muss die entstandene Lücke geschlossen werden. Hierfür kommen der prothetische Ersatz, der kieferorthopädische Lückenschluss (vgl. Abb. 3.4) oder der chirurgische Lückenschluss durch eine Autotransplantation bzw. chirurgische Repositionierung des verlagerten Zahnes in Frage.
- Die chirurgische Freilegung und kieferorthopädische Einstellung des verlagerten Zahnes.

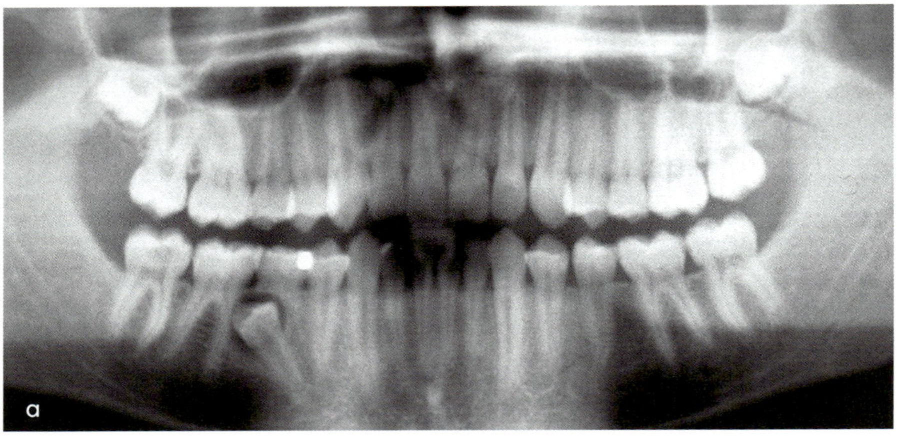

Abb. 3.6a bis i
a OPG eines 16-jährigen Patienten zeigt die Verlagerung und Retention des Zahnes 45 sowie den persistierenden Milchzahn 85.
b bis f Klinische Situation vor Entfernung des persistierenden Milchzahnes.
g Spontaner Durchbruch des Zahnes 45, 4 Monate nach Extraktion des persistierenden Milchzahnes 85.
h und i Durchbruch des Zahnes 45.

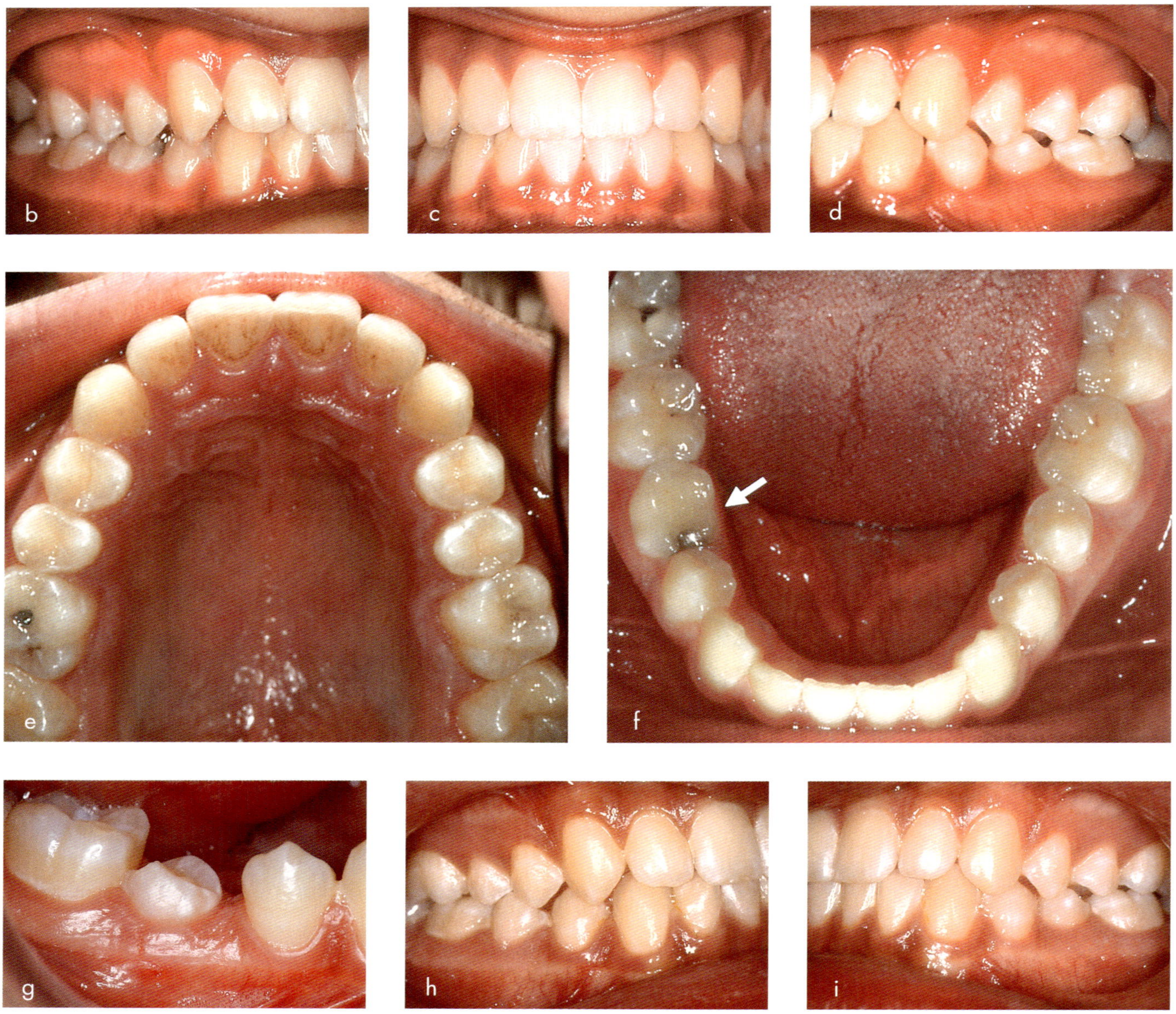

4 Chirurgisches Vorgehen

4.1 Anforderungen und Freilegungsmethoden

Die in Abhängigkeit vom individuellen Befund und der jeweiligen Lage des Zahnes gewählte chirurgische Verfahrensweise ist der erste Schritt zur Sicherung eines parodontal und ästhetisch zufrieden stellenden Ergebnisses (Abb. 4.1). Die Qualität des Behandlungsergebnisses hängt in hohem Maße von der Durchführung des chirurgischen Eingriffes ab. Um die Erfolg versprechendste Freilegungstechnik festzulegen und bei der Freilegung Informationen zur Lage des Zahnes zu gewinnen, ist eine enge Zusammenarbeit zwischen den einzelnen Fachdisziplinen nötig.

Eine aggressive chirurgische Vorgehensweise führt zu einer Schädigung der Nachbarzähne bzw. zu einer unbefriedigenden Parodontalsituation (Abb. 4.2 bis Abb. 4.4). Bei ausgedehnter Entfernung von Weich- und Hartgewebe resultiert ein unzulänglicher Parodontalzustand. Dies ist sowohl funktionell als auch ästhetisch nicht zufrieden stellend. Zudem kann es infolge von Vernarbungen des Parodontalgewebes zu einem Zug auf den verlagerten Zahn in Richtung seiner ursprünglichen Position kommen, was ein Rezidiv der Zahnposition hervorruft. *Vanarsdall* und *Corn* wiesen auf die Bedeutung einer ausreichend breiten Zone funktioneller befestigter Gingiva hin[83]. Fehlt diese, kann es bereits während der Einstellung des verlagerten Zahnes zur Entzündung und zu einer entsprechenden Schädigung des Parodontiums kommen. Im weiteren Verlauf können Attachmentverluste, Knochenabbau und Dehiszenzen auftreten.

Ist die chirurgische Freilegung und kieferorthopädische Einstellung eines verlagerten Zahnes geplant, gibt es je nach Lage des Zahnes unterschiedliche Vorgehensweisen. Bestehen Zweifel über die exakte Lage des Zahnes oder ist die Beziehung zu benachbarten Strukturen z. B. bei Verdacht auf Wurzelresorptionen unklar, ist die Anwesenheit des Kieferorthopäden bzw. die Anfertigung und Übermittlung intraoperativer Fotos an diesen sinnvoll.

4.1.1 Offene Elongation

Bei oberflächlicher Lage des verlagerten Zahnes kann eine offene Elongation durchgeführt werden. Der entsprechende Zahn wird chirurgisch freigelegt und nicht wieder von Weichgewebe bedeckt. Der Kieferorthopäde hat direkten Zugang zum verlagerten Zahn und kann 2 bis 3 Tage postoperativ ein Attachment auf diesem befestigen. Um in der Zwischenzeit eine erneute Weichgewebebedeckung des Zahnes zu verhindern, sollte der freigelegte Zahn mit einem Wundverband (Zink-Eugenol, Tiefziehschiene) abgedeckt werden. Problematisch ist bei diesem Vorgehen die starke Blutungsneigung bei der Abnahme des Wundverbandes und die damit verbundenen Probleme der sicheren Attachmentfixation.

Liegt der verlagerte Zahn im Bereich der beweglichen Gingiva, wie dies z. B. bei bukkal verlagerten Eckzähnen der Fall ist, kann ein apikaler Verschiebelappen durchgeführt werden. Durch dieses Vorgehen wird posttherapeutisch ein entsprechend breiter Saum an befestigter Gingiva gesichert. Operationstechnisch wird ein trapezförmiger Schleimhautlappen gebildet, inzisal die Schicht der Mukosa abpräpariert und das darunter liegende Periost zunächst belassen (split flap)[83]. Anschließend wird der Mukosalappen nach apikal mobilisiert. Außerdem werden Periost und Knochen, soweit vorhanden,

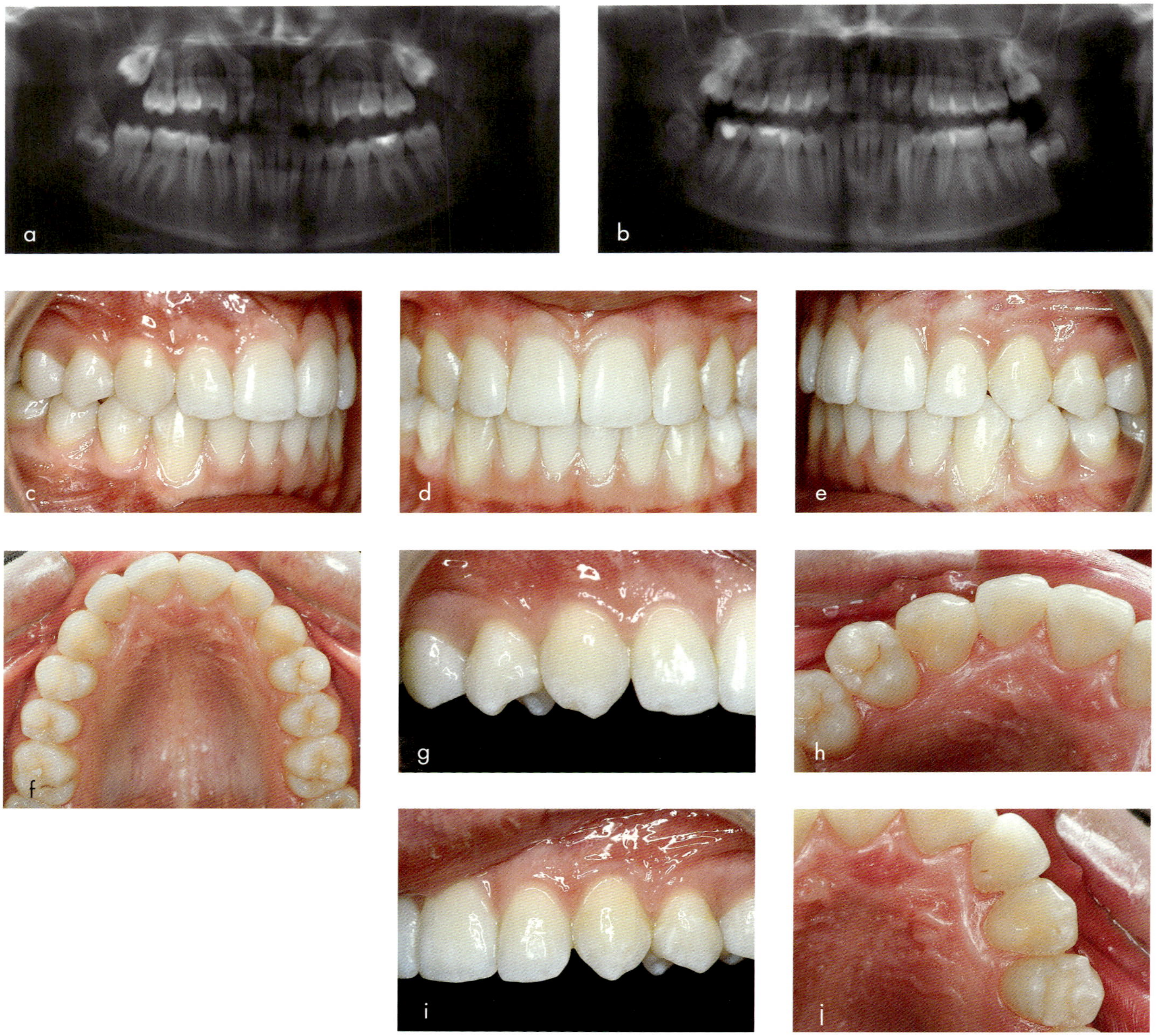

Abb. 4.1a bis j
a OPG: Verlagerung der Zähne 13, 23.
b OPG: nach kieferorthopädischer Einstellung der verlagerten Zähne.
c bis f Situation nach kieferorthopädischer Einstellung.
g bis j Ausreichend breite und gesunde befestigte Gingiva im Bereich der ehemals verlagerten Zähne.

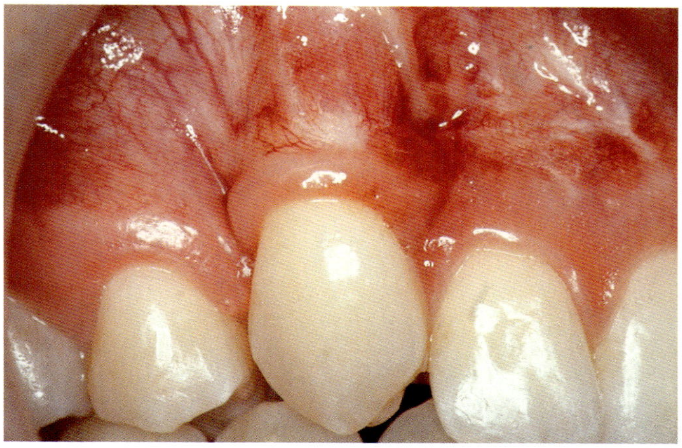

Abb. 4.2 Ästhetisch und funktionell unbefriedigender Parodontalzustand an Zahn 13 nach chirurgischer Freilegung und anschließender kieferorthopädischer Einstellung.

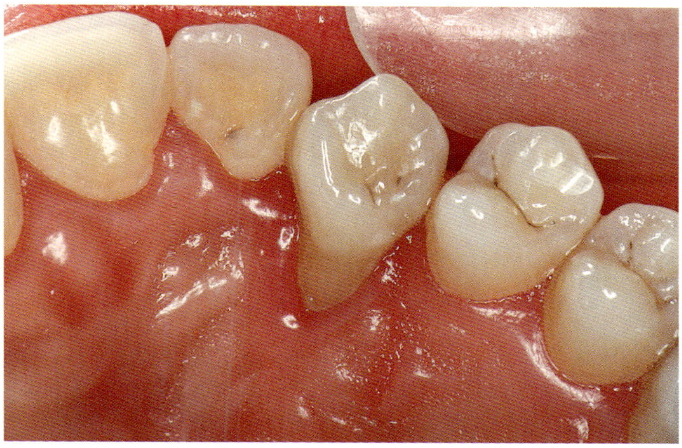

Abb. 4.3 Kritischer Parodontalzustand an Zahn 23 nach chirurgischer Freilegung und anschließender kieferorthopädischer Einstellung.

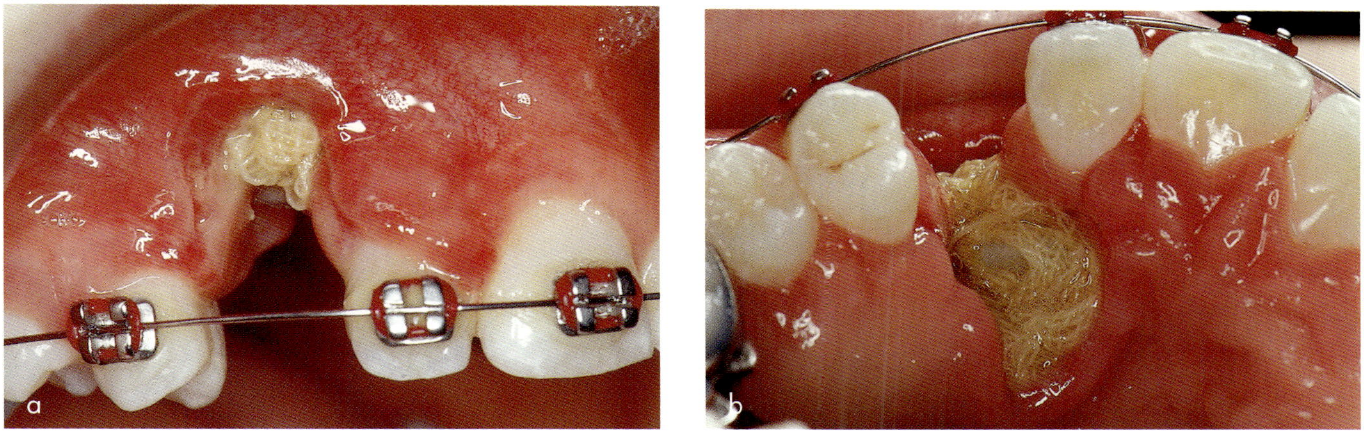

Abb. 4.4a und b Zustand nach ausgedehnter chirurgischer Freilegung des palatinal verlagerten Zahnes 13.

sowie das Gewebe des Zahnsäckchens entfernt. Nachdem die Labialfläche des retinierten Zahnes möglichst vollständig freigelegt ist, wird der Lappen mit integrierter keratinisierter Gingiva annähernd 2 bis 3 mm inzisal der Schmelz-Zement-Grenze fixiert.

Becker sieht die Indikation für die offene Elongation v. a. bei Patienten, bei denen mit Ausnahme der Verlagerung kein kieferorthopädischer Behandlungsbedarf besteht[7]. Durch die post operationem unbedeckt bleibende Zahnoberfläche kann ein eventueller spontaner Durchbruch abgewartet und – falls für eine aktive Eruption nötig – zu einem späteren Zeitpunkt ein Bracket geklebt werden.

4.1.2 Geschlossene Elongation

Liegt der verlagerte Zahn tiefer, so dass für eine offene Elongation ausgiebig Weich- und Hartgewebe entfernt werden müssten, ist eine geschlossene Elongation indiziert. Sie entspricht einer Simulation des physiologischen Durchbruchs[60].

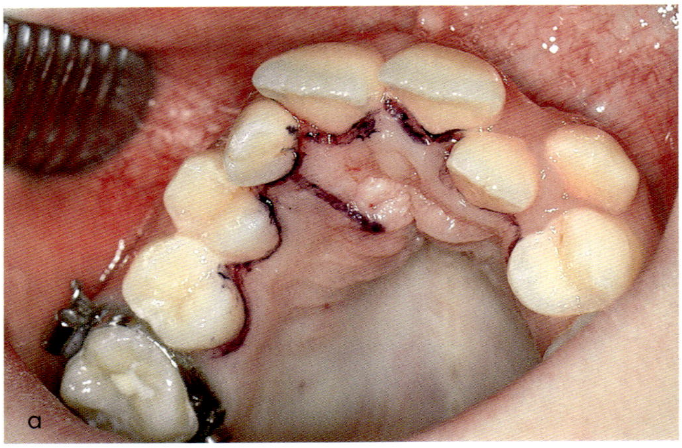
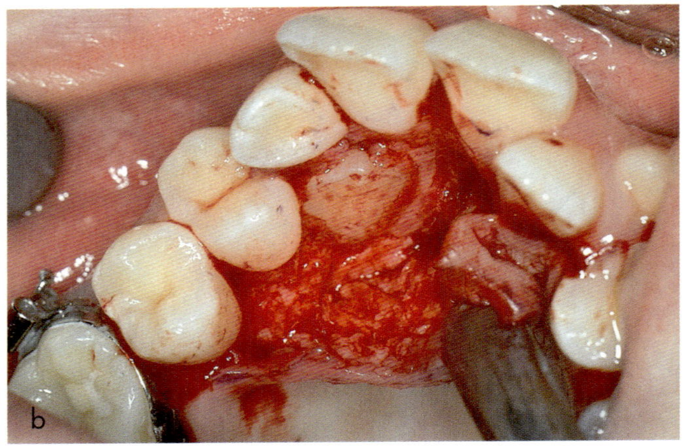
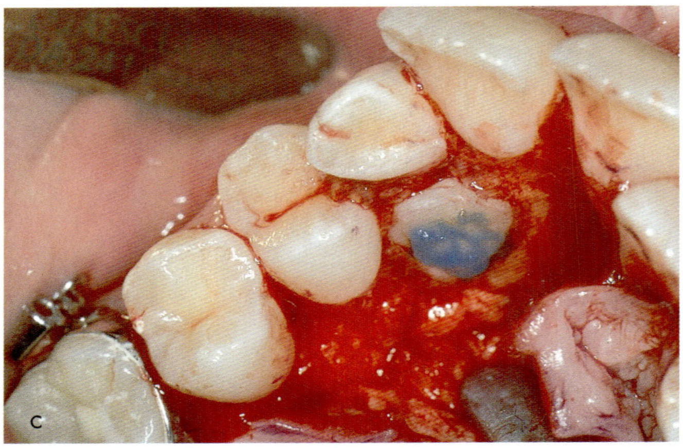
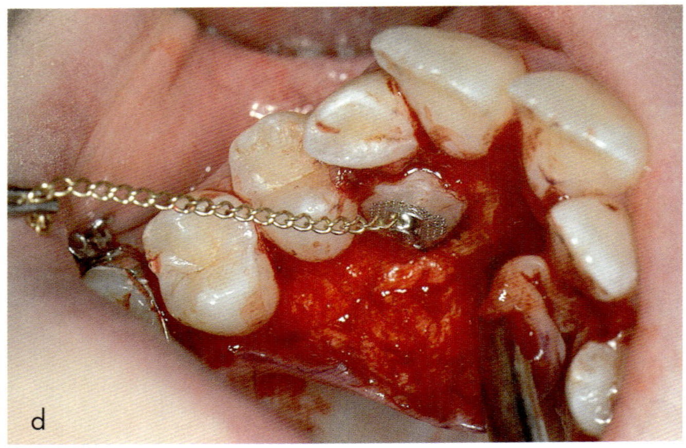
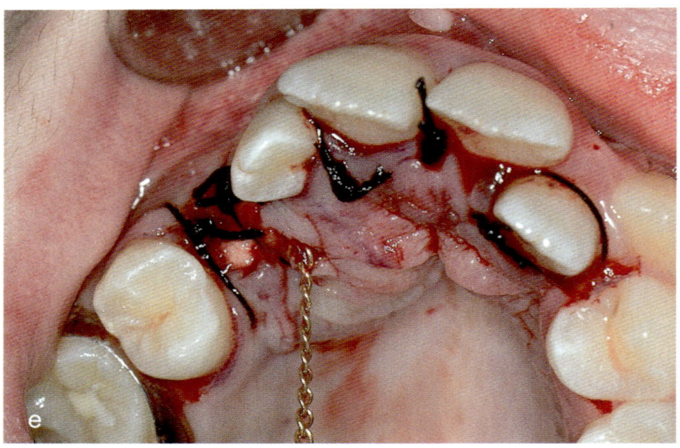

Abb. 4.5a bis e
a Markierung der Schnittführung.
b Bildung eines Mukoperiostlappens und Freilegung der Krone des palatinal verlagerten Zahnes 13 unter weitgehender Schonung des Knochens.
c Anätzen der freigelegten Zahnoberfläche.
d Fixierung des Attachments mittels lichthärtendem Kunststoff nach Vorbehandlung mit Säure-Ätz-Technik.
e Reponierter und vernähter Lappen (geschlossene Elongation).

Bei palatinal verlagerten Eckzähnen im Oberkiefer wird in der Regel die geschlossene Elongation durchgeführt. Bei der geschlossenen Elongation wird in einem chirurgischen Eingriff der verlagerte Zahn freigelegt und ein Attachment auf ihm befestigt. Anschließend eruptiert der Zahn durch die Zone der befestigten Gingiva, die sich dann an den Zahn und den umliegenden Alveolarfortsatz heftet.

Der Schnitt erfolgt marginal (Abb. 4.5) oder paramarginal (Abb. 4.6). Der paramarginalen Schnittführung folgt aufgrund der Adaption der

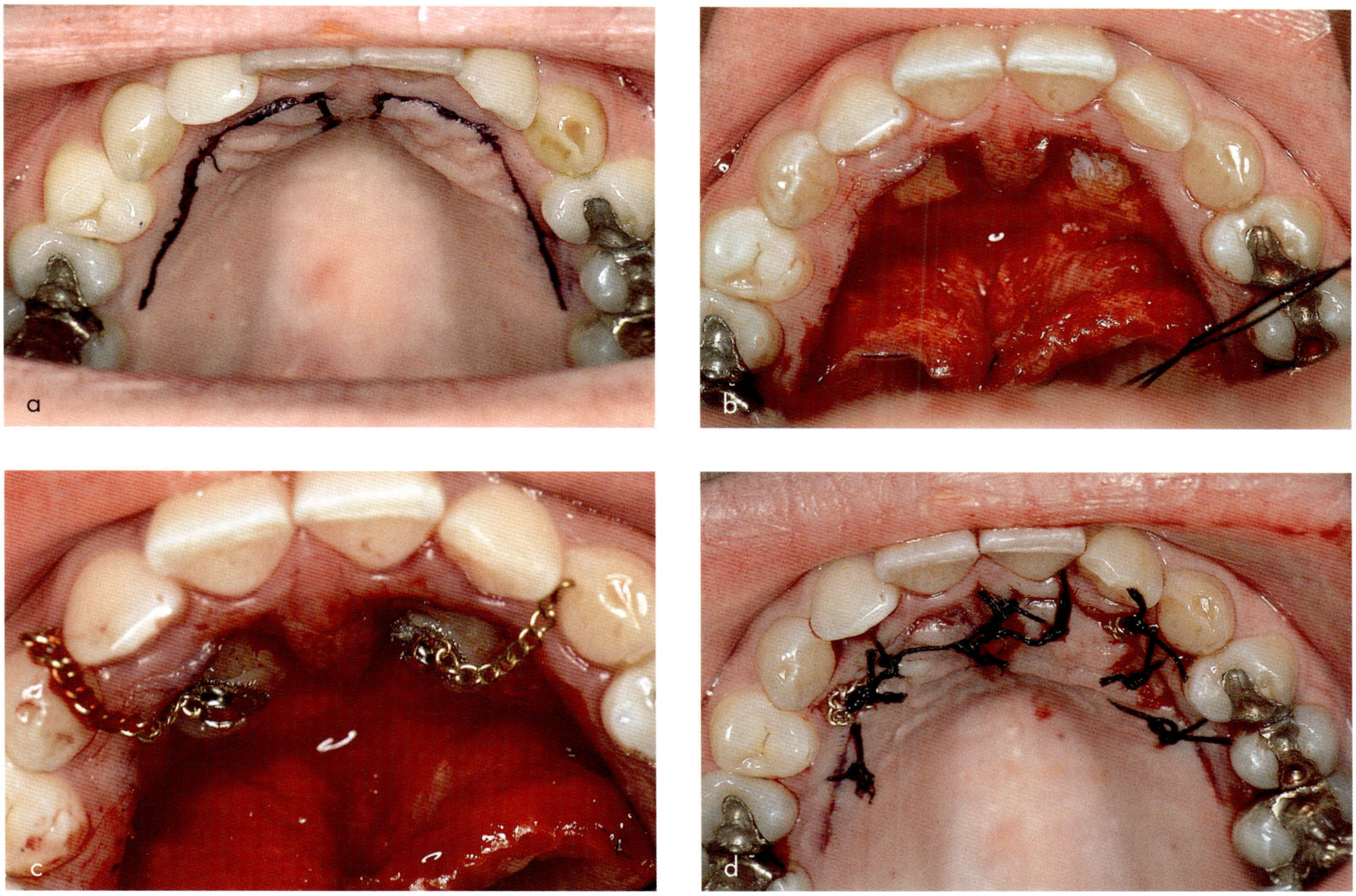

Abb. 4.6a bis d
a Markierung der paramarginalen Schnittführung.
b Bildung eines symmetrischen Mukoperiostlappens bei beidseitig verlagerten Oberkiefereckzähnen unter Umschneidung des Foramen incisivum.
c Fixierung des Attachments.
d Reponierter und vernähter Lappen.

Lappenränder in der Regel die bessere Wundheilung. Falls die Verlagerung dies zulässt, wird unter Umschneidung des Foramen incisivum ein asymmetrischer (bei einseitig verlagertem Eckzahn; Abb. 4.5b) bzw. symmetrischer (bei beidseitig verlagertem Eckzahn; Abb. 4.6b), von beiden Arteriae palatinae ernährter, Lappen gebildet. Nach vorsichtiger Mobilisierung des Mukoperiostlappens wird nur so viel Knochenkortikalis entfernt, bis der Kronenteil des retinierten Zahnes für die sichere Fixierung eines Attachments frei liegt. Ausgedehntes Fräsen kann zu einem posttherapeutischen Knochenverlust führen[61].

Um den Knochenverlust nach Einstellung des Eckzahnes auf ein Minimum zu beschränken, sollte die Schmelz-Zement-Grenze nicht überschritten werden. Das Zahnsäckchen wird nur in der direkten Zirkumferenz der freigelegten Kronenfläche sorgfältig kürettiert, da von dem stark vaskularisierten Gewebe häufig Blutungen ausgehen, welche die Attachmentfixierung erschweren. Der Zahn soll mit dem Rest seines Zahnsäckchens den Knochen selbst resorbieren,

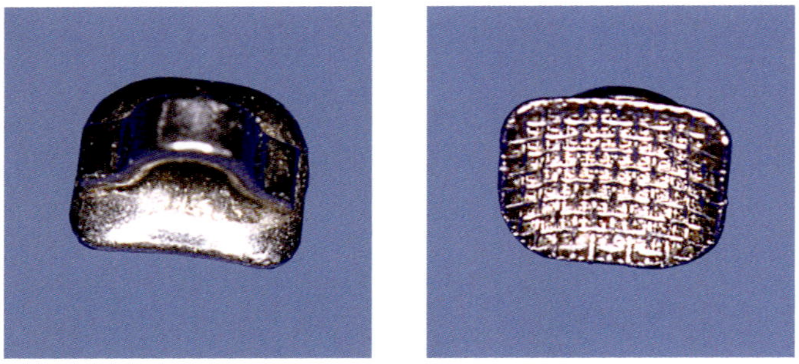

Abb. 4.7a und b Eyelet: relativ kleine Basis.

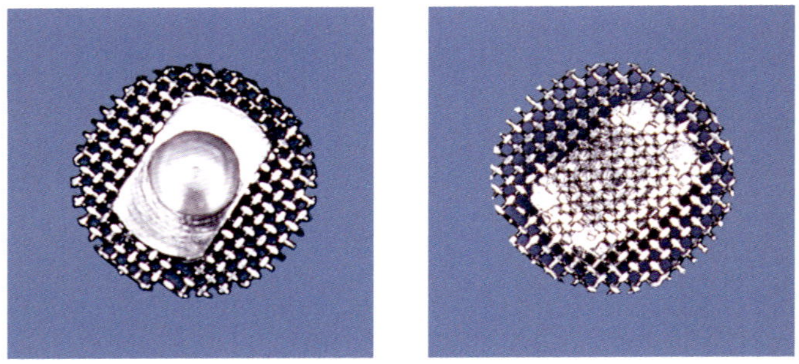

Abb. 4.8a und b Knöpfchen: große Netzbasis, die bessere Haftungsmöglichkeit bietet.

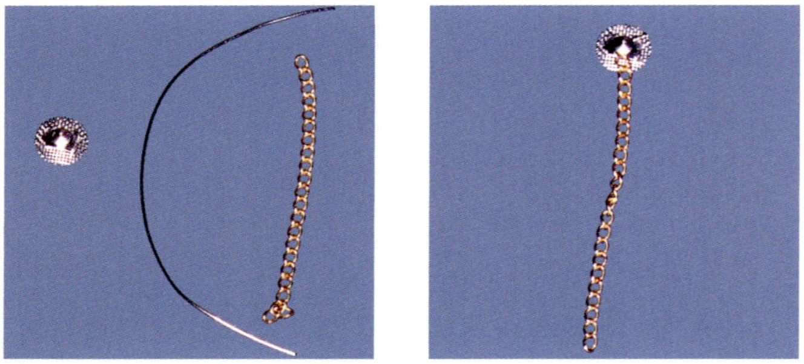

Abb. 4.9a und b
a Bestandteile des Attachments: Knöpfchen, Drahtligatur und Goldkettchen.
b Fertiges Attachment.

wie dies bei einem regulären Zahnwechsel der Fall wäre.

Nach sorgfältiger Blutstillung wird die frei liegende Zahnoberfläche mit Phosphorsäure angeätzt (Abb. 4.5c), mit isotoner NaCl-Lösung gespült, getrocknet und mit Haftvermittler versehen.

Auf die Vorbehandlung des Schmelzes mit Gummikelch und Polierpaste sollte verzichtet werden. Durch den Einsatz rotierender Instrumente wird leicht eine Blutung verursacht und damit die Attachmentfixierung erschwert. Alternativ zum zweifachen Vorgehen mit Säure und Haftvermittler können selbstkonditionierende Primer verwendet werden. Hierbei fällt das Abspülen des Ätzgels weg, so dass die Blutung leichter zu stillen ist.

Anschließend wird ein Attachment mit Kunststoff auf dem verlagerten Zahn befestigt. Bewährte Attachments sind das Eyelet[8] oder ein Knöpfchen mit Goldkettchen (Abb. 4.7 bis Abb. 4.9)[86, 87]. Ein Bracket ist aufgrund seiner Größe und Basis nicht geeignet, auf der palatinalen Fläche geklebt zu werden.

Die Fixation von Gold- oder Silberkettchen an das Attachment gewährleistet die sichere Übertragung der orthodontischen Kräfte[61, 85].

Das Attachment sollte in dem Bereich platziert werden, der direkt zugänglich ist; häufig ist dies die Höckerspitze (Abb. 4.5d, Abb. 4.6c). Bei der anschließenden Einstellung wird die Wurzel des Eckzahnes nicht quer durch den Knochen bewegt und somit dessen Durchbruch nicht unnötig verzögert. Ein applizierter Bindekunststoff (z. B. Transbond, Fa. 3M) verbessert die Haftung des aufgesetzten Attachments (Abb. 4.5d, Abb. 4.6c).

Der reponierte, durch Knopfnähte fixierte Mukoperiostlappen deckt abschließend das Operationsfeld ab. Bleibt nach der Freilegung palatinal verlagerter Eckzähne das freigelegte Gebiet offen bzw. wird es nur von einem chirurgischen Verband bedeckt, können folgende Komplikationen auftreten: erneute Weichteil-

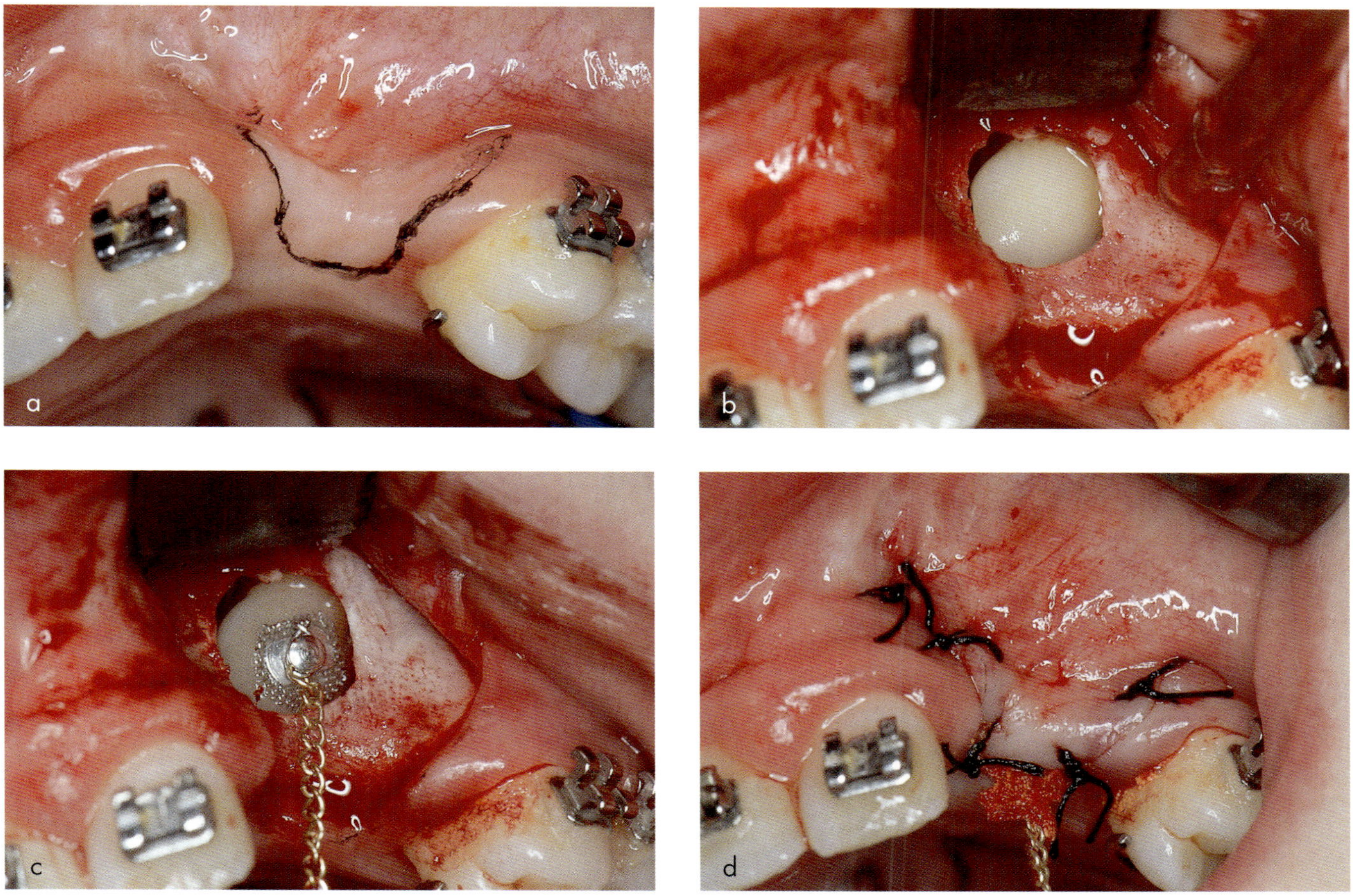

4.10a bis d
a Markierung der Schnittführung.
b Mobilisierung des Mukoperiostlappens und Entfernung der Knochenkortikalis.
c Mit lichthärtendem Kunststoff wird das Knöpfchen auf der Schmelzoberfläche befestigt.
d Reponierter und vernähter Mukoperiostlappen. Das Goldkettchen ragt am gewünschten Durchbruchsort heraus.

überwachsung und Plaqueakkumulation, die in Verbindung mit der sekundären Heilung zu einer chronischen Infektion und zu kompromissbehafteten Parodontalverhältnissen[52, 56, 57, 83] führen.

Das am Eyelet/Knöpfchen befestigte Goldkettchen ragt am gewünschten Durchbruchsort am Alveolarkamm einige Millimeter über den Nahtbereich hinaus (Abb. 4.5e, Abb. 4.6d). Die Durchtrittsstelle muss unbedingt in Absprache mit dem Kieferorthopäden bestimmt werden, da es ansonsten zu einer unnötigen Traumatisierung des Weichgewebes während der kieferorthopädischen Einstellung kommt.

Nach Abschluss der Wundheilungsphase wird der retinierte Zahn durch die Wirkung geeigneter orthodontischer Apparaturen wie ein „U-Boot" unter der Schleimhaut in die gewünschte Position bewegt.

Neben der palatinalen Verlagerung stellt die hochlabiale Verlagerung von Oberkiefereckzähnen eine Indikation für die geschlossene Elongation dar, da hierbei ein apikaler Verschiebelappen schwierig und mit wenig Aussicht auf Erfolg durchzuführen ist (Abb. 4.10)[30, 40, 49, 84, 89]. Ein apikaler Verschiebelapppen erhöht bei einer hochlabialen Verlagerung das Risiko eines

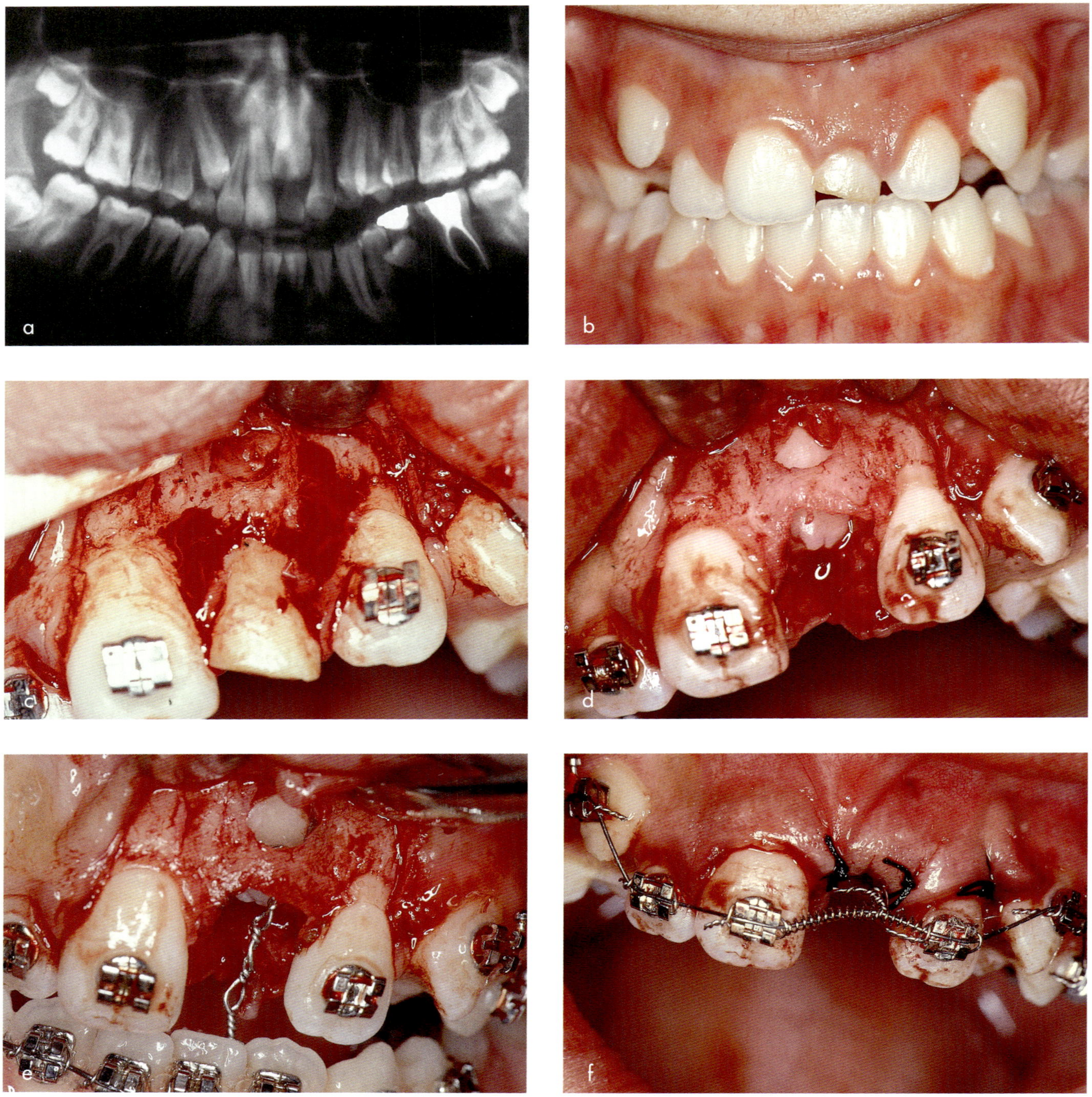

Abb. 4.11a bis f
a OPG: Die Zähne 13, 21 und 35 sind verlagert und retiniert; mit Persistenz der Zähne 53, 61 und 75.
b Klinisches Bild desselben Patienten. Persistenz des Zahnes 61.
c Bildung eines Mukoperiostlappens und Darstellung des persistierenden Zahnes 61.
d Der Zahn 61 wurde extrahiert; die Knochenbrücke oberhalb des retinierten Zahnes 21 wurde belassen (Tunnelierung).
e Anbringen eines Attachments an Zahn 21 unterhalb der Knochenbrücke.
f Reponierter Mukoperiostlappen, sofortiger Beginn der aktiven Einstellung.

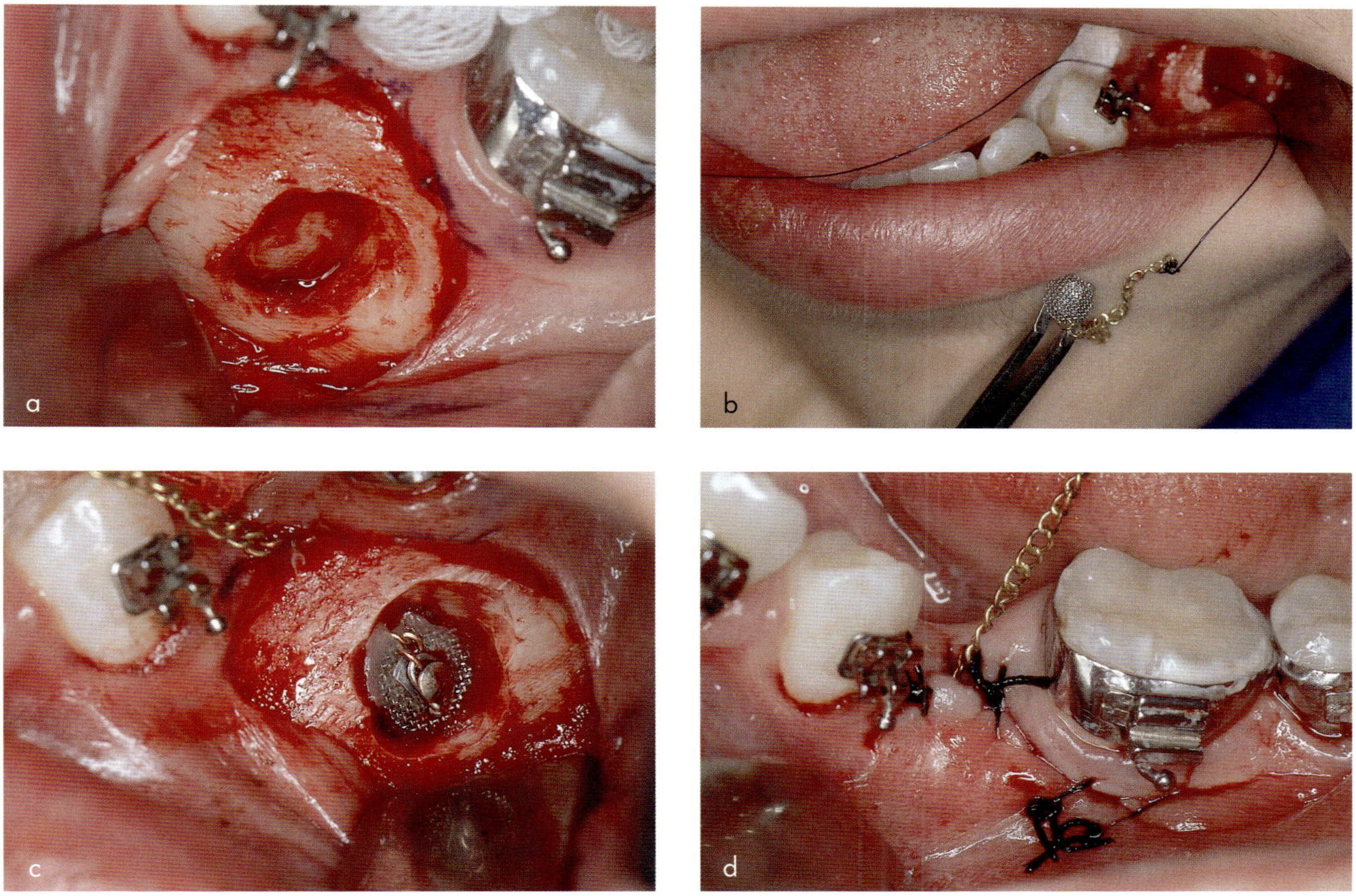

Abb. 4.12a bis d
a Elevierter Mukoperiostlappen und Zugang zur Krone des verlagerten Zahnes 35 von bukkal.
b Tunnelierung des bedeckenden Knochens zur Fixation des Goldkettchens. Für die sichere Platzierung des Kettchens wird es am Faden geführt.
c Fixiertes Attachment.
d Reponierter und vernähter Lappen.

Attachmentverlustes und eines Rezidivs des ehemals verlagerten Zahnes in vertikaler Richtung[5].

Liegt der verlagerte Zahn sehr tief im Alveolarfortsatz und ist von reichlich Knochengewebe bedeckt, ist zu überlegen, ob eventuell eine **Tunnelierung** erfolgen sollte[18]. Hierbei wird während der chirurgischen Freilegung die bukkale Knochenlamelle nur so weit entfernt, dass eine Knochenbrücke im bukkalen Bereich bestehen bleibt, unter der das Goldkettchen bzw. die Drahtligatur vom Attachment zur Mundhöhle in der gewünschten Durchbruchsrichtung geführt wird (Abb. 4.11 und Abb. 4.12).

Ist die Befestigung des Attachments während der Freilegung geplant, ist eine absolut zuverlässige Attachmentfixation durch den Chirurg nötig. Löst sich das Attachment nachdem der Kieferorthopäde orthodontische Kräfte appliziert, muss der betroffene Zahn erneut freigelegt werden.

Vermette et al. (1995) gelangten in einer vergleichenden Untersuchung der parodontalen Verhältnisse nach chirurgischer Freilegung verlagerter Oberkiefereckzähne mit dem apikalen Verschiebelappen gegenüber der geschlossenen Elongation und folgender kieferorthopädischer

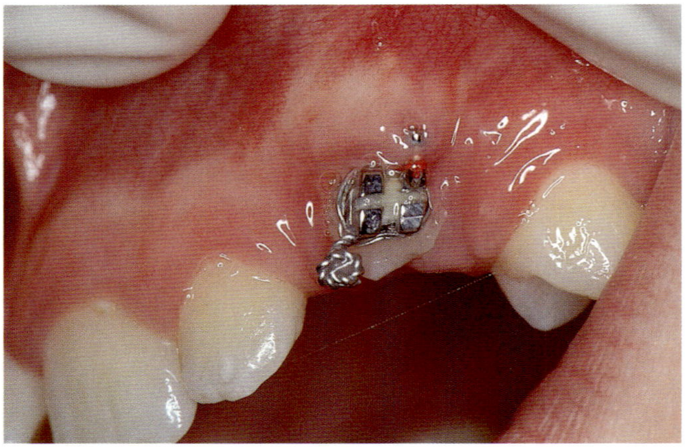

Abb. 4.13 Wegen des groß dimensionierten Attachments (Bracket) kam es zu einer Penetration der Schleimhaut.

Einstellung zu der Feststellung, dass der erstgenannte Weg zu ästhetisch und funktionell unbefriedigenden Parodontalsituationen führt[84]: Es kam zu einem disharmonischen Gingivaverlauf, einer Verlängerung der klinischen Krone, einem Alveolarknochen- und Attachmentverlust sowie in 90% der Fälle zu Gingivanarben, was bei 61% ein Rezidiv der Eckzahnstellung in vertikaler Richtung bewirkte. *Bishara* (1992) berichtete über ähnliche Rezidive der Eckzahnstellung, die durch Narbenzüge verursacht werden[12].

Ein möglicher Nachteil der geschlossenen Elongation bukkal verlagerter Oberkiefereckzähne ist die Gefahr einer Penetration der bukkalen Schleimhaut durch das Attachment im Verlauf der Elongation. Dies kann vor allem bei der Wahl eines groß dimensionierten Attachments (z. B. Bracket) der Fall sein (Abb. 4.13). Durch die Verwendung eines Eyelets oder Knöpfchens lässt sich diese Gefahr minimieren.

5 Kieferorthopädisches Vorgehen

5.1 Anforderungen und Einstellungsmethoden

Die zum Einsatz kommende Apparatur zur Einstellung verlagerter Zähne sollte eine maximale Kontrolle der orthodontischen Kräfte in Größe und Richtung gewähren und möglichst frei von unerwünschten Nebeneffekten für die Verankerungszähne sein.

Bei Fällen mit Wurzelresorptionen an den benachbarten Zähnen ist eine exakte Steuerung der Durchbruchsrichtung des verlagerten Zahnes wichtig, um den Resorptionsvorgang nicht iatrogen zu verstärken.

Bei der Einstellung verlagerter Zähne werden folgende Phasen durchlaufen:

1. Bewegung des Zahnes von den Wurzeln der benachbarten Zähne weg. Ist nicht genügend Platz zur Einstellung des verlagerten Zahnes im Zahnbogen vorhanden, sind vorausgehende Platzbeschaffungsmaßnahmen nötig.
2. Aktive Eruption des Zahnes in Richtung der Kauebene.
3. Feineinstellung.
4. Retention. Die Neigung zum Rezidiv hängt u. a. vom Umfang der ehemals vorliegenden Verlagerung, dem Ausmaß und der Geschwindigkeit der durchgeführten Zahnbewegung sowie von Art und Qualität der chirurgischen Freilegung ab.

Bei der Einstellung eines verlagerten Zahnes muss zur Vermeidung von Nebenwirkungen, ausgehend von der Kraft der eingesetzten Feder bzw. Teilbogens, ein möglichst stabiler Verankerungsblock geschaffen werden (Abb. 5.1). Hierfür kommt z. B. ein Palatal-Bar oder Lingual-Arch in Frage. Dennoch sollte mit geringen Kräften

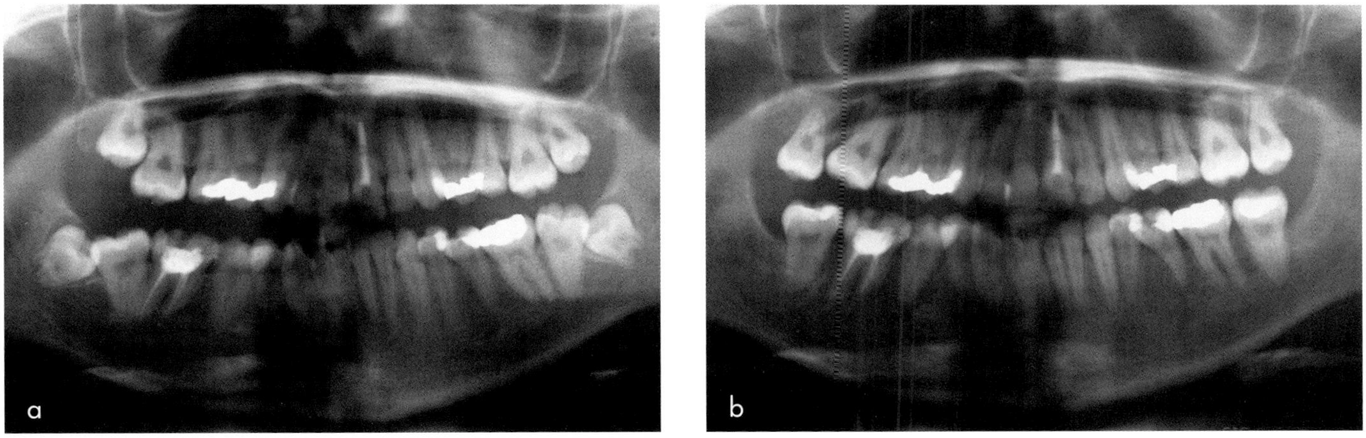

Abb. 5.1a und b
a OPG: Zahn 17 ist retiniert, die Zähne 37 und 47 sind nach distal gekippt, die Zähne 38 und 48 sind ebenfalls retiniert und mesioangulär verlagert.
b Zustand nach kieferorthopädischer Einstellung des Zahnes 17.
Die Einstellung erfolgte mit einem Teilbogen, ausgehend von Zahn 16, ohne Herstellung eines Verankerungsblockes. Als Nebenwirkung kam es zur Distalkippung des Zahnes 16. Die Zähne 38 und 48 sind vor Beginn der orthodontischen Therapie extrahiert, damit die Einstellung der verlagerten Zähne 37 und 47 erleichtert bzw. ermöglicht werden kann.

gearbeitet und in kurzen Abständen die Einstellung kontrolliert werden, um Nebenwirkungen früh zu erkennen und durch entsprechende Maßnahmen entgegensteuern zu können. 30 bis 60 Gramm sollten als Kraft bei der Einstellung nicht überschritten werden. Ist die Kraft größer, kann es zu Bewegungsstillstand bis hin zu Resorptionen an der Wurzel des zu bewegenden Zahnes kommen. Die verwendete Apparatur sollte eine Messung des Kraftbetrages ermöglichen.

Aufgrund der Möglichkeit zur exakten Kontrolle der applizierten Kräfte sind festsitzende Apparaturen besonders geeignet. Verschiedenste Apparaturen wurden konzipiert und ihre Eignung kasuistisch getestet.

In der Regel handelt es sich um individuell im Labor gefertigte, festsitzende Apparaturen bei denen die Zähne, z. B. durch einen verlöteten Palatinalbogen, zu einer stabilen Verankerungseinheit verblockt werden und an die, je nach Verlagerungstyp (palatinal oder vestibulär), unterschiedliche aktive Bewegungselemente befestigt werden[85]. *Becker* und *Zilberman* (1978) sowie *Shapira* und *Kuftinec* (1981) verwenden als Verankerungseinheit u-förmig gebogene Drähte in palatinalen Molarenröhrchen. *Burstone* (1988) und *Manhartsberger* et al. (1992) bedienen sich eines Transpalatinalbügels an den Drähte mit entsprechender Schlaufenkonfiguration befestigt werden. Eine eventuell notwendige Bisshebung erfolgt durch eine Aufbissschiene. Ein häufig eingesetztes Verfahren ist die direkte Anbindung des verlagerten Zahnes an den Bogen einer Multibracketapparatur (Abb. 5.2a bis m).

Im Falle einer vollständigen Bebänderung lassen sich vom Bogen Elastikketten zum Attachment des verlagerten Zahnes spannen oder ein superelastischer Bogen wird direkt am Attachment befestigt (Abb 5.3). Beide Vorgehensweisen sind nicht frei von unerwünschten Nebeneffekten auf die benachbarten Zähne. Es kommt umso stärker zu Nebenwirkungen, je stärker der Bogen aus seiner Idealform verformt werden muss, d. h. je weiter der verlagerte Zahn von seinem physiologischen Standort im Zahnbogen entfernt ist. Außerdem lässt sich der Betrag und die Richtung der Kraft schlecht kontrollieren.

Besser geeignet ist die Verwendung eines starken Führungsbogens in Kombination mit einem superelastischen Teilbogen bzw. Elastikketten (Abb. 5.4). Dadurch lassen sich unerwünschte Nebenwirkungen minimieren.

In der letzten Phase der Einordnung verlagerter Zähne ist die direkte Anbindung des ehemals verlagerten Zahnes an den Bogen meist unumgänglich, um die abschließende Feineinstellung des Zahnes vornehmen zu können.

Ein weit verbreitetes Behandlungssystem zur Einstellung verlagerter Oberkiefereckzähne ist die von *Jacoby* (1979) beschriebene "**Ballista spring**".

Die Feder (0,016 bzw. 0,018 Stahldraht, rund) hat einen horizontalen und einen vertikalen Teil (Abb. 5.5). Der vertikale Teil dient der Kraftübertragung auf den verlagerten Zahn. Beim Anligieren an das Attachment des Eckzahnes entsteht aus der Verwindung des horizontalen Teils um eine Längsachse eine kontinuierliche extrusive Kraft. Um die Rotation der Feder beim Anbinden zu verhindern, wird deren distales Ende in das die Doppeltube des Molarenbandes einligiert. Dafür wird eine Schlaufe gebogen, die sowohl im Headgearröhrchen als auch im Bogenröhrchen befestigt wird. Der ventrale Teil des horizontalen Abschnitts wird in die Prämolaren einligiert (Abb. 5.5b). Eine Rotation im Bracketslot ist beim Aktivieren möglich. Dieses System kann bei unkontrollierter Kraftanwendung und zu langen Kontrollintervallen zu einer ungewollt starken Extrusion des verlagerten Zahnes führen. Ein Vorteil ist, dass eine Bebänderung der Frontzähne bei ausreichenden Platzverhältnissen bis zu dem Zeitpunkt der Annäherung des verlagerten Zahnes an seinen physiologischen Standort vermieden werden kann. Dadurch wird die ästhetische und subjektive Beeinträchtigung des Patienten zu Beginn der Behandlung gering gehalten.

Mittels entsprechender Angulation des vertikalen Federabschnittes besteht die Möglichkeit,

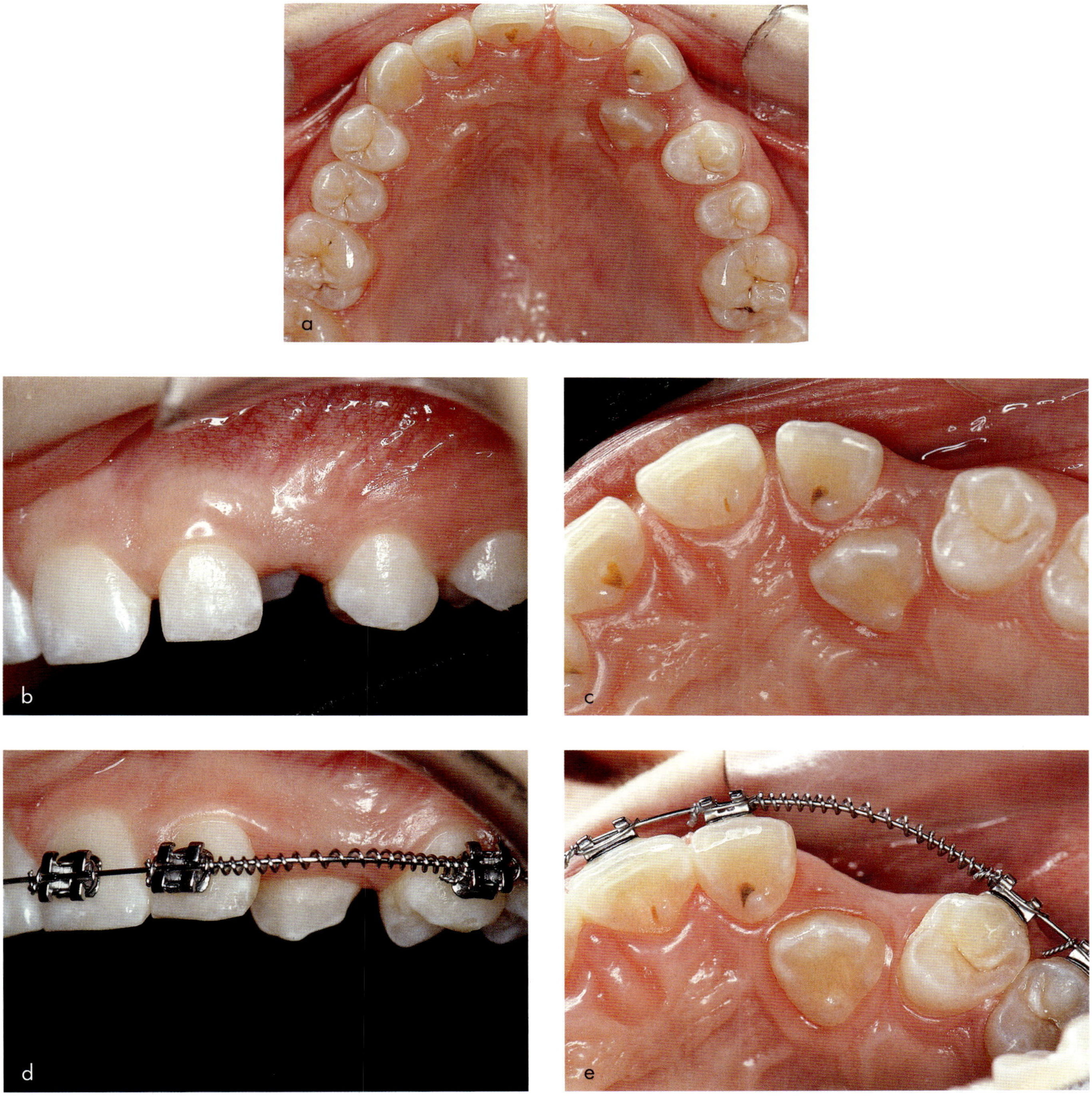

Abb. 5.2a bis e
a bis c Teilweise durchgebrochener Zahn 23; die Lücke ist eingeengt.
d und e Platzbeschaffung für Zahn 23 mittels offener Feder.

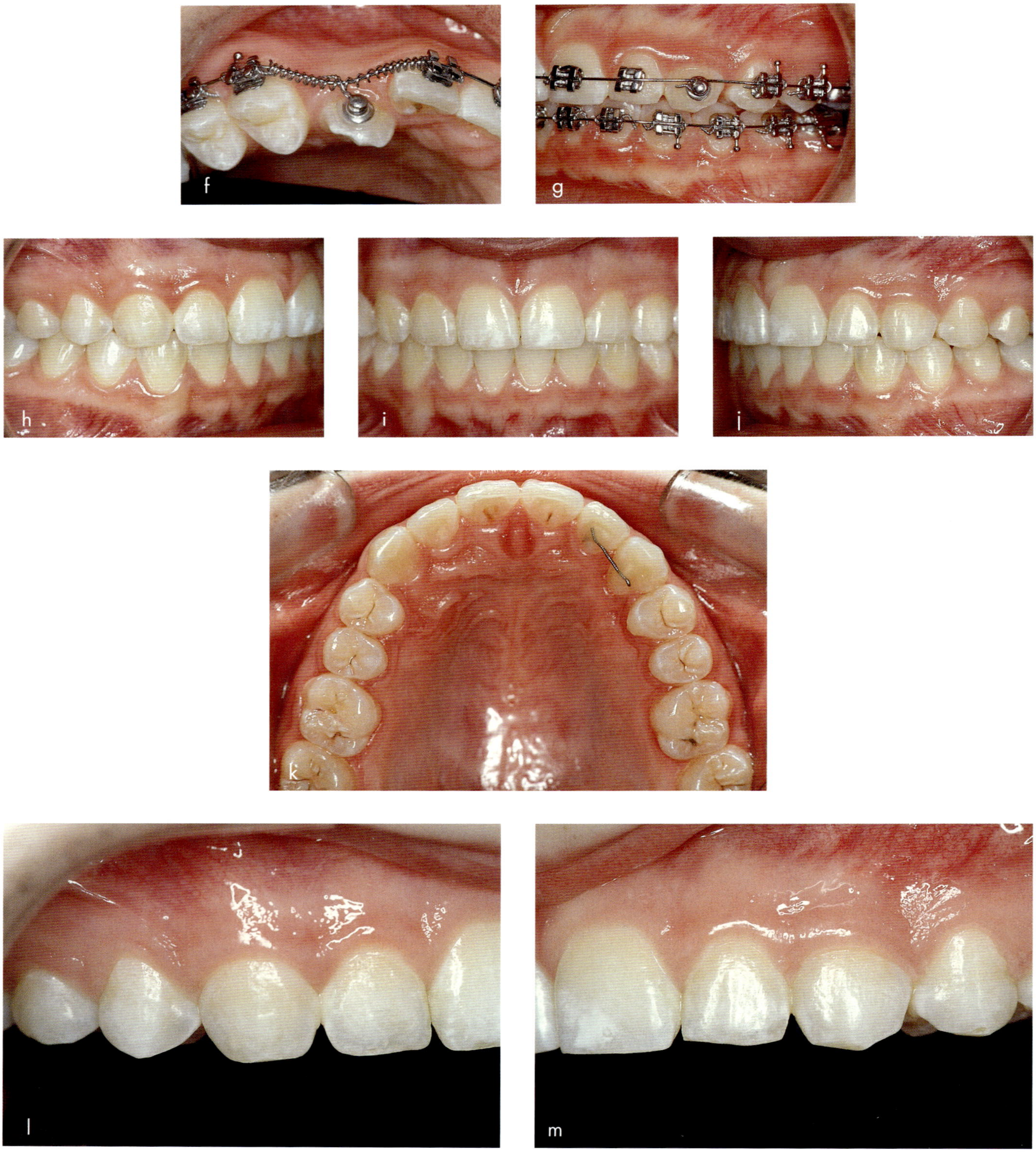

Abb. 5.2f bis m
f und g Nach ausreichender Lückenöffnung wurde der Zahn direkt an den Hautbogen angebunden.
h bis k Situation zum Behandlungsende; Retainer an den Zähnen 23 und 24 zur Dauerstabilisierung.
l und m Gute Parodontalverhältnisse mit ausreichend breiter, befestigter Gingiva auf der Verlagerungs- und auf der Gegenseite.

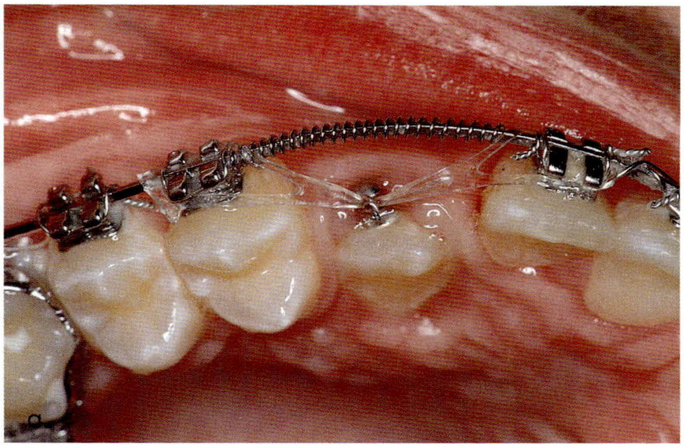

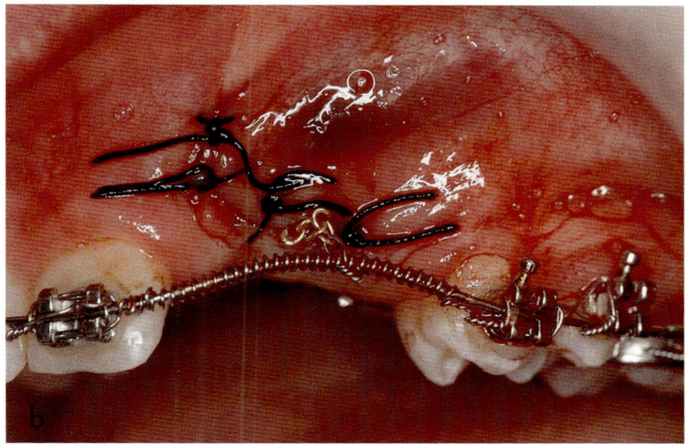

Abb. 5.3a und b
a Einstellung eines verlagerten Zahnes mittels Gummikette.
b Initiale Einstellung des verlagerten Zahnes 23 mit einem direkt am Hauptbogen fixierten Kettchen.

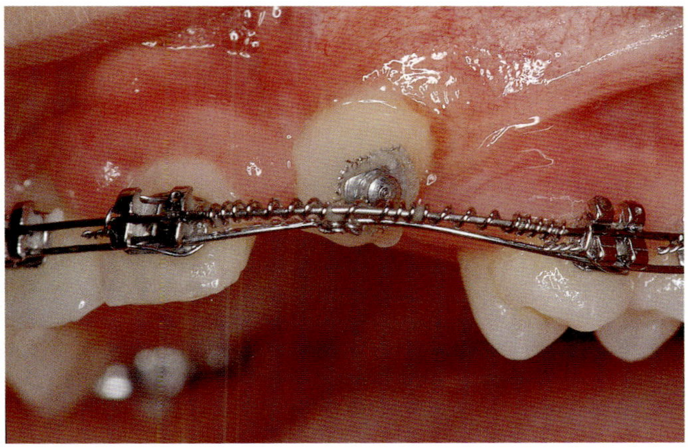

Abb. 5.4 Zusätzlich zum Hauptbogen wurde ein superelastischer Teilbogen für die Einstellung des verlagerten Eckzahnes eingegliedert.

den verlagerten Zahn von den Wurzeln der Nachbarzähne weg zu bewegen, wodurch deren weitere Schädigung vermieden werden kann. Modifikationen in der Angulation der Feder führen bei Bedarf neben der rein vertikalen Kraftkomponente zu einem Zug in sagittaler und transversaler Richtung (Abb. 5.5c bis e). Um die Nebenwirkungen der Feder – Torsion der Verankerungszähne – zu verhindern, verbindet *Jacoby* sie mit einem verlöteten Palatal-Bar zu einer stabilen Verankerungseinheit[42, 43, 55].

5.1.1 Kombinationsapparatur bei palatinal verlagerten Oberkiefereckzähnen

Eine Behandlungsvariante, die erfolgreich zur Einstellung v. a. palatinal verlagerter Oberkiefereckzähne eingesetzt wird, ist die Kombination von Kraftelementen, die initial von palatinal und nachfolgend von vestibulär angebracht werden.

Für die anfängliche Mobilisierung wird ein **individuell gebogener Palatal-Bar** (palatinales Kraftelement) mit Ausleger (0,9 oder 0,8 federharter Draht) verwendet (Abb. 5.6). Voraussetzung ist der Einsatz von Molarenbändern mit

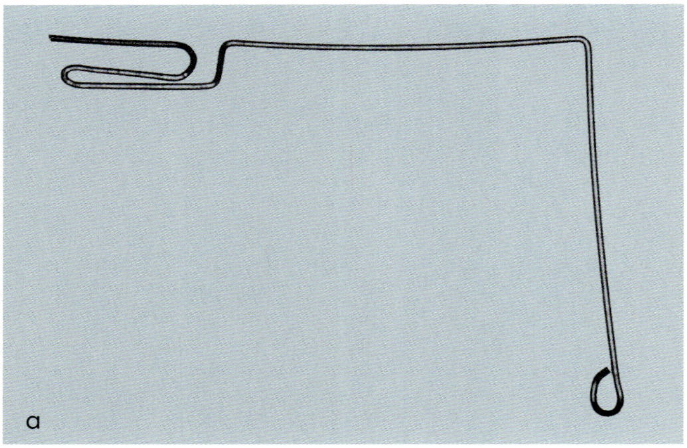

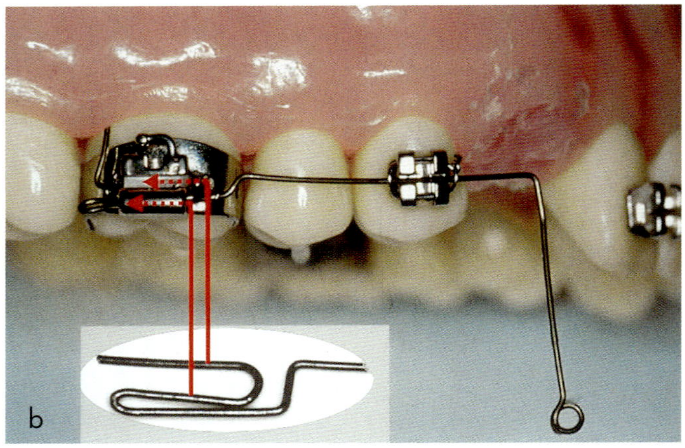

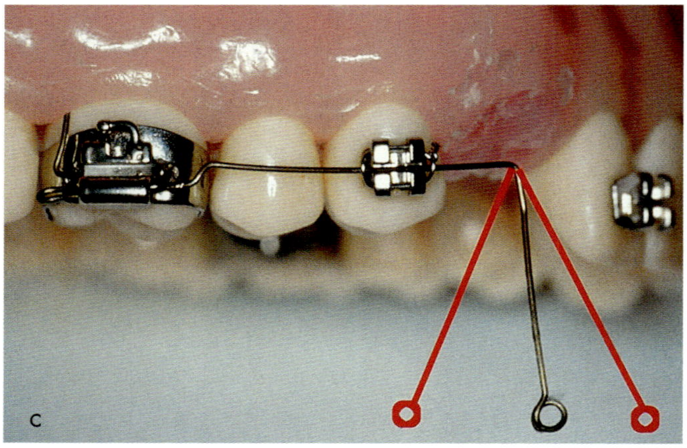

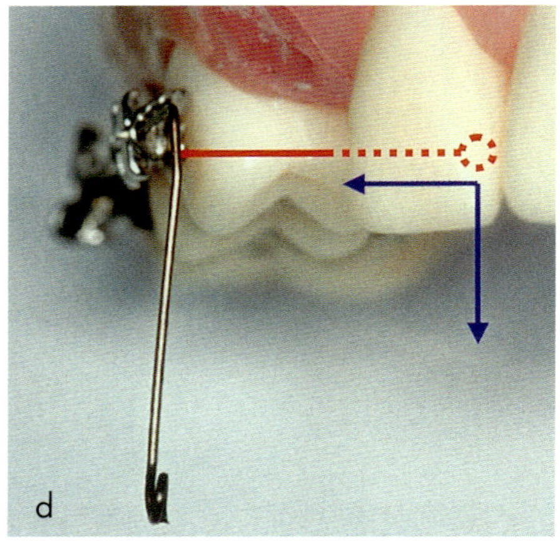

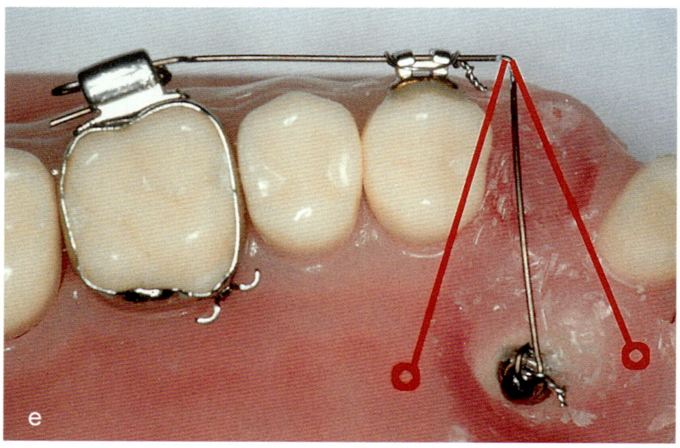

Abb. 5.5a bis e
a Vorbereitete "Ballista-Spring".
b "Ballista-Spring" im passiven Zustand am Modell.
c „Ballista-Spring" im passiven Zustand mit unterschiedlichen Modifikationen des kurzen Armes zur individuellen Beeinflussung der Durchbruchsrichtung nach ventral bzw. dorsal (rote Linien).
d "Ballista-Spring" am Modell im passiven und aktiven Zustand (rote Linie); blaue Pfeile zeigen die am verlagerten Zahn wirkenden Kraftvektoren.
e Am Attachment einligierte "Ballista-Spring" im aktiven Zustand mit möglichen unterschiedlichen Modifikationen des kurzen Armes zur individuellen Beeinflussung der Durchbruchsrichtung (rote Linien).

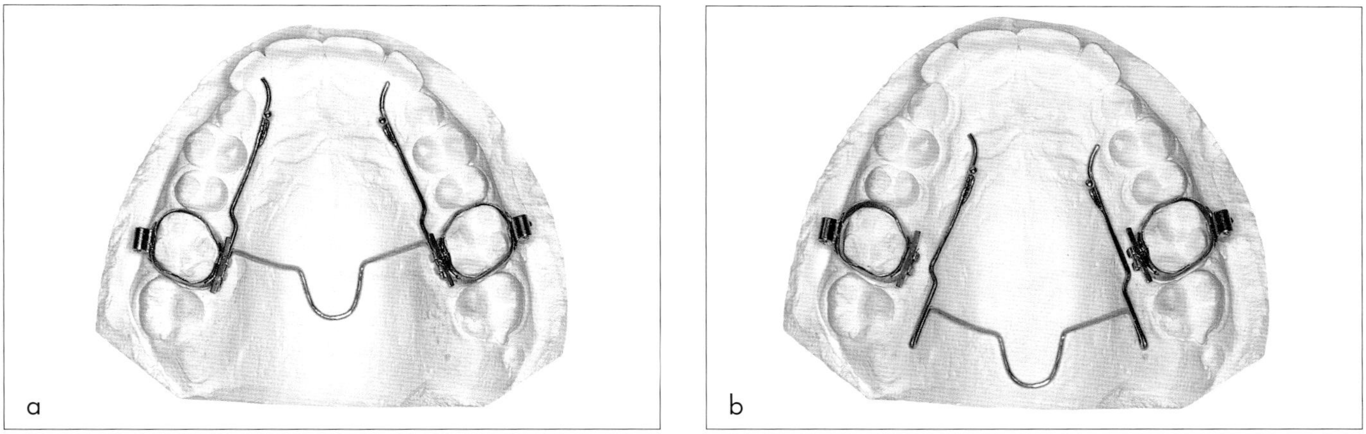

Abb. 5.6 a und b Im Labor vorbereiteter Palatal-Bar mit Ausleger für einen Pctienten mit beidseits verlagertem Oberkiefereckzahn.

palatinalen Schlössern, die den Palatal-Bar aufnehmen können. Alternativ können die Bänder mit dem Palatal-Bar im Labor verlötet bzw. gelasert werden. In beiden Fällen wird vor der chirurgischen Freilegung ein Abdruck über die angepassten bzw. bereits einzementierten Molarenbänder genommen. Dies ermöglicht eine optimale Vorbereitung des Palatal-Bars auf einem Arbeitsmodell, so dass postoperativ die Apparatur komplikationslos eingesetzt und 1 bis 3 Tage später aktiviert werden kann (s. Abb. 5.6).

Die Ausleger des Palatal-Bars erstrecken sich ventral zum verlagerten Zahn und enden mit einer Öse bzw. einem gelöteten oder gelaserten Häkchen und zwar so, dass eine gedachte Verbindungslinie vom Attachment zur Öse die gewünschte Bewegungsrichtung vorgibt, wie es initial, z. B. zur Dorsalbewegung des verlagerten Zahnes von den Wurzeln der Nachbarzähne weg, erforderlich ist. Durch entsprechende Aktivierung der Ausleger in vertikaler und transversaler Richtung, resultiert die Bewegung des Zahnes nach dorsal, kaudal und lateral. Dies ist in allen 3 Raumebenen gleichzeitig möglich (Abb. 5.7).

Ein Vorteil dieses Systems liegt darin, dass bereits während der eventuell nötigen Platzbeschaffung für die Einordnung des verlagerten Zahnes dessen Mobilisierung durchgeführt werden kann. Ist des Weiteren im Rahmen der kieferorthopädischen Gesamtbehandlung eine Prämolarenextraktion nötig, kann bei Verwendung dieser Behandlungsapparatur mit der Extraktion gewartet werden, bis sich der verlagerte Zahn als mobilisierbar erwiesen hat. Dies ist v. a. im Falle des Verdachtes einer bestehenden Ankylose von entscheidendem Vorteil. Bei ausreichenden Platzverhältnissen für den verlagerten Zahn kann man sich zunächst auf die beschriebene Apparatur beschränken, eine Multibracketapparatur ist initial nicht nötig. Dies hält die subjektive und ästhetische Beeinträchtigung des Patienten bis zum Zeitpunkt der vollständigen Bebänderung gering (Abb. 5.8).

Für den Fall, dass die notwendige Eruption des Eckzahnes in vertikaler Richtung noch nicht vollständig abgeschlossen ist und zudem in bukkaler Richtung eine weitere Bewegungskomponente nötig wird, finden Teilbögen (vestibuläres Kraftelement) Verwendung. Hier ist v. a. die Ballista-Feder geeignet (Abb. 5.9).

Ist die Krone des Eckzahnes weitgehend elongiert, so dass nur noch die Annäherung an seinen Bestimmungsort im Zahnbogen in bukkaler Richtung fehlt, werden entsprechende Teilbögen verwendet. Voraussetzung sind ausreichende Platzverhältnisse für die weitere Einstellung. Wurde mit dem oben gezeigten Palatal-Bar vorgearbeitet, werden die palatinalen Ausleger so

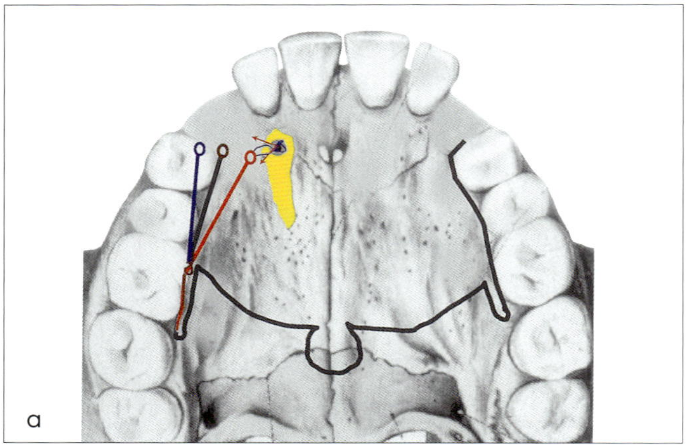
a

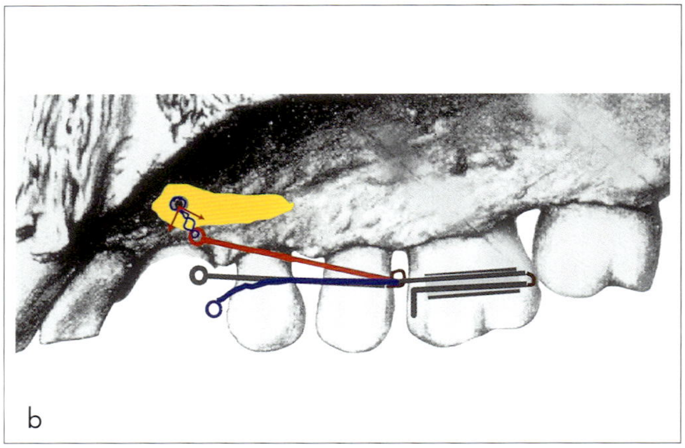
b

Abb. 5.7a und b
a Aufsicht des Palatal-Bar mit Wirkungsrichtung der Ausleger in der Horizontalen. Blau: passiver Zustand nach Aktivierung; Rot: aktiver Zustand (an das Attachment angebunden).
b Innenansicht des Palatal-Bar mit Wirkungsrichtung der Ausleger in der Vertikalen. Blau: passiver Zustand nach Aktivierung; Rot: aktiver Zustand (an das Attachment angebunden).

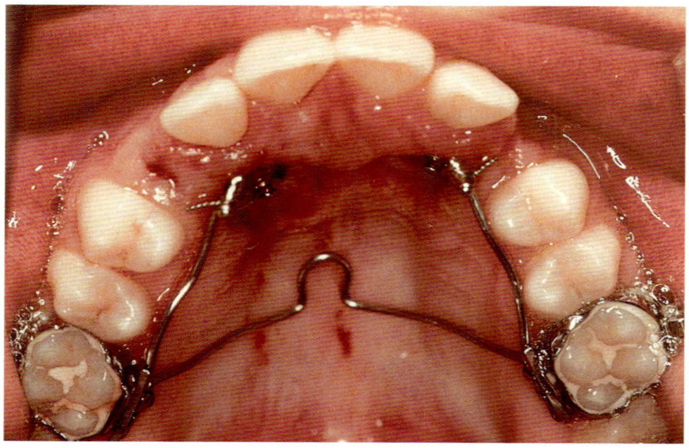

Abb. 5.8 Klinische Ansicht auf die eingesetzte und aktivierte Apparatur.

modifiziert, dass sie zusätzlich der Verankerung dienen und die Prämolaren in ihrer Position halten (Abb. 5.10).

Bei ausreichenden Platzverhältnissen im Zahnbogen, ektopischem Durchbruch des Eckzahnes in palatinaler Position und sonst fehlenden Zahnfehlstellungen, kann mit der alleinigen Verwendung eines Teilbogens die Einordnung des Zahnes in den Zahnbogen erreicht werden (Abb. 5.11).

Ist der Eckzahn nahezu an seinen physiologischen Standort angenähert und ist zur Feineinstellung z. B. die Korrektur der Zahnachse nötig, kann das Eyelet/Knöpfchen durch ein Bracket ersetzt und der Eckzahn direkt am fortlaufenden Bogen befestigt werden (Abb. 5.12).

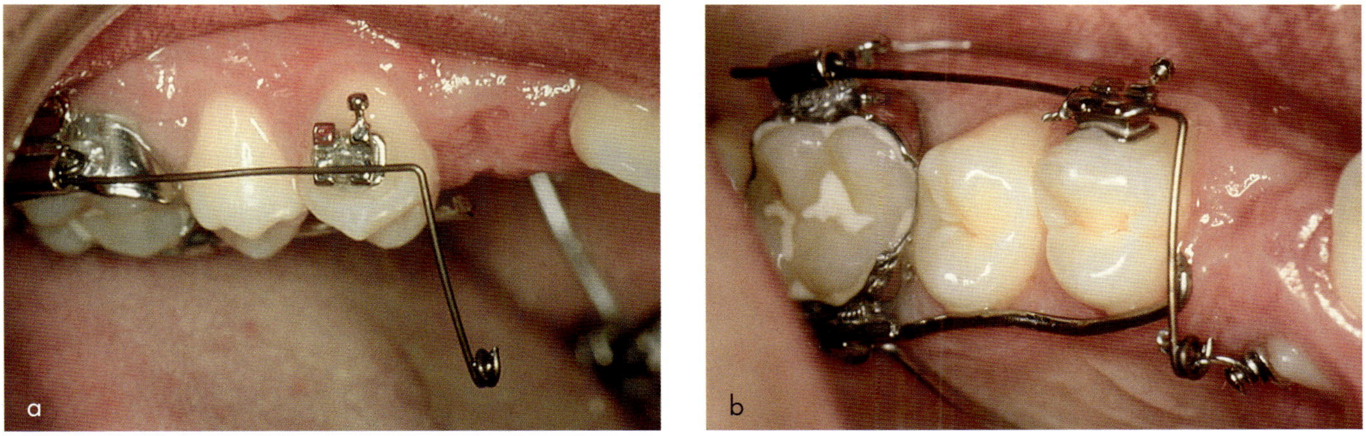

Abb. 5.9a und b
a Ballista-Feder in passivem Zustand vor dem Einligieren.
b Ballista-Feder in aktivem Zustand, an den Eckzahn angebunden.

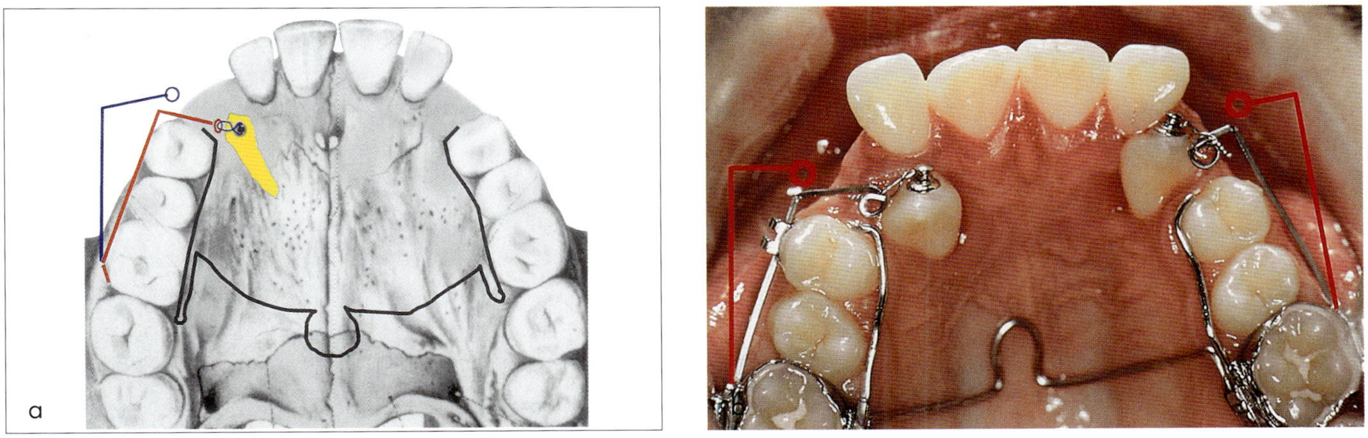

Abb. 5.10a und b
a Okklusale Ansicht zur Darstellung des Teilbogens im passiven (blau) und aktiven (rot) Zustand.
b Klinische Ansicht der eingesetzten Teilbögen nach abgeschlossener Elongation der Zähne 13 und 23 mittels Palatal-Bar und Auslegern. Rot: passiver Zustand vor dem Einligieren.

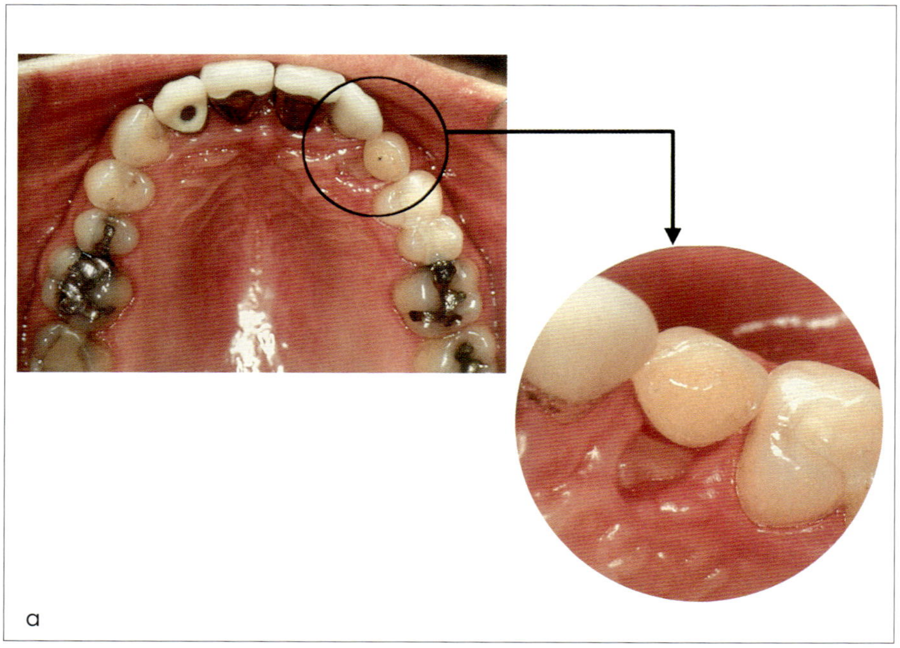

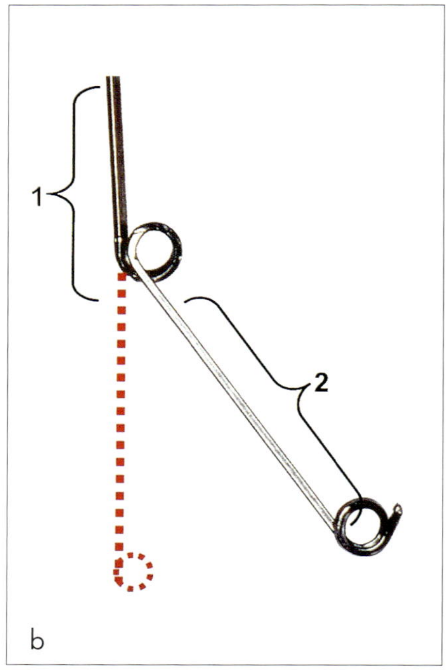

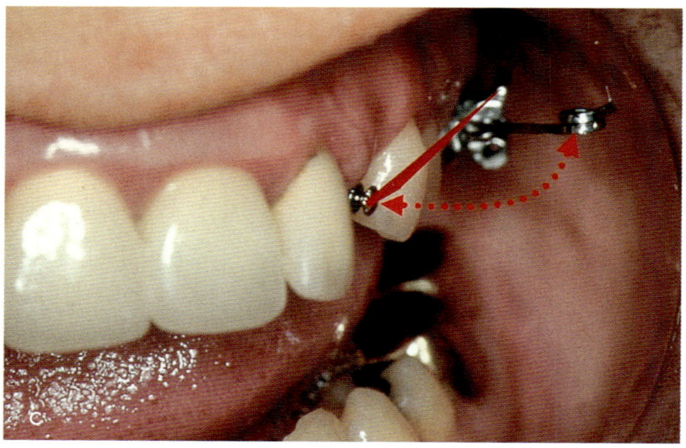

Abb. 5.11a bis e
a Retention bzw. ektopischer Durchbruch des Zahnes 23 bei einer erwachsenen Patientin.
b Teilbogen zur Einordnung in den Zahnbogen in passivem und aktivem Zustand (rot gestrichelt). Verankerungsteil (1), Bewegungsteil (2).
c Teilbogen in situ, vor der Überführung in den aktiven Zustand (rot).
d Teilbogen im aktiven Zustand.
e Mittels Teilbogen in den Zahnbogen eingeordneter Zahn 23.

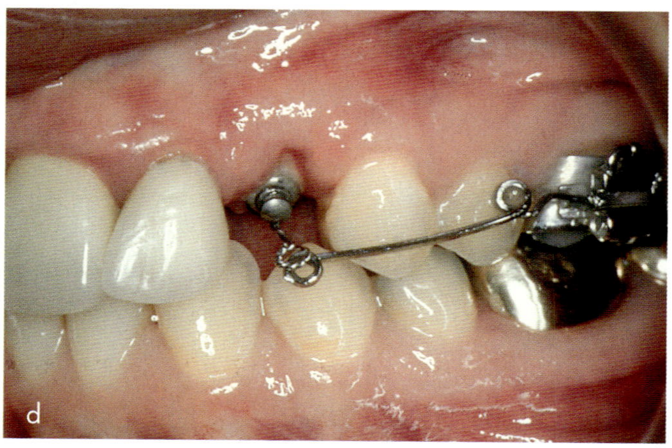

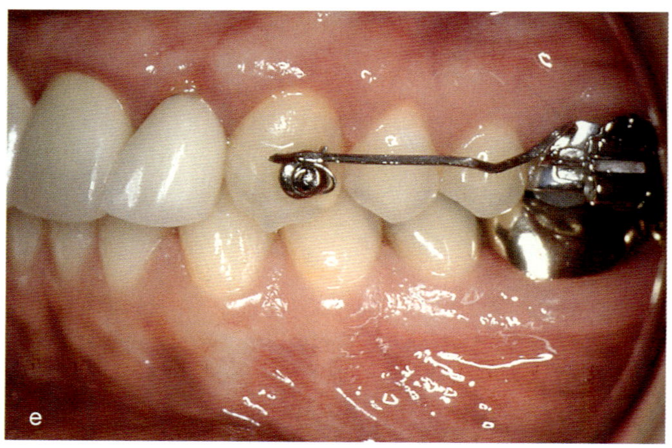

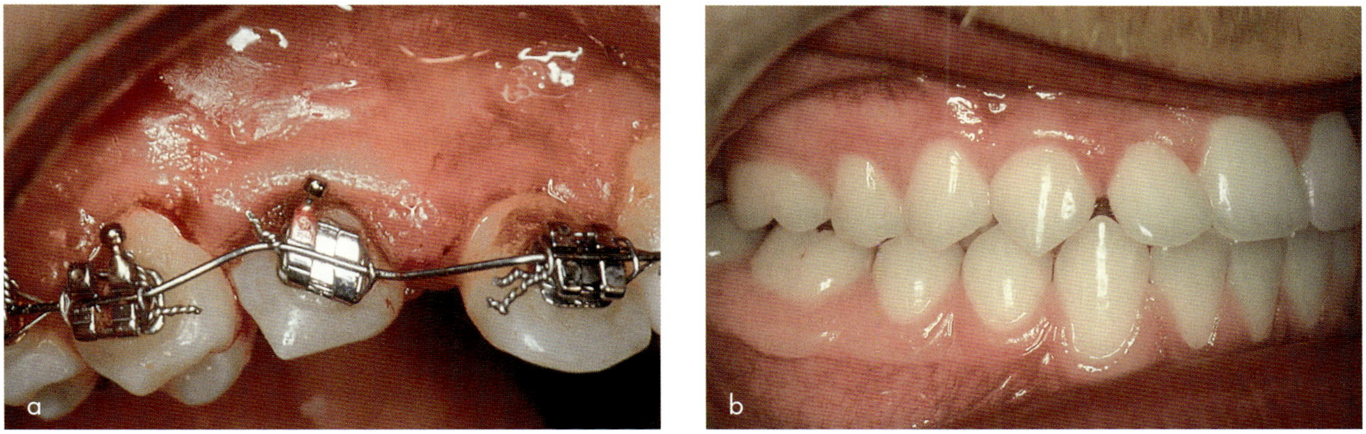

Abb. 5.12a und b
a Direkt an den Hauptbogen gebundener, ehemals palatinal verlagerter Eckzahn, der mittels Palatal-Bar mit Auslegern und Teilbögen an die korrekte Position gebracht wurde, dessen Zahnachse aber noch nicht korrekt ist.
b In den Zahnbogen eingestellter Eckzahn.

5.1.2 Teilbögen bei bukkal verlagerten Oberkiefereckzähnen

Mithilfe von Teilbögen bzw. Extrusionsfedern lässt sich die aktive Eruption eines bukkal verlagerten Oberkiefereckzahnes zuverlässig durchführen.

Die Teilbögen bestehen aus 0,017 x 0,025 TMA starkem Stangendraht, der für die jeweilige Situation gebogen werden muss. Der Teilbogen reicht vom "auxiliary Tube" des ersten Molaren bis zum Attachment des Eckzahnes. Durch den langen Hebel hat die Apparatur eine niedrige Lastbiegerate und kann deswegen relativ konstante Kräfte abgeben, was klinisch leicht zu überschauen und zu messen ist. Um eine zu schnelle Extrusion des Zahnes zu vermeiden, sollte mit einer Extrusionskraft von 40 bis 60 Gramm gearbeitet und in relativ kurzen Intervallen die aktive Eruption kontrolliert werden. Nachaktivierungen haben seltener zu erfolgen, da die Bögen einen großen Aktivierungsweg haben. Knapp vor der Molarentube wird in den Teilbogen ein Loop eingebogen, um eine bessere Kontrolle auf die angewandte Kraft und die Möglichkeit zum Nachaktivieren zu haben. In passivem Zustand kommt die Befestigungsöse des Teilbogens kaudal des verlagerten Zahnes zu liegen (Abb. 5.13).

Wird der Teilbogen im Attachment anligiert, erzeugt dieser eine extrudierte Kraft auf den verlagerten Zahn (Abb. 5.13c bis f).

Die vertikale Kraft führt zur Extrusion des Eckzahnes und als Nebenwirkung zur Intrusion des Molaren. Durch den Verlauf der Kraft bukkal des Widerstandszentrums entstehen Drehmomente, die als unerwünschte Nebenwirkungen an den beteiligten Zähnen Rotationen und Kippungen verursachen können (Abb. 5.14).

Die Krone des ersten Molaren kippt nach mesial und bukkal, die Wurzel nach distal und palatinal. Der Eckzahn erfährt neben der gewünschten Extrusion ein Drehmoment, das zu einer palatinalen Kippung der Krone führt, da die Kraft bukkal des Widerstandszentrums angreift. Nur ein entsprechend zu biegender lingualer Wurzeltorque könnte dem entgegenwirken. Da dies jedoch während der aktiven Eruption mit dem Teilbogen nicht möglich ist, wird abhängig von der Lage des Eckzahnes der Hebelarm so gebogen, dass eine nach bukkal gerichtete Kraft entsteht. Ein Palatal-Bar stabilisiert als Verankerungseinheit die Molaren gegen diese unerwünschte Nebenwirkung (Abb. 5.15).

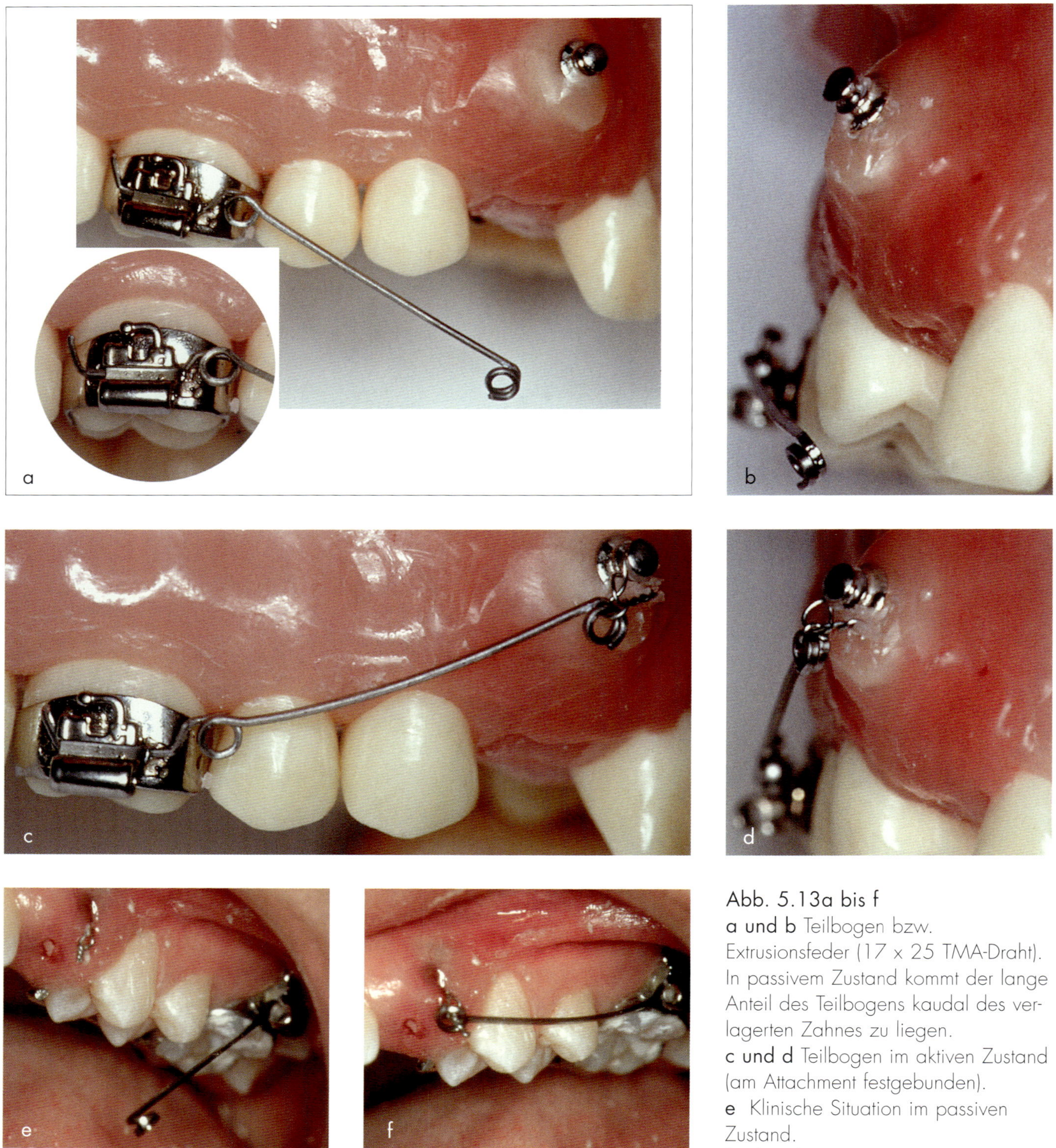

Abb. 5.13a bis f
a und b Teilbogen bzw. Extrusionsfeder (17 x 25 TMA-Draht). In passivem Zustand kommt der lange Anteil des Teilbogens kaudal des verlagerten Zahnes zu liegen.
c und d Teilbogen im aktiven Zustand (am Attachment festgebunden).
e Klinische Situation im passiven Zustand.
f Klinische Situation im aktiven Zustand.

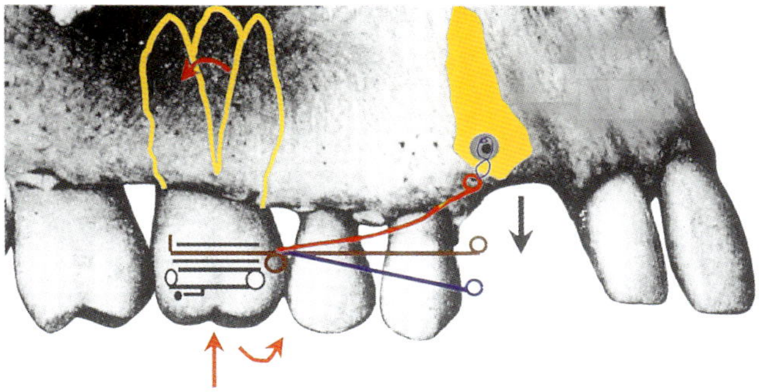

a

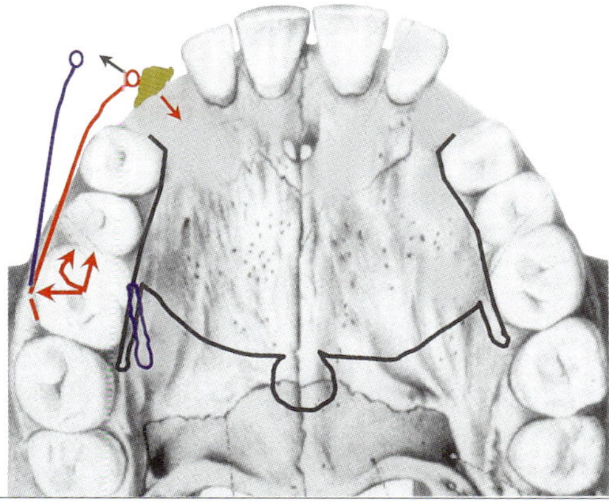

b

Abb. 5.14a und b
a Schematische Darstellung eines Teilbogens (blau: in passivem Zustand, rot: in aktivem Zustand nach dessen Fixation am Goldkettchen); der schwarze Pfeil zeigt die extrudierende Wirkung am Eckzahn; der rote Pfeil zeigt die Nebenwirkungen (Intrusion und Kippung) am Molaren.
b Okklusale Ansicht zur Darstellung des Teilbogens im passiven (blau) und aktiven (rot) Zustand nach dessen Einbinden am Eckzahnattachement mit den spezifischen, unerwünschten Nebenwirkungen (rote Pfeile) am Eckzahn und am Molaren. Wirkung am Eckzahn: schwarzer Pfeil. Der Palatal-Bar mit den entsprechenden Aktivierungen reduziert als Verankerungseinheit die Nebenwirkungen an den Molaren.

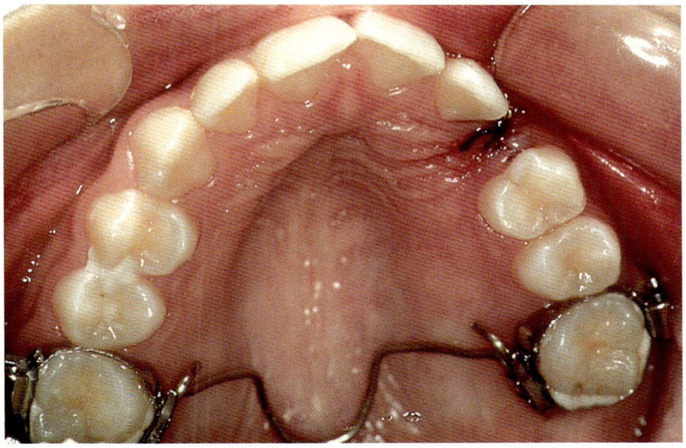

Abb. 5.15 Palatal-Bar zur Verankerung in Kombination mit Teilbogen zur Einstellung von Zahn 23.

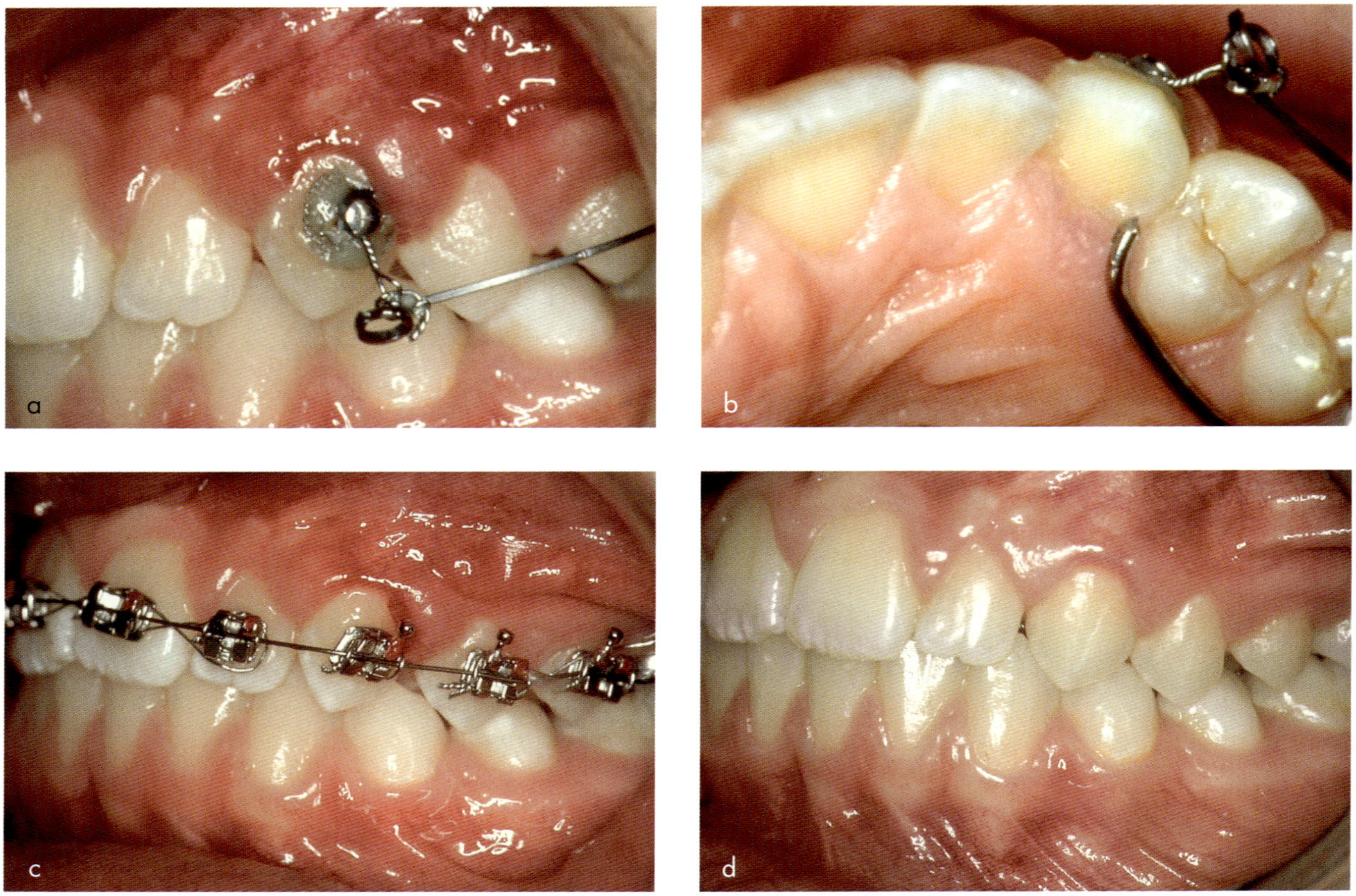

Abb. 5.16a bis d
a und b Situation (aus Abb. 5.13f) nach abgeschlossener Extrusion des Zahnes 23.
c und d Feineinstellung des Zahnes 23 mittels durchlaufendem Bogen der Multibracketapparatur.

Ist der Eckzahn an seinen physiologischen Standort angenähert (Abb. 5.16), wird im Falle einer geschlossenen Elongation das Eyelet/Knöpfchen durch ein Bracket ersetzt und der Zahn zur Feineinstellung am fortlaufenden Bogen befestigt (Abb. 5.16c und d).

5.1.3 Aufrichtefedern

Aufrichtefedern ermöglichen die aktive Eruption und Aufrichtung verlagerter Zähne. Im Unterschied zu Teilbögen wirken Aufrichtefedern ortsnah, zumeist am benachbarten Zahn, und erstrecken sich selten über mehrere Zähne.

Der Zahn an dem die Aufrichtefeder verankert wird, muss mit einem Attachment versehen sein, das neben der Aufnahme des Hauptbogens einen zusätzlichen Slot zur Aufnahme der Feder aufweist. Zumeist ist der Verankerungszahn der erste Molar. Die Aufrichtefedern bestehen aus zwei Teilen (Abb. 5.17): dem Verankerungsteil und dem aktivierbaren Teil.

Am Übergang vom passiven zum aktiven Teil wird in die Aufrichtefeder ein Loop eingebogen, um eine bessere Kontrolle auf die angewandte Kraft und die Möglichkeit zum Nachaktivieren zu haben. Am Ende des aktiven Teils wird eine Befestigungsöse gebogen, an der das Kettchen des verlagerten Zahnes festgebunden wird.

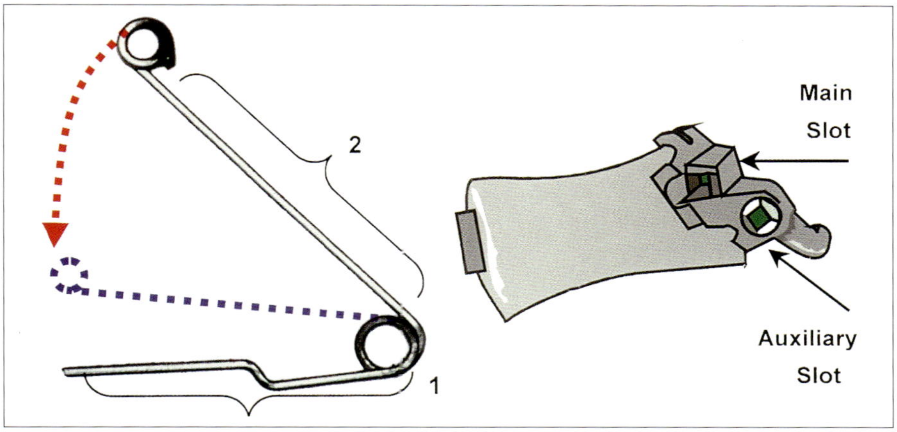

Abb. 5.17 Aufbau einer Aufrichtefeder: Verankerungsteil (1), aktivierbarer Teil (2). Zusätzlicher Slot zur Aufnahme einer Aufrichtefeder.

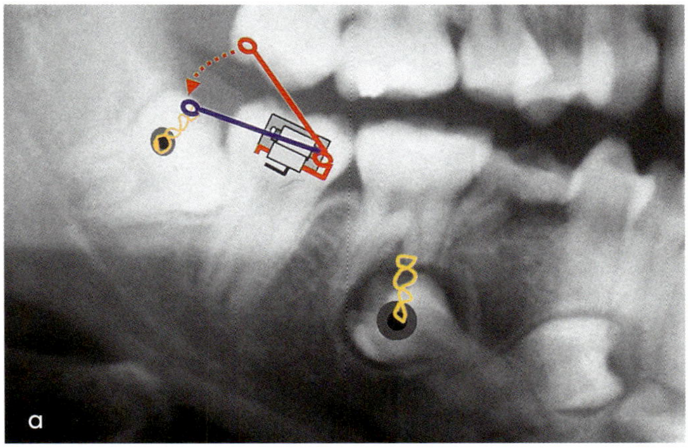

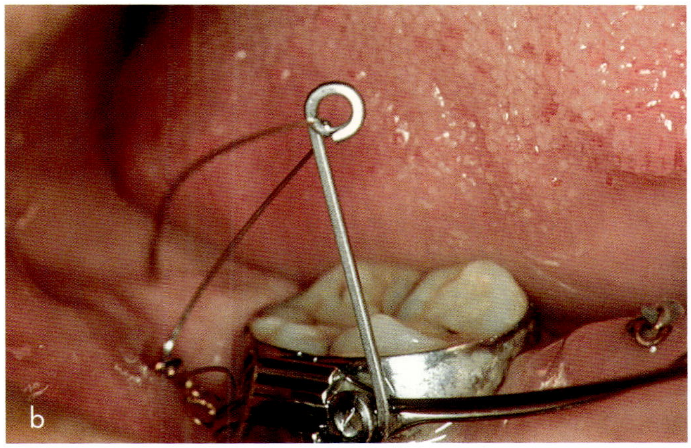

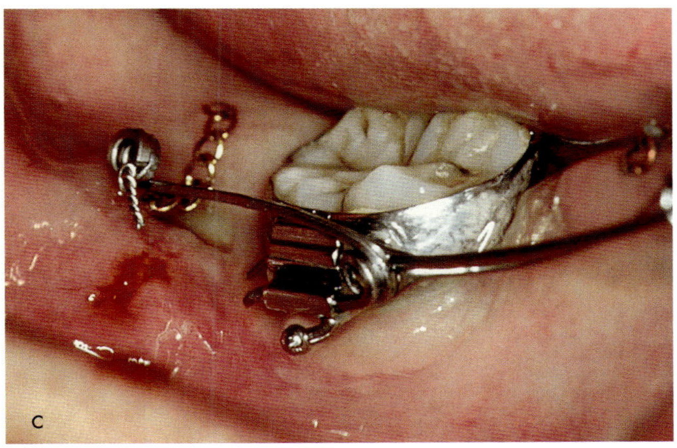

Abb. 5.18a bis c
a Schema zur Extrusion von Zahn 48 mittels einer Aufrichtefeder.
b Feder im passiven, aktivierten Zustand.
c Feder im aktiven Zustand, festgebunden am Attachment des verlagerten Zahnes.

Ist die **Extrusion eines verlagerten Zahnes im Unterkiefer** nötig, kann eine einfach zu biegende Feder diese Aufgabe erfüllen (Abb. 5.18). Die Feder wird von mesial in den "auxiliary slot" des Molarenbandes eingeführt und am Attachment des verlagerten Zahnes festgebunden (Abb. 5.18b und c).

Bei notwendiger **Extrusion eines verlagerten Zahnes im Oberkiefer** wird die Feder analog derjenigen im Unterkiefer gestaltet (Abb. 5.19).

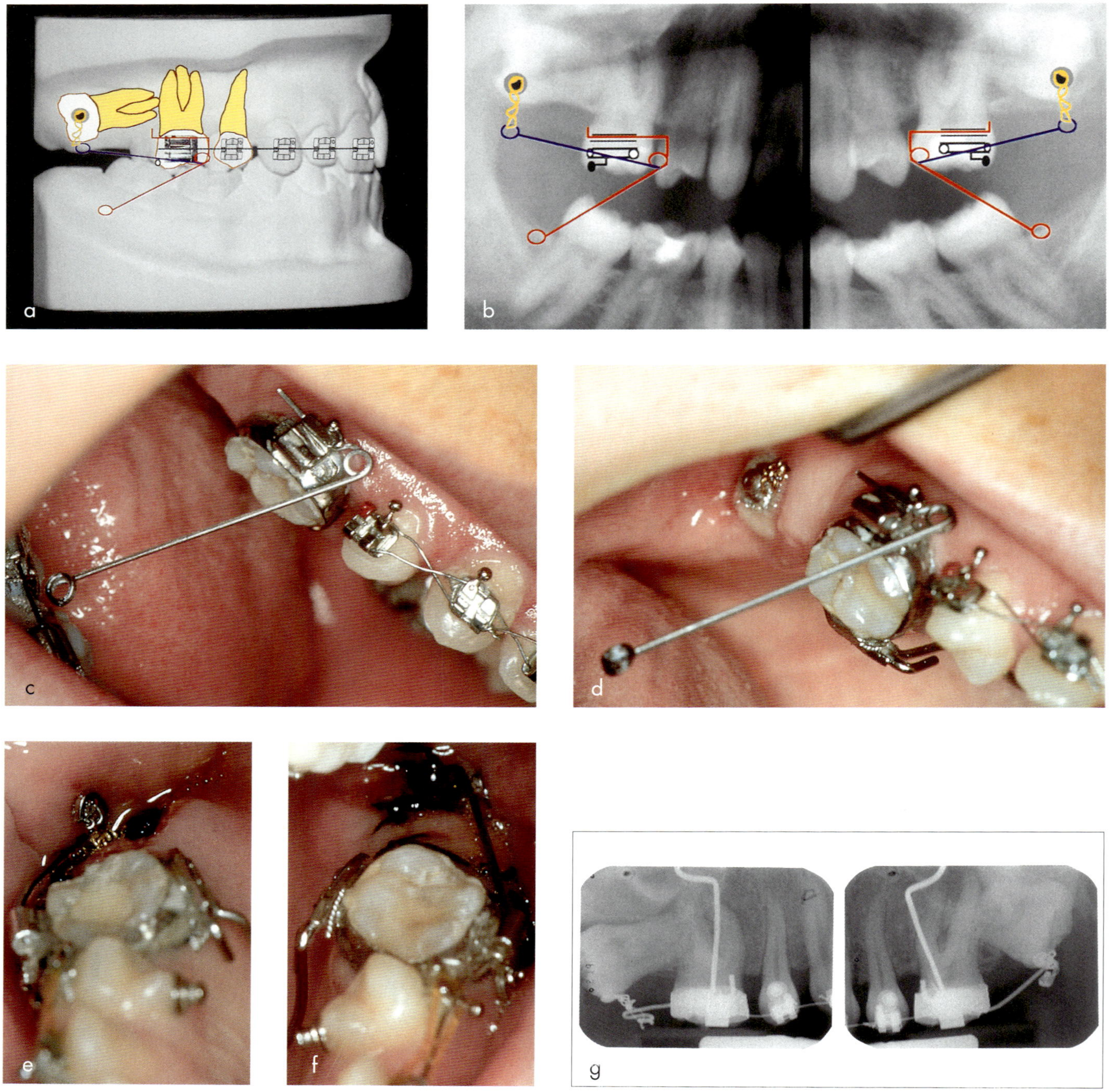

Abb. 5.19a bis g
a und b Schemata zur Extrusion der Zähne 18/28 mittels Aufrichtefedern. Federn im passiven, aktivierten Zustand (rot). Feder im aktiven Zustand, festgebunden am Attachment des verlagerten Zahnes (blau).
c und d Klinische Situation; Feder im passiven Zustand.
e und f Klinische Situation; Feder im aktiven Zustand.
g Röntgenologische Ansicht der Federn im aktiven Zustand.

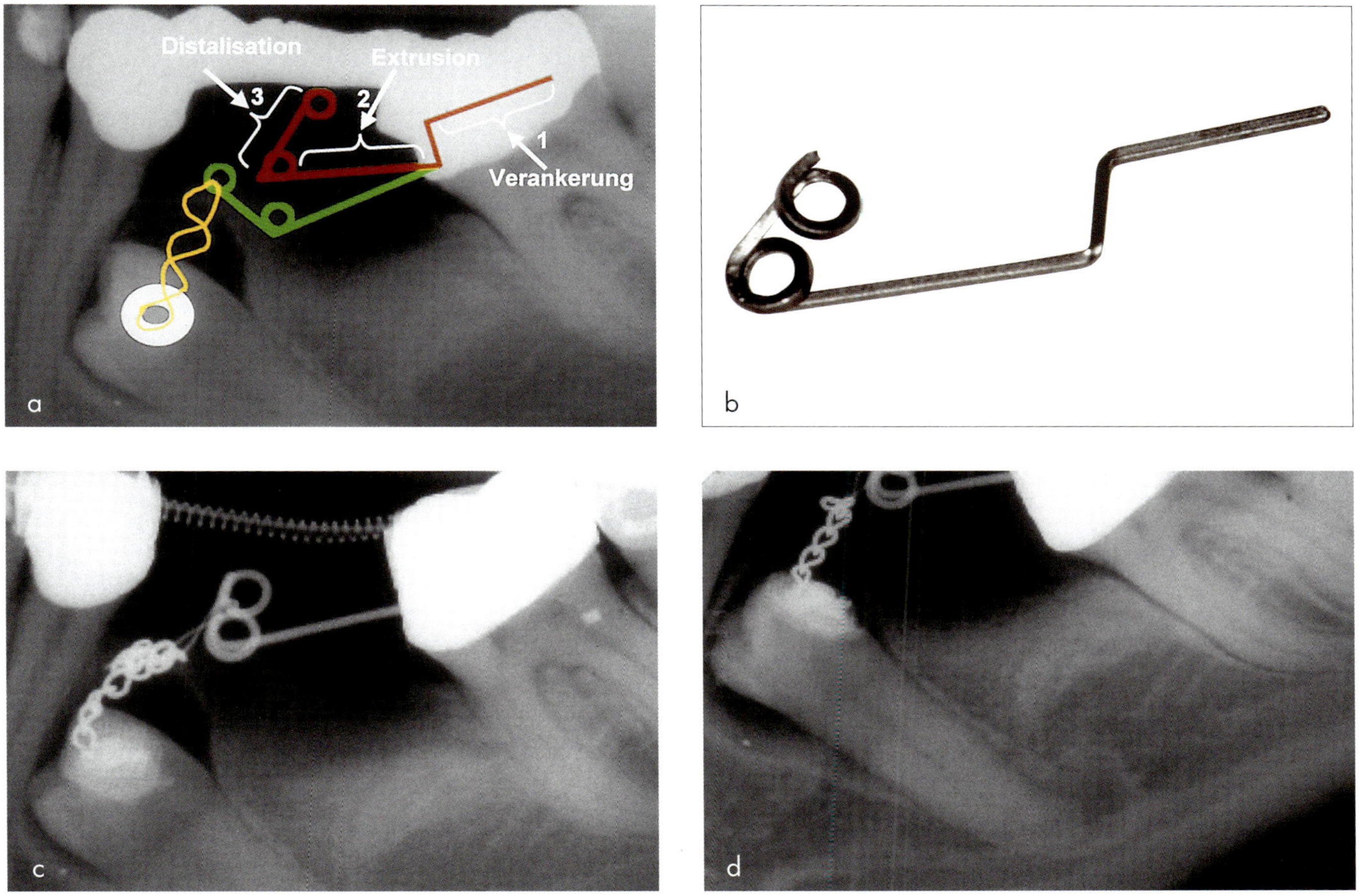

Abb. 5.20a bis d
a Schema zur Extrusion von Zahn 34 mittels einer Aufrichtefeder. Zusätzlich zur Extrusion erfolgt eine Distalisation.
b Feder im passiven Zustand.
c Röntgenologische Ansicht der Federn im aktiven Zustand, direkt nach dem Eingliedern.
d Röntgenologische Ansicht der Federn im aktiven Zustand, einige Wochen nach dem Eingliedern.

Ist außer der extrudierenden Wirkung eine **Distalisation des verlagerten Zahnes im Unterkiefer** nötig, kann eine entsprechende Gestaltung der Feder vorgenommen werden (Abb. 5.20).

Ist außer der extrudierenden Wirkung eine **Distalisation des verlagerten Zahnes im Oberkiefer** nötig, muss eine entsprechende Gestaltung der Feder vorgenommen werden (Abb. 5.21).

Ist außer der extrudierenden Wirkung eine **Mesialisation des verlagerten Zahnes im Unterkiefer** nötig, kann wiederum eine entsprechende Gestaltung der Feder vorgenommen werden (Abb. 5.22).

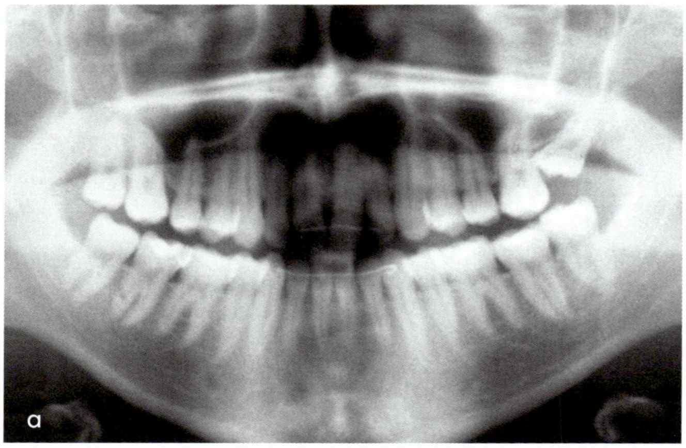

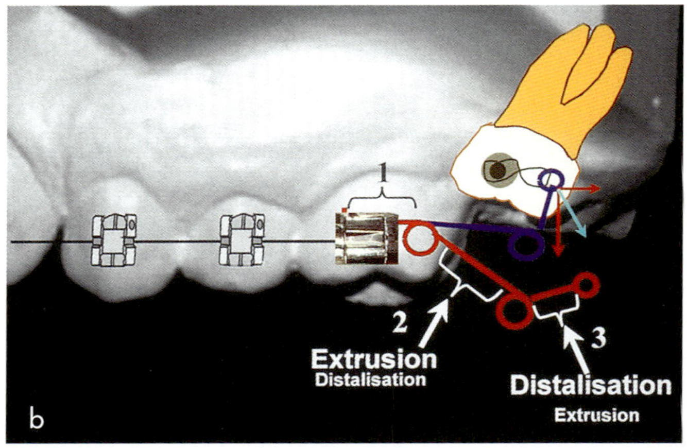

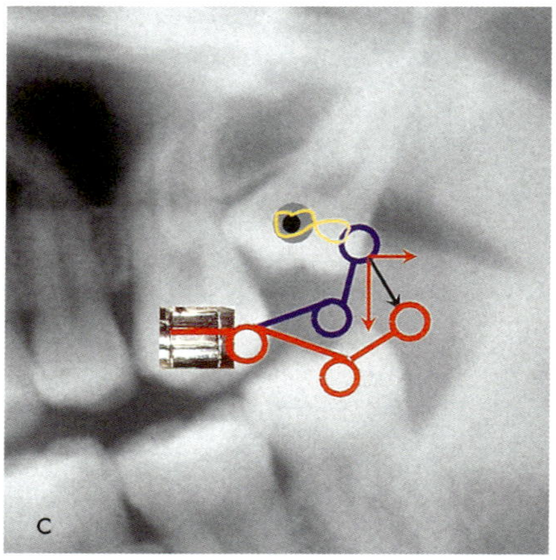

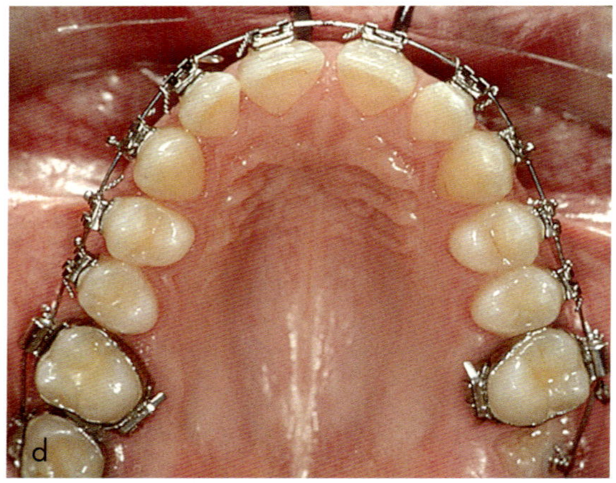

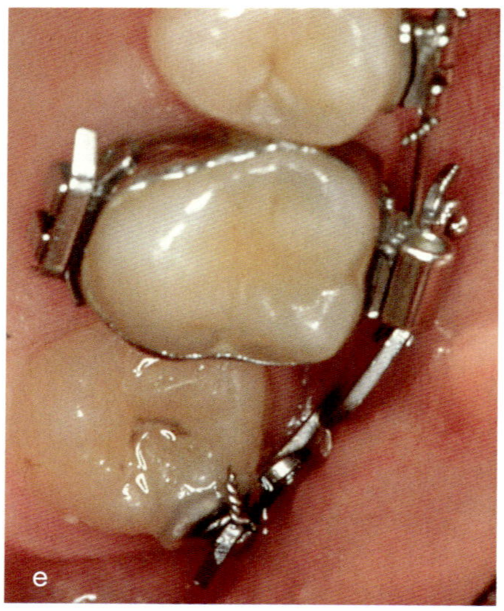

Abb. 5.21a bis e

a OPG: mesioangulär verlagerter Zahn 28.

b Schema zur Extrusion von Zahn 28 mittels einer Aufrichtefeder. Zusätzlich zur Extrusion erfolgt eine Distalisation. Feder im passiven, aktivierten Zustand (rot). Feder im aktiven Zustand, festgebunden am Attachment des verlagerten Zahnes (blau).

c Röntgenologische Ansicht mit Schema der Feder. Feder im passiven, aktivierten Zustand (rot). Feder im aktiven Zustand, festgebunden am Attachment des verlagerten Zahnes (blau).

d Klinische Situation im aktiven Zustand.

e Klinische Situation im aktiven Zustand, einige Wochen nach dem Eingliedern.

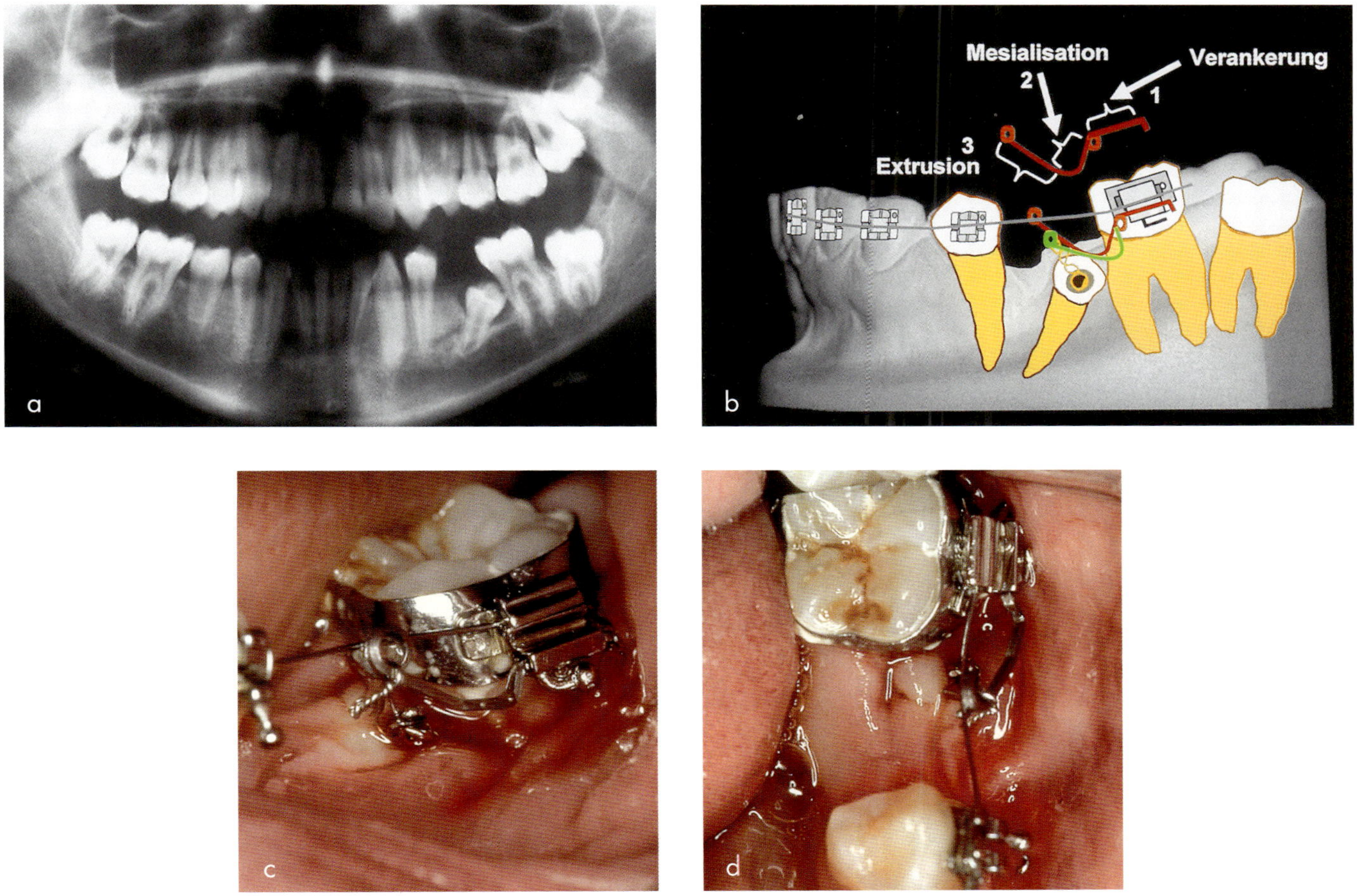

Abb. 5.22a bis d
a OPG: distoangulär verlagerter Zahn 35.
b Schema zur Extrusion von Zahn 35 mittels einer Aufrichtefeder. Zusätzlich zur Extrusion erfolgt eine Mesialisation. Feder im passiven, aktivierten Zustand (rot). Feder im aktiven Zustand, festgebunden am Attachment des verlagerten Zahnes (grün).
c und d Klinische Situation im aktiven Zustand.

6 Klinische Beispiele

6.1 Verlagerte Eckzähne

6.1.1 Palatinal verlagerte Oberkiefereckzähne

FALL 1

Diagnose. Bei einem 16-jährigen Patienten persistierte der Zahn 53, in regio 23 lag eine Lücke vor (Abb. 6.1a bis c). Die Fronzähne wiesen einen Lockerungsgrad I auf. Der Sensibilitätstest an den Frontzähnen war positiv und der Patient beschwerdefrei.

OPG-Befund (Abb. 6.1d): Mesioanguläre Verlagerung von 13 und 23 mit Überlappung der Wurzeln von 12 und 22. Die verlagerten Eckzähne erstrecken sich bis an die mittleren Schneidezähne. Wurzelresorptionen an den Schneidezähnen, besonders an 12 und 22 zu vermuten. Mit Ausnahme der Molaren relativ kurze und abgerundete Wurzeln aller Zähne des Ober- und Unterkiefers.

Die Aufbissaufnahme (Abb. 6.1e) bestätigte die palatinale Verlagerung der Eckzähne und die enge Lagebeziehung zu den stark resorbierten Wurzeln der Oberkieferschneidezähne. Die Wurzeln der seitlichen Schneidezähne schienen bis zur Hälfte resorbiert. Resorptionen an den distalen Wurzelflächen der mittleren Schneidezähne waren ebenfalls zu erkennen.

Zur Abklärung der Erhaltungswürdigkeit der resorptiv betroffenen Zähne, der Darstellung des exakten Umfanges der Resorptionen und der genauen Lokalisation der verlagerten Eckzähne wurden CT-Aufnahmen angefertigt (Abb. 6.1f bis j). Die angefertigten Bilder (axial und koronal Schichtaufnahmen, Schichtdicke: 2 mm) zeigten apikalwärts fortschreitende Wurzelresorptionen. Diese erreichten zuerst die seitlichen und schließlich die mittleren Schneidezähne und erstreckten sich bis in die Pulpa, was in den dentalen Röntgenbildern nicht ausreichend diagnostiziert werden konnte.

Therapie. Behandlungsziel war die Richtungsänderung der Eckzahnkronen aus dem Wurzelbereich der seitlichen Schneidezähne und die Einstellung der verlagerten Eckzähne unter Erhalt der geschädigten Schneidezähne.

Ein mögliches Scheitern des Versuches die seitlichen Schneidezähne zu erhalten, musste mit dem Patienten bzw. mit dessen Eltern diskutiert und mittelfristig ein prothetischer Ersatz der seitlichen Schneidezähne als wahrscheinlich erachtet werden. Vor der chirurgischen Freilegung der Eckzähne mittels einer Fenestration wurden die oberen ersten Molaren bebändert. Es wurde ein Palatal-Bar mit Auslegern eingegliedert (Abb. 6.1k).

Im zweiten Schritt wurde eine Ballista-Feder eingefügt (Abb. 6.1l und m). Durch dieses Vorgehen wurde die vollständige Bebänderung möglichst lange vermieden. Die Belastung der stark resorbierten Frontzähne wurde – mechanisch und zeitlich gesehen – reduziert und die ästhetische und subjektive Beeinträchtigung des Patienten minimiert. Um die geschaffenen Lücken zu halten und eine Wanderung der Seitenzähne zu verhindern, wurden die Ausleger im weiteren Verlauf so modifiziert, dass sie die ersten Prämolaren mesial umfassten (Abb. 6.1m).

Nachdem eine ausreichende Eruption erfolgt war, wurden aus 0,017/0,025 starkem TMA gefertigte Teilbögen eingesetzt (Abb. 6.1n). Durch ihre nach bukkal gerichtete Kraft wurden die Eckzähne in den Zahnbogen bewegt.

Anschließend erfolgte die vollständige Bebänderung des Oberkiefers und die Einbeziehung der Eckzähne in den Hauptbogen (Abb. 6.1o und p).

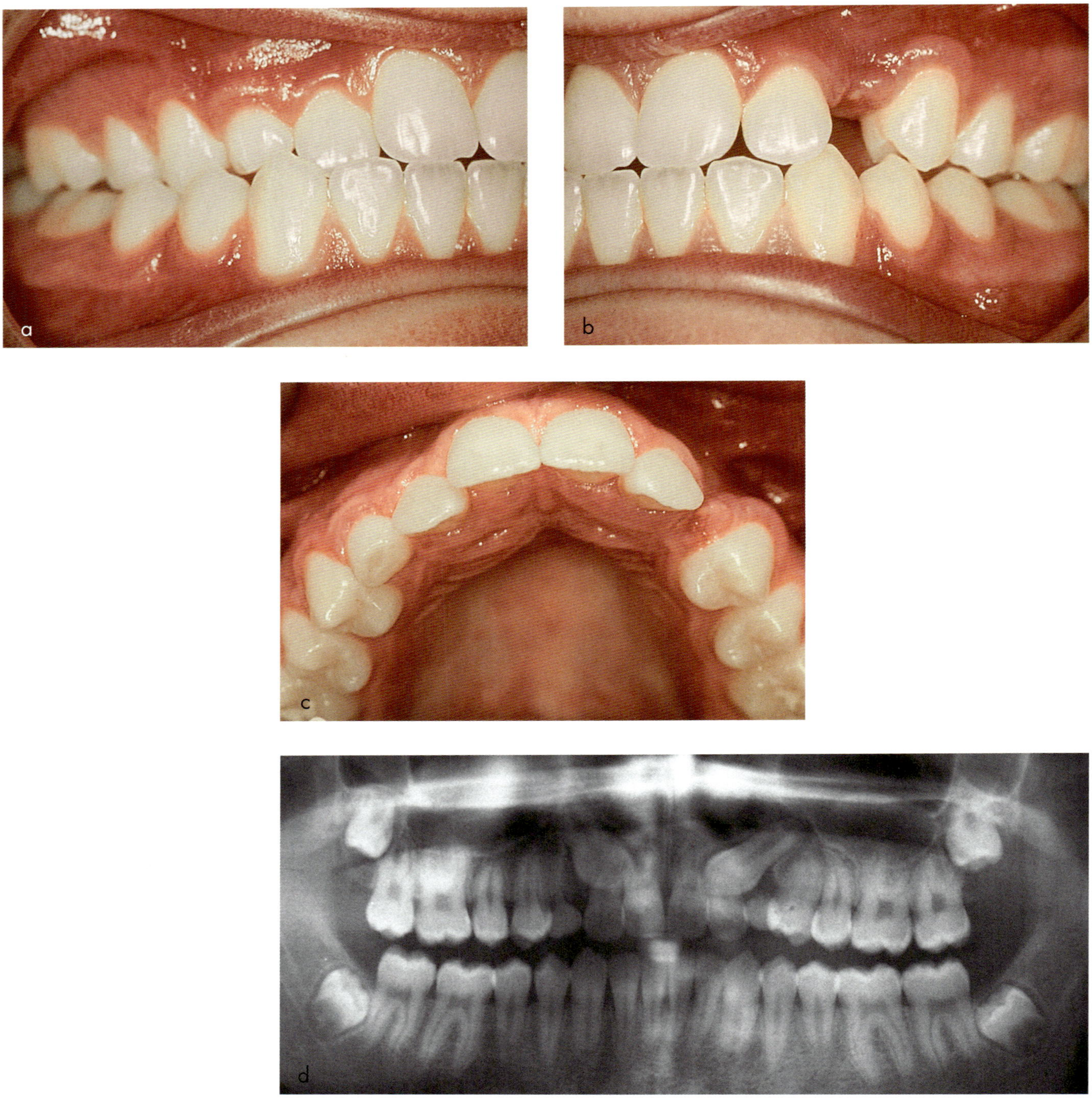

Abb. 6.1a bis d
a Persistenz von Zahn 53. Kreuzbiss im Seitenzahngebiet, umgekehrter Überbiss zwischen den Zähnen 12 und 42 sowie 43; insgesamt Tendenz zum offenen Biss.
b Lücke in regio 23.
c Leichte Vorwölbungen palatinal im Bereich der verlagerten Eckzähne.
d OPG: 13 und 23 verlagert und retiniert, Wurzelresorptionen an den benachbarten Schneidezähnen.

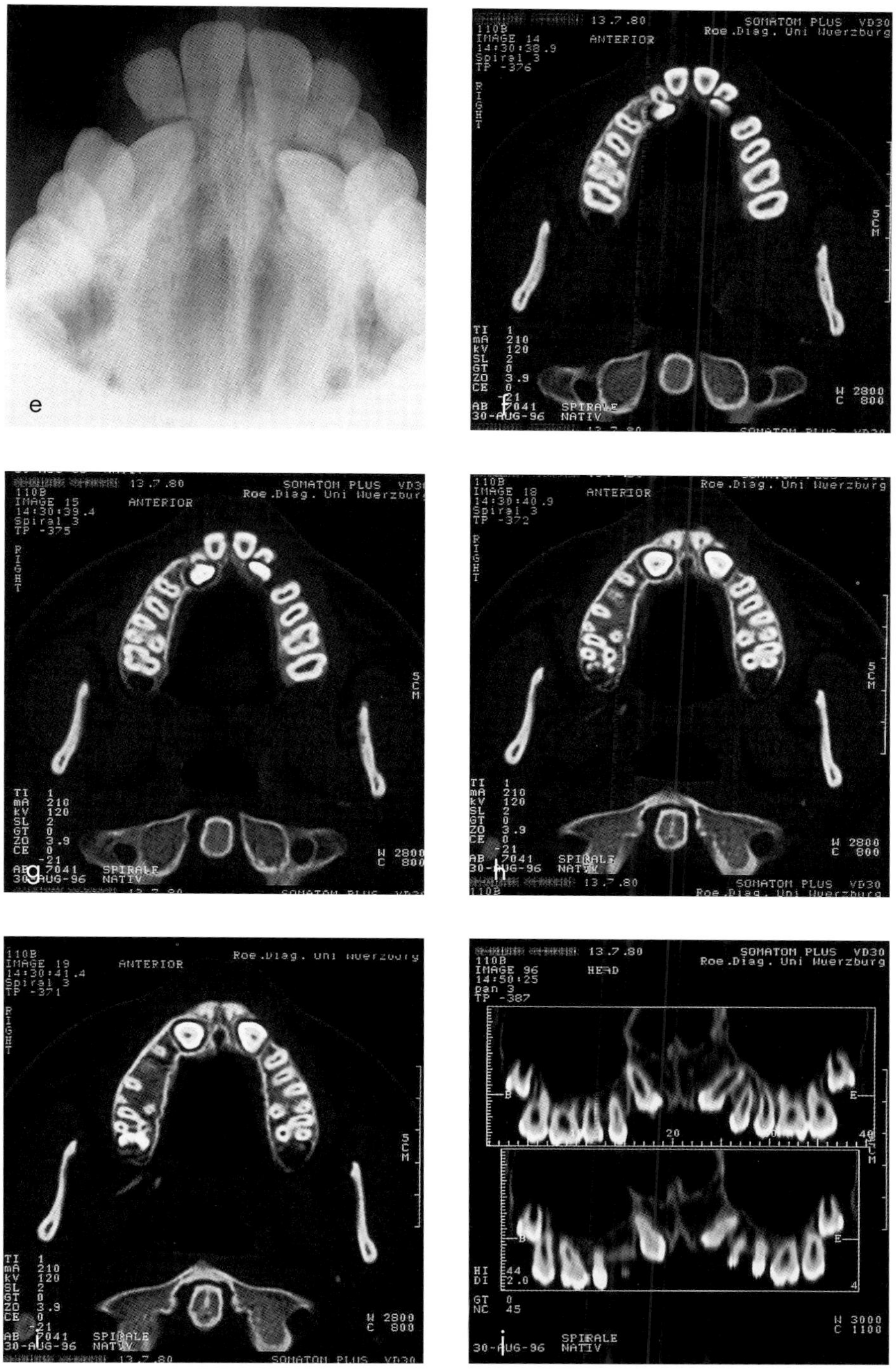

Abb. 6.1e bis j
e OK-Aufbissaufnahme: deutliche Resorptionen an Zahn 12 und 22 zu befürchten.
f bis j CT-Aufnahmen: Darstellung des Ausmaßes der Wurzelresorptionen.

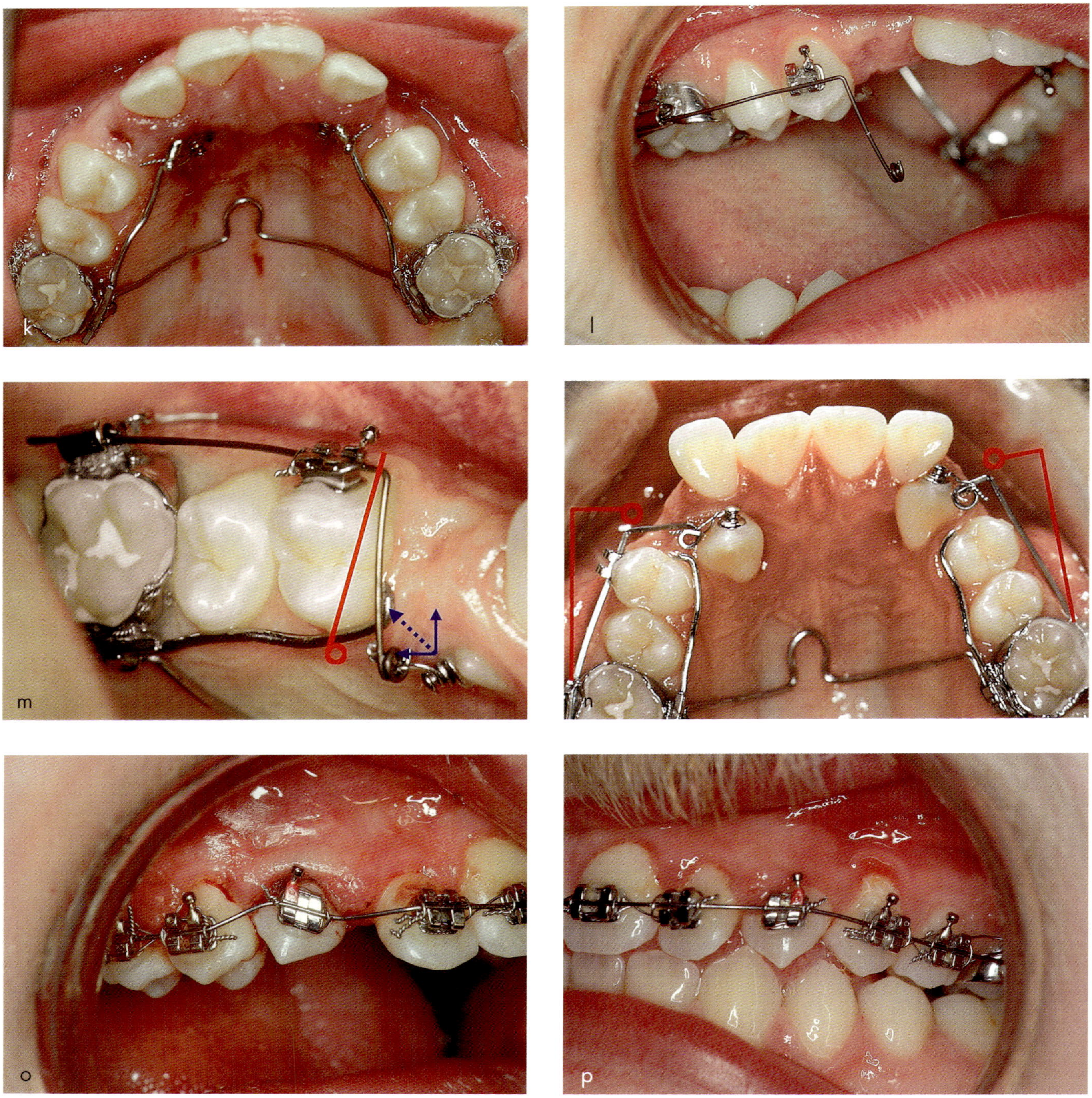

Abb. 6.1k bis p
k Palatal-Bar mit Auslegern in situ.
l und m Ballista-Feder im aktivierten, passiven Zustand (l) und aktiven Zustand, angebunden am verlagerten Zahn (m).
n Teilbögen zur Bukkalbewegung der aktiv eruptierten Eckzähne.
o und p Eckzähne zur Feineinstellung am Hauptbogen.

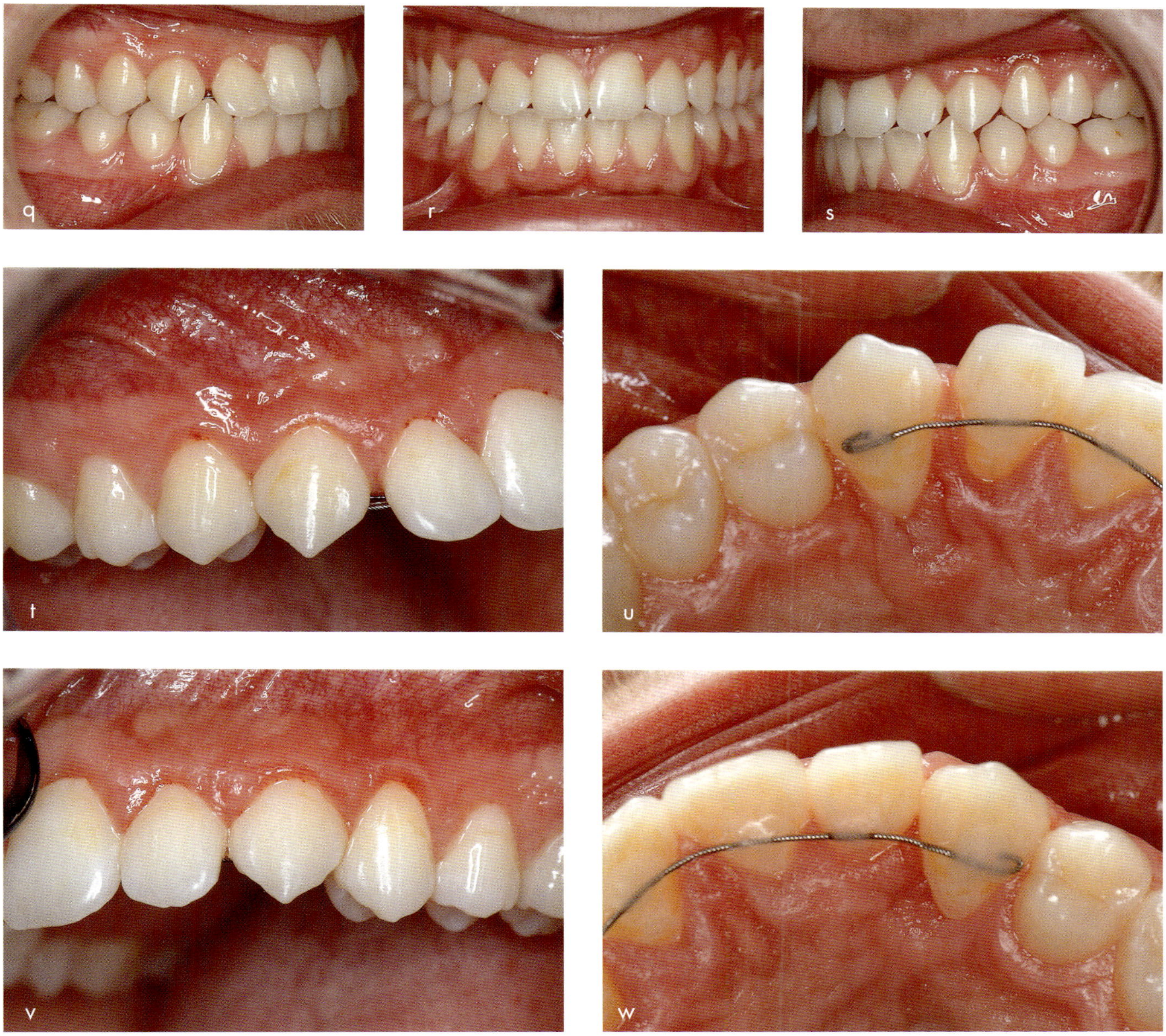

Abb. 6.1q bis w Zustand nach Entfernung der festsitzenden Apparatur. Retciner zur Dauerstabilisierung in situ.

Nach 13-monatiger Behandlungszeit waren die Eckzähne unter Erhaltung der Schneidezähne in den Zahnbogen eingestellt (Abb. 6.1q bis w). Der Lockerungsgrad lag bei den lateralen Schneidezähnen zwischen eins und zwei, bei den mittleren Schneidezähnen bei eins. Beim Sensibilitätstest, der regelmäßig während der Behandlung und einige Zeit nach Behandlungsende durchgeführt wurde, reagierten alle Frontzähne trotz der massiven Resorptionen positiv.

Zur Retention und Stabilisierung der Frontzähne wurde von 13 bis 33 ein Retainer geklebt.

Die Panoramaaufnahme (Abb. 6.1x) zeigte, soweit mit dieser Aufnahmetechnik zu beurteilen, dass die Resorptionen an den mittleren und seitlichen Schneidezähnen im Vergleich zum Anfangsbefund nicht weiter fortgeschritten waren. Das Alveolarknochenniveau im Bereich der eingestellten Eckzähne und die Zahnachsen der Oberkieferzähne waren zufrieden stellend.

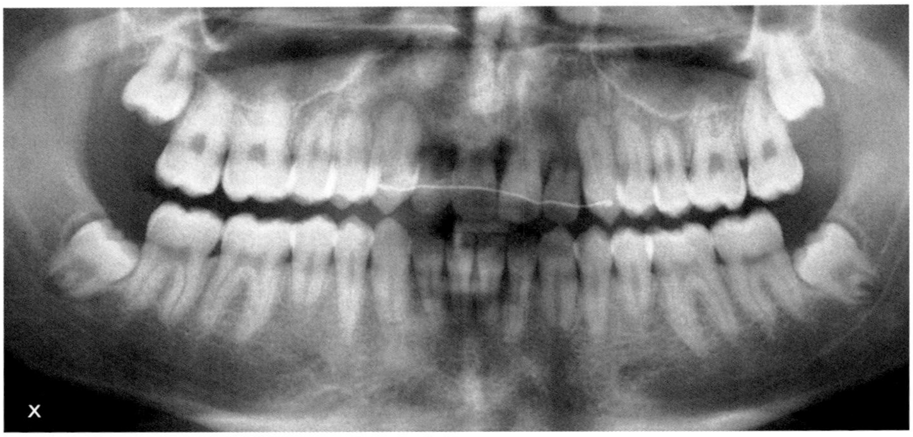

Abb. 6.1x OPG: 13 und 23 im Zahnbogen ohne Zunahme der Wurzelresorptionen.

Fall 2

Diagnose. Bei einer 16-jährigen Patientin persistierte der Zahn 53. Im vorderen Bereich des Gaumens war eine Vorwölbung zu sehen und zu palpieren (Abb. 6.2a bis e).

Im OPG war die Verlagerung und Retention von Zahn 13 zu erkennen (Abb. 6.2f). Die Höckerspitze des Eckzahnes reichte über die Mitte bis an die Wurzel des Zahnes 21 heran und befand sich in enger Beziehung zu den Wurzeln der Schneidezähne. Resorptionen an den Wurzeln der benachbarten Zähne waren radiologisch auf dieser Aufnahme nicht nachzuweisen.

Die Aufbissaufnahme verdeutlichte die Lage des Eckzahnes. Einen Anhalt auf Wurzelresorptionen gab es nicht (Abb. 6.2g). Auf der Fernröntgenaufnahme war der impaktierte Eckzahn ebenfalls zu sehen (Abb. 6.2h).

Therapie. Zur Platzbeschaffung war im Rahmen der Einstellung des verlagerten Zahnes 13 eine systematische Prämolarenextraktion nötig.

In der ersten Behandlungsphase erfolgte nach chirurgischer Freilegung die aktive Eruption des verlagerten Oberkiefereckzahnes unter Einsatz eines Palatal-Bar mit Auslegern (Abb. 6.2i bis k).

Nach allmählicher Annäherung von Zahn 13 an seinen physiologischen Standort wurden die ersten Prämolaren extrahiert. Diese relativ späte Extraktion war in vorliegendem Fall nötig, um den Zahn 14 bei eventuell vorliegender Ankylose des Eckzahnes oder dessen gescheiterter Mobilisation nicht unnötigerweise extrahiert zu haben. Anschließend wurde die Multibandapparatur eingegliedert (Abb. 6.2l und m).

Die weitere Einstellung des verlagerten Zahnes erfolgte mittels Teilbögen aus 0,017/0,025 TMA-Draht (Abb. 6.2n bis p).

Anschließend wurde an den zur Lücke benachbarten Zähnen eine Gummikette befestigt und zum Eckzahn gespannt (Abb. 6.2q). Vorraussetzung war ein starrer Bogen (im vorliegenden Fall 0,019/0,025 Stahl), um Nebenwirkungen der gespannten Gummikette auf die 2er und 5er zu minimieren. Anschließend wurde der Eckzahn zur Feineinstellung direkt an den Bogen einligiert (Abb. 6.2r).

Nach 16-monatiger Behandlungszeit war der Eckzahn bei funktionell und ästhetisch zufrieden stellenden Verhältnissen in den Zahnbogen eingestellt (Abb. 6.2s bis y).

Die Röntgenaufnahme zu Behandlungsende zeigt den Zustand des eingestellten Eckzahnes, den physiologischen Alveolarknochenverlauf und – soweit im OPG zu beurteilen – keine Resorptionen an den Frontzähnen (Abb. 6.2z).

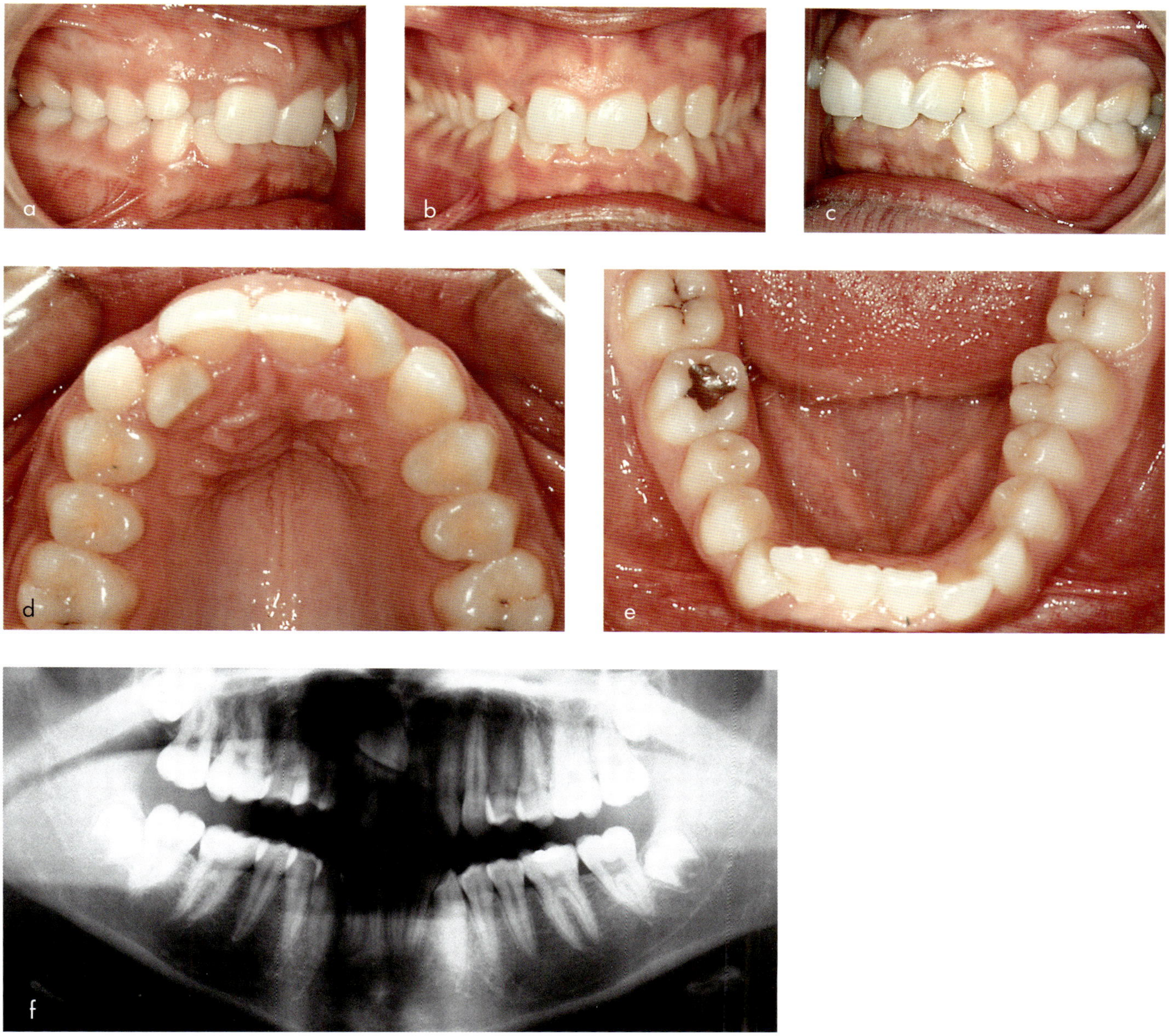

Abb. 6.2a bis f

a bis e Distale Okklusionsverhältnisse auf beiden Seiten, Kreuzbiss an den Zähnen 12, 42 und 43, Mittellinienabweichung nach rechts wegen der alveolären Mittellinienverschiebung nach rechts im Oberkiefer (zur Verlagerungsseite), tiefer Biss, Persistenz von Zahn 53, Vorwölbung palatinal in regio 13 sowie Eng- und Zahnfehlstände in beiden Kiefern.

f Palatinale Verlagerung und Retention von Zahn 13.

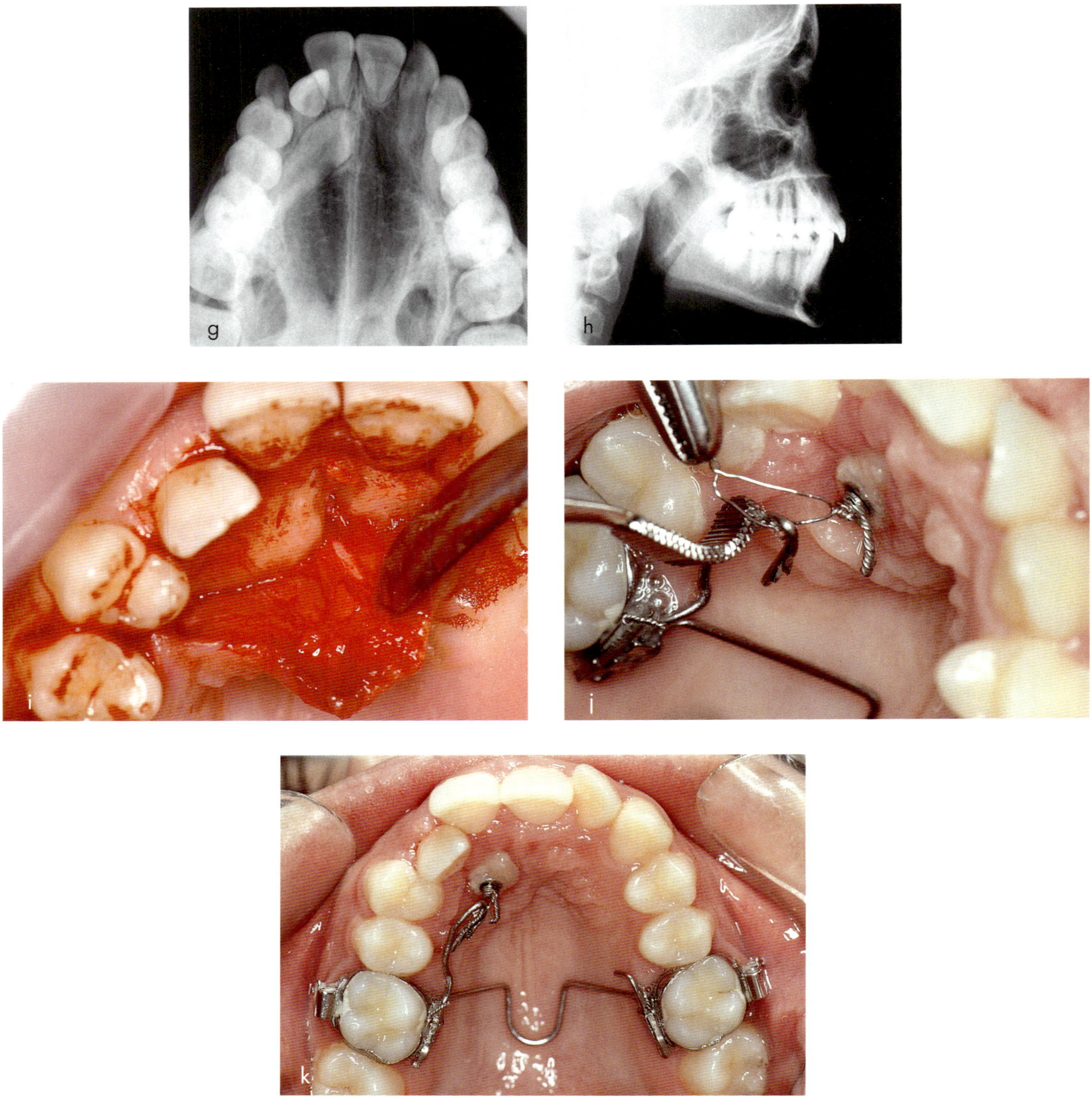

Abb. 6.2g bis k
g OK-Aufbissaufnahme: Keine Anzeichen von Wurzelresorptionen.
h FRS: Position von Zahn 13.
i bis k Chirurgische Freilegung von Zahn 13. Aktivierung der Behandlungsapparatur (Anbinden des Auslegers an das Attachment von Zahn 13).

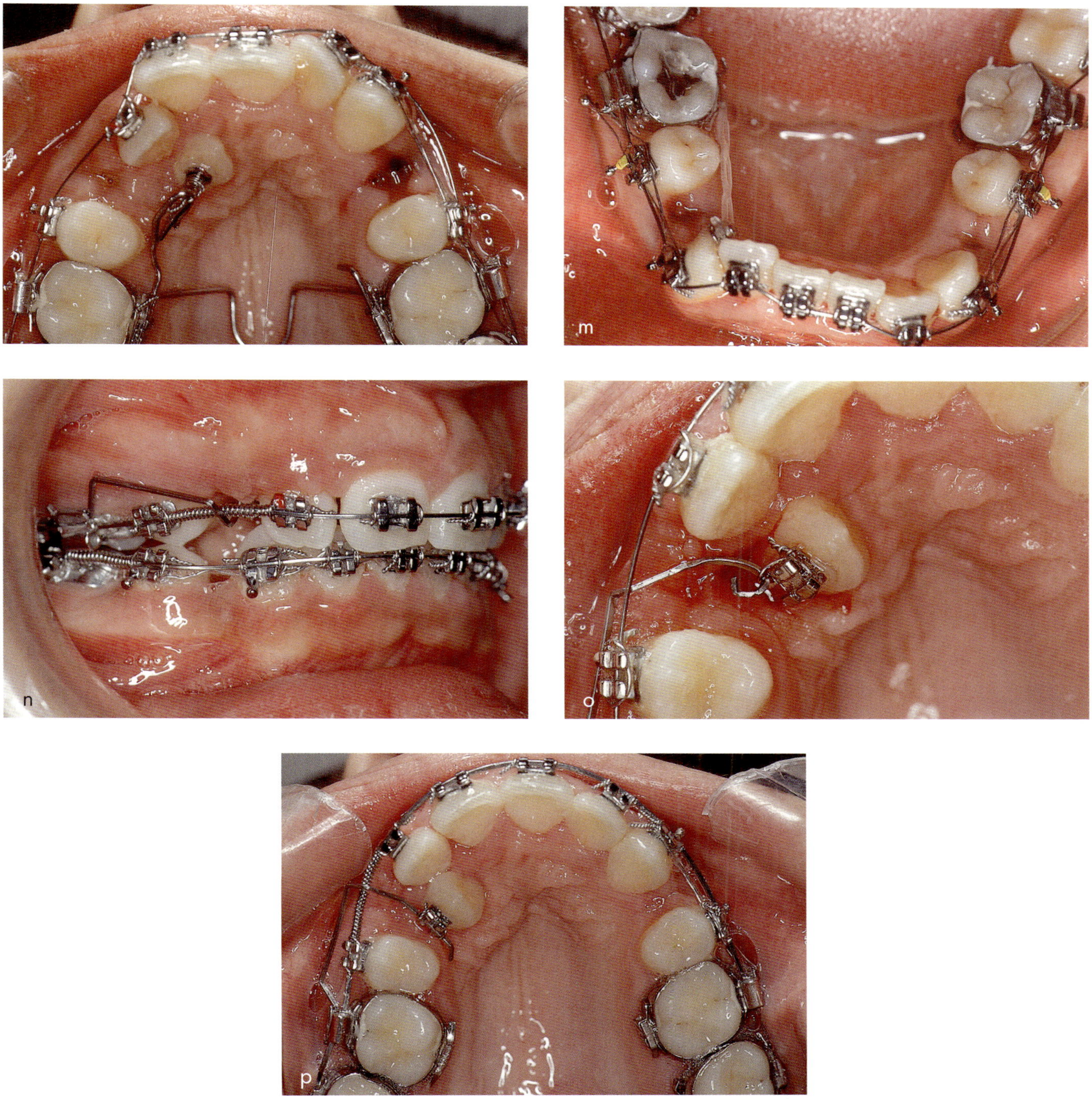

Abb. 6.2l bis p
l und m Zustand nach Extraktion der ersten Prämolaren mit Multibandapparatur in situ.
n bis p Bukkalbewegung von Zahn 13 mittels Teilbogen.

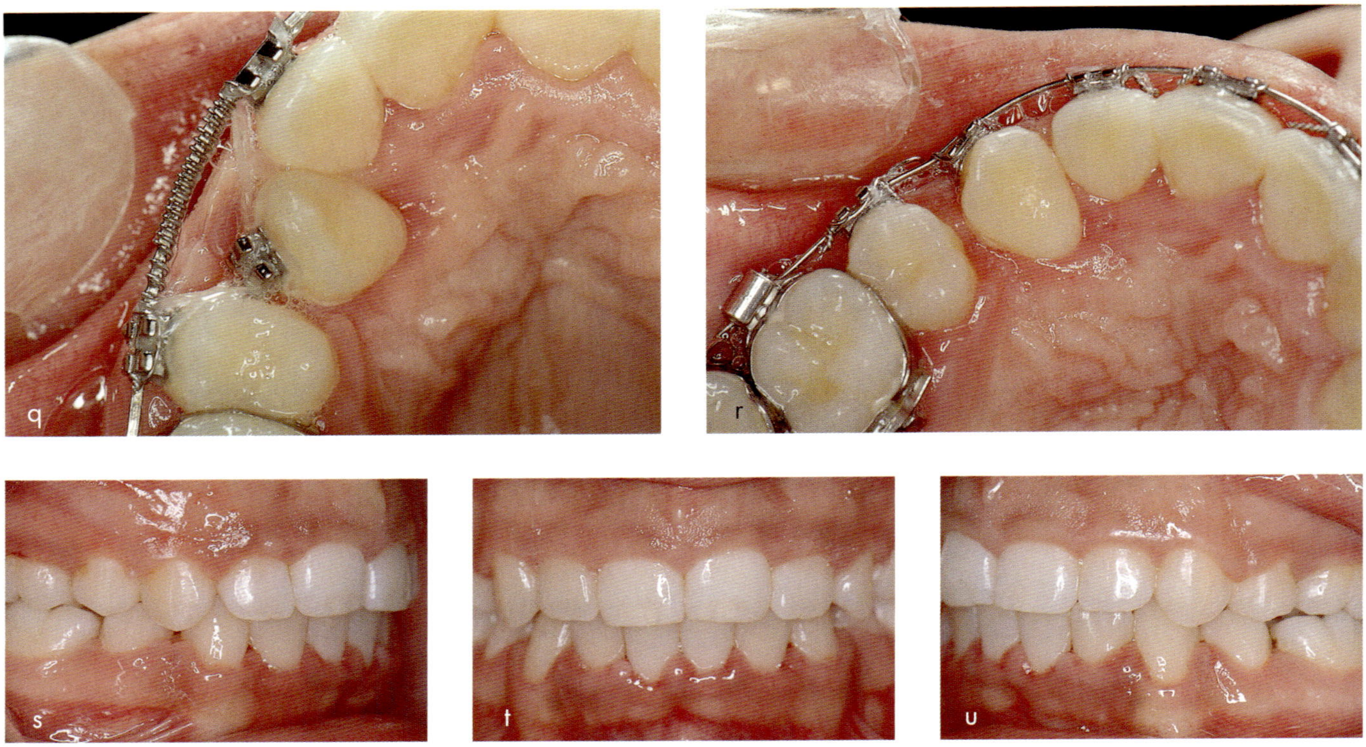

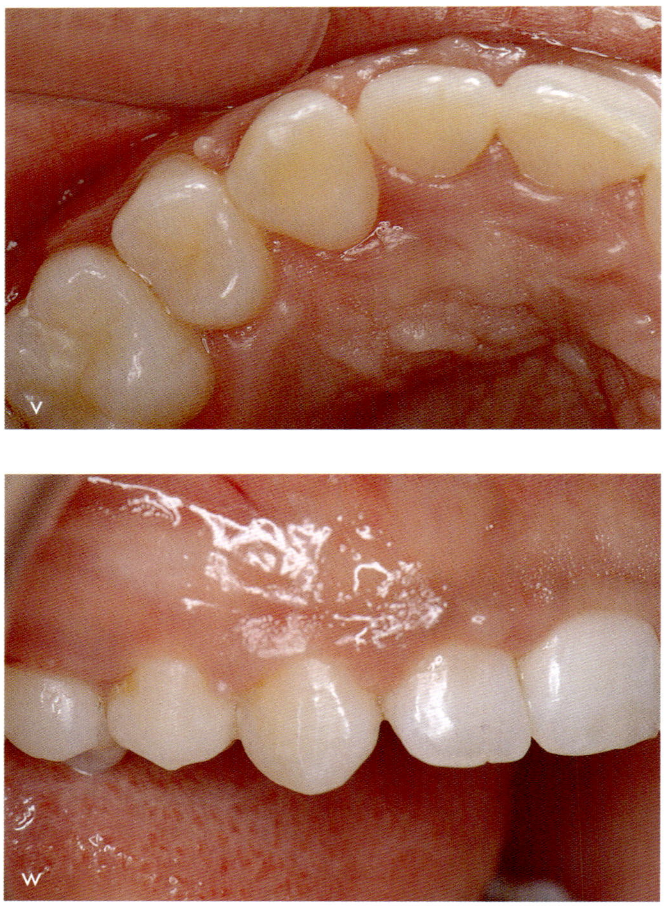

Abb. 6.2q bis w
q Bukkalbewegung von Zahn 13 mittels Elastikkette.
r Feineinstellung von Zahn 13 mittels Hauptbogen.
s bis w Zustand nach Entfernung der festsitzenden Apparatur.

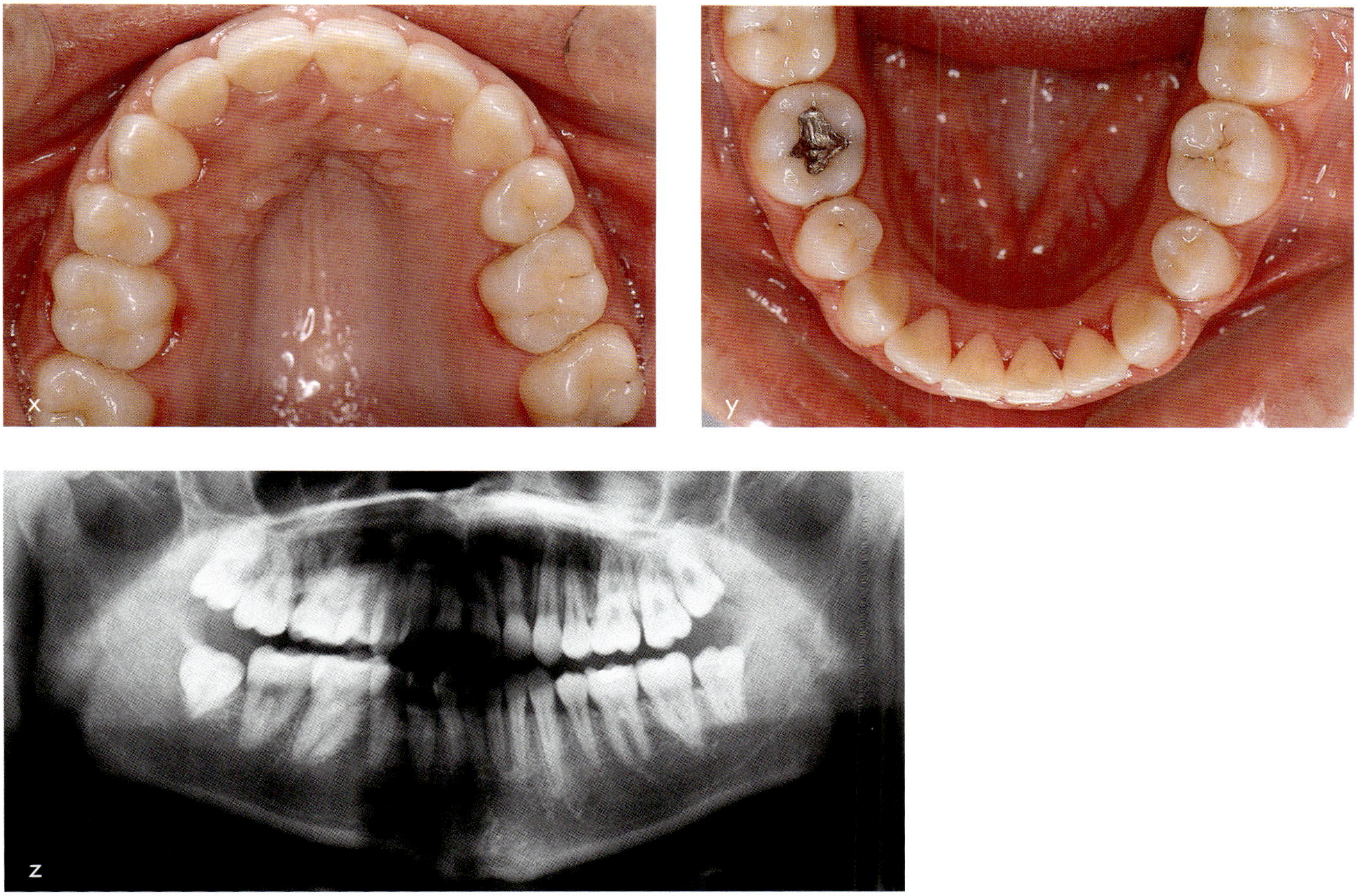

Abb. 6.2x bis z
x und y Zustand nach Entfernung der festsitzenden Apparatur.
z OPG: Zahn 13 im Zahnbogen.

Fall 3

Diagnose. Bei einem $14^1/_2$-jährigen Patienten persistierten die Zähne 53 und 63. Im vorderen Bereich des Gaumens waren Vorwölbungen zu sehen und zu palpieren (Abb. 6.3a bis e).

Im OPG zeigte sich die Verlagerung und Retention der Zähne 13 und 23. Ersterer war in seiner Angulation ungünstiger als Zahn 23 und befand sich in enger Beziehung zu den Wurzeln der seitlichen Schneidezähne. Resorptionen an den Wurzeln der benachbarten Zähne waren mit dieser Aufnahme nicht nachzuweisen (Abb. 6.3f).

Therapie. Es erfolgte eine geschlossene Elongation, die Milcheckzähne wurden zunächst belassen. Für die anfängliche Mobilisierung wurde ein Palatal-Bar mit Auslegern eingesetzt (Abb. 6.3g). Die Zahnfilme zeigen die allmähliche Positionsänderung der Zähne in Richtung der Kauebene und von den Wurzeln der Frontzähne weg (Abb. 6.3h und i).

Nach Aufrichtung und weitgehender Annäherung der verlagerten Zähne an ihren physiologischen Standort wurden die persistierenden Milcheckzähne extrahiert.

Die weitere Einstellung der verlagerten Zähne erfolgte zunächst mittels Teilbögen (Abb. 6.3j bis p).

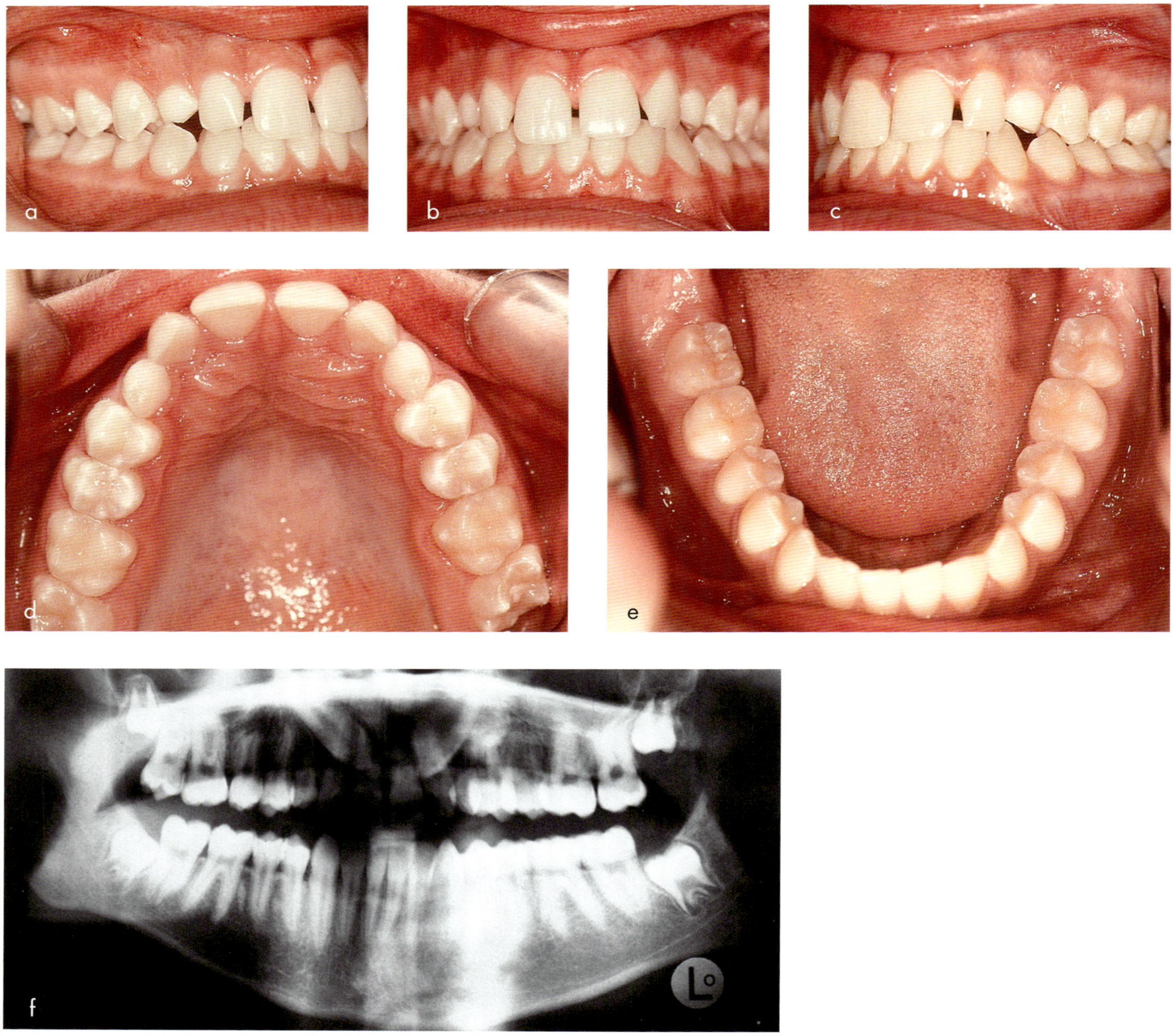

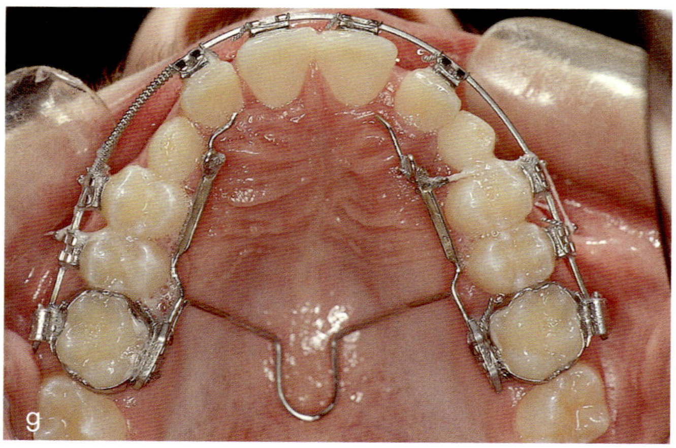

Abb. 6.3a bis g
a bis e Persistenz der Zähne 53 und 63, Vorwölbungen palatinal in regio 13 und 23.
f OPG: palatinale Verlagerung und Retention der Zähne 13 und 23.
g Palatal-Bar mit Auslegern im aktiven Zustand.

Abb. 6.3 h bis p
h und i Zahnfilme: Kontrolle der Bewegungsrichtung.
j bis p Bukkalbewegung der Zähne 13 und 23 mittels Teilbögen.

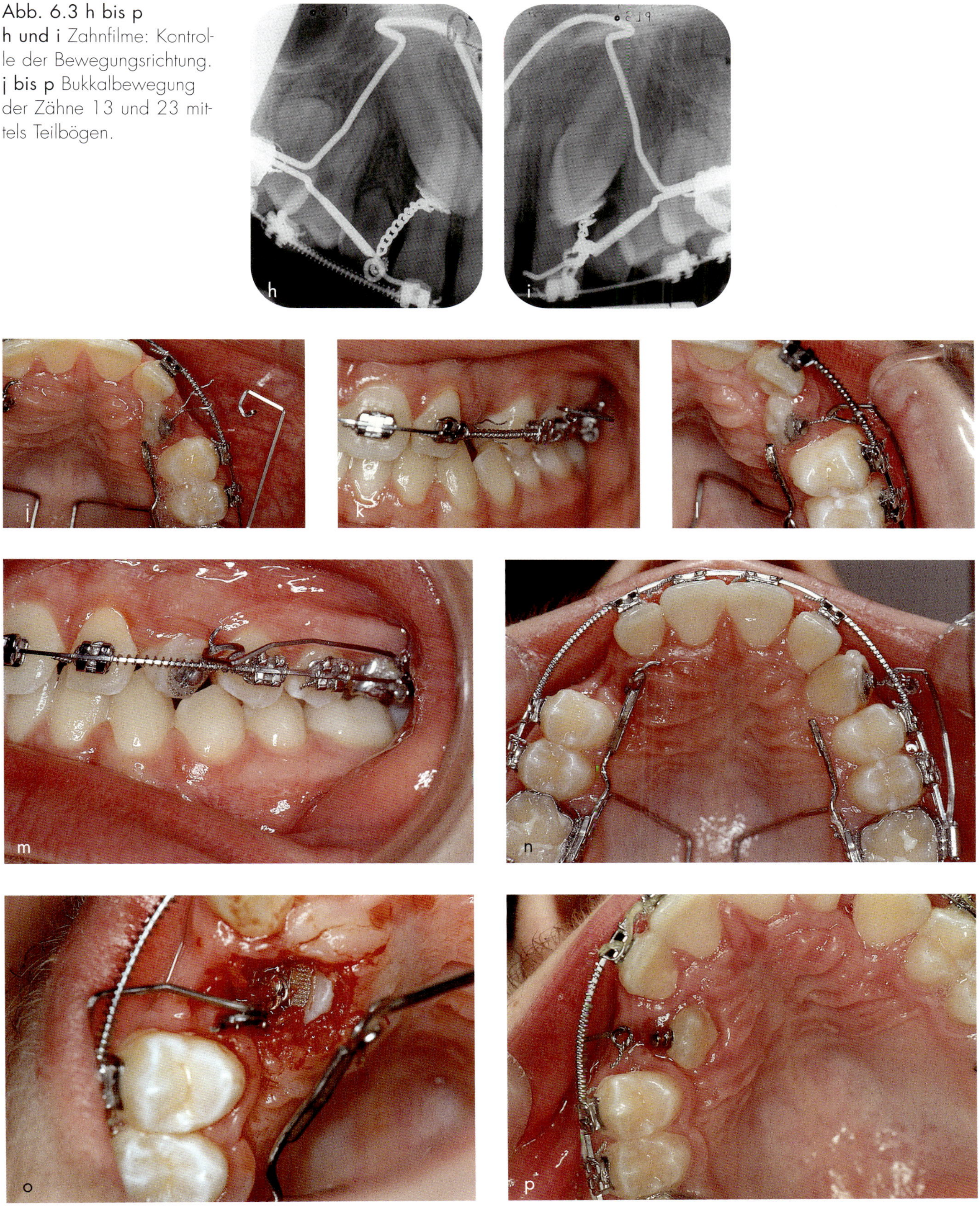

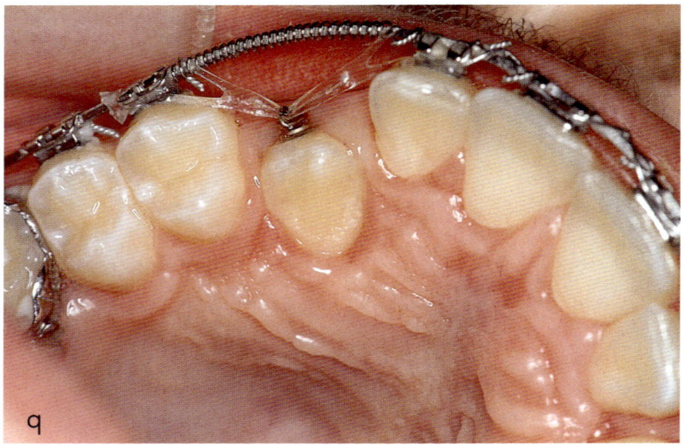

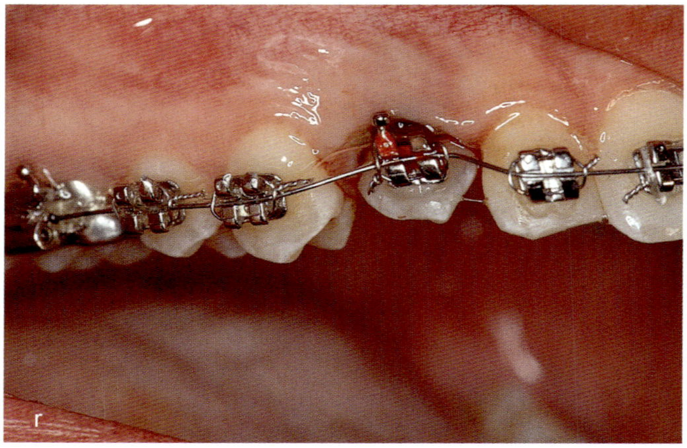

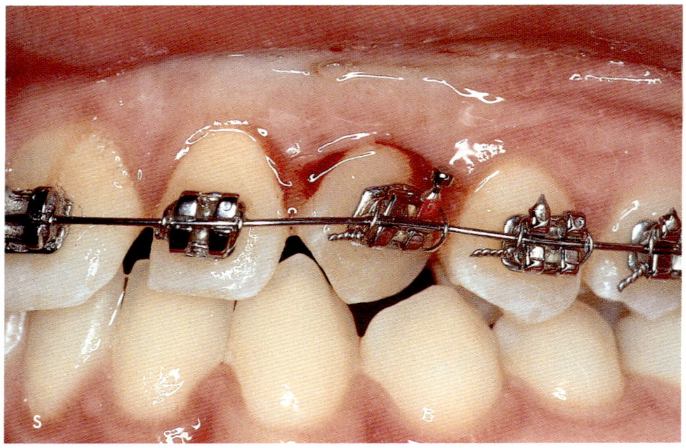

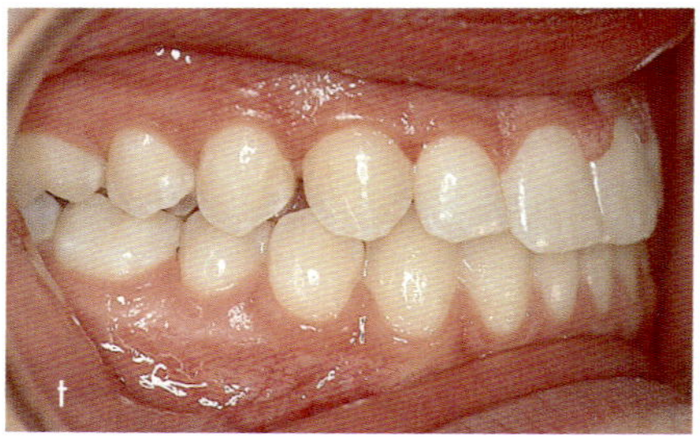

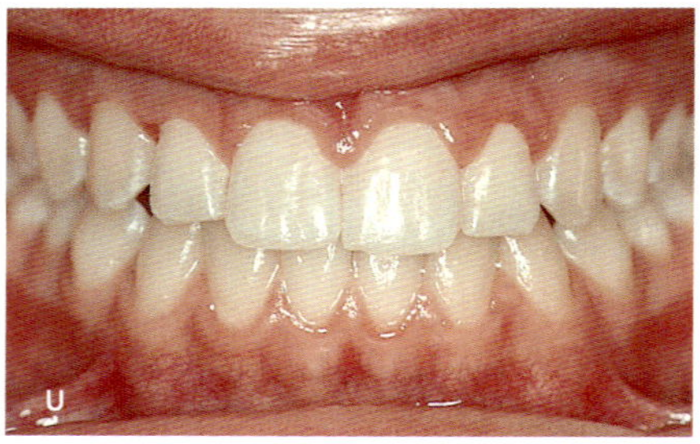

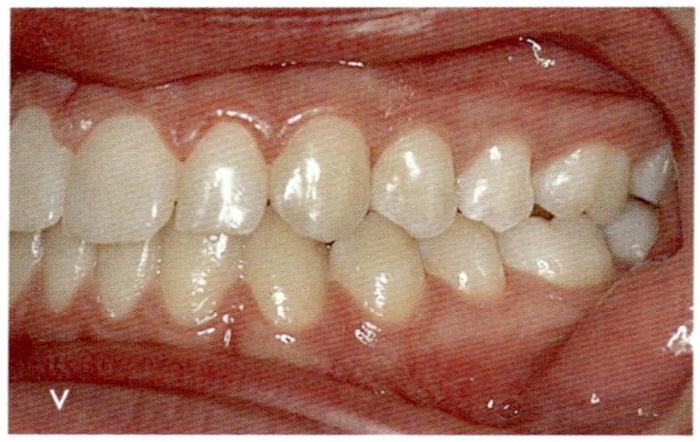

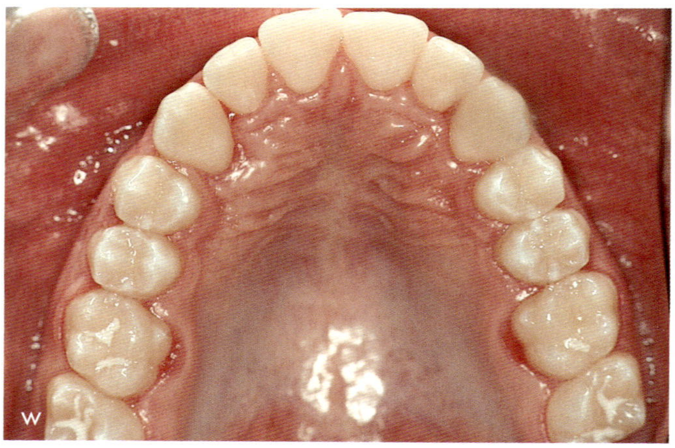

Abb. 6.3q bis w
q Bukkalbewegung der Zähne 13 und 23 mittels Gummikette.
r und s Bukkalbewegung der Zähne 13 und 23 mittels Hauptbogen.
t bis w Zustand nach Entfernung der festsitzenden Apparatur.

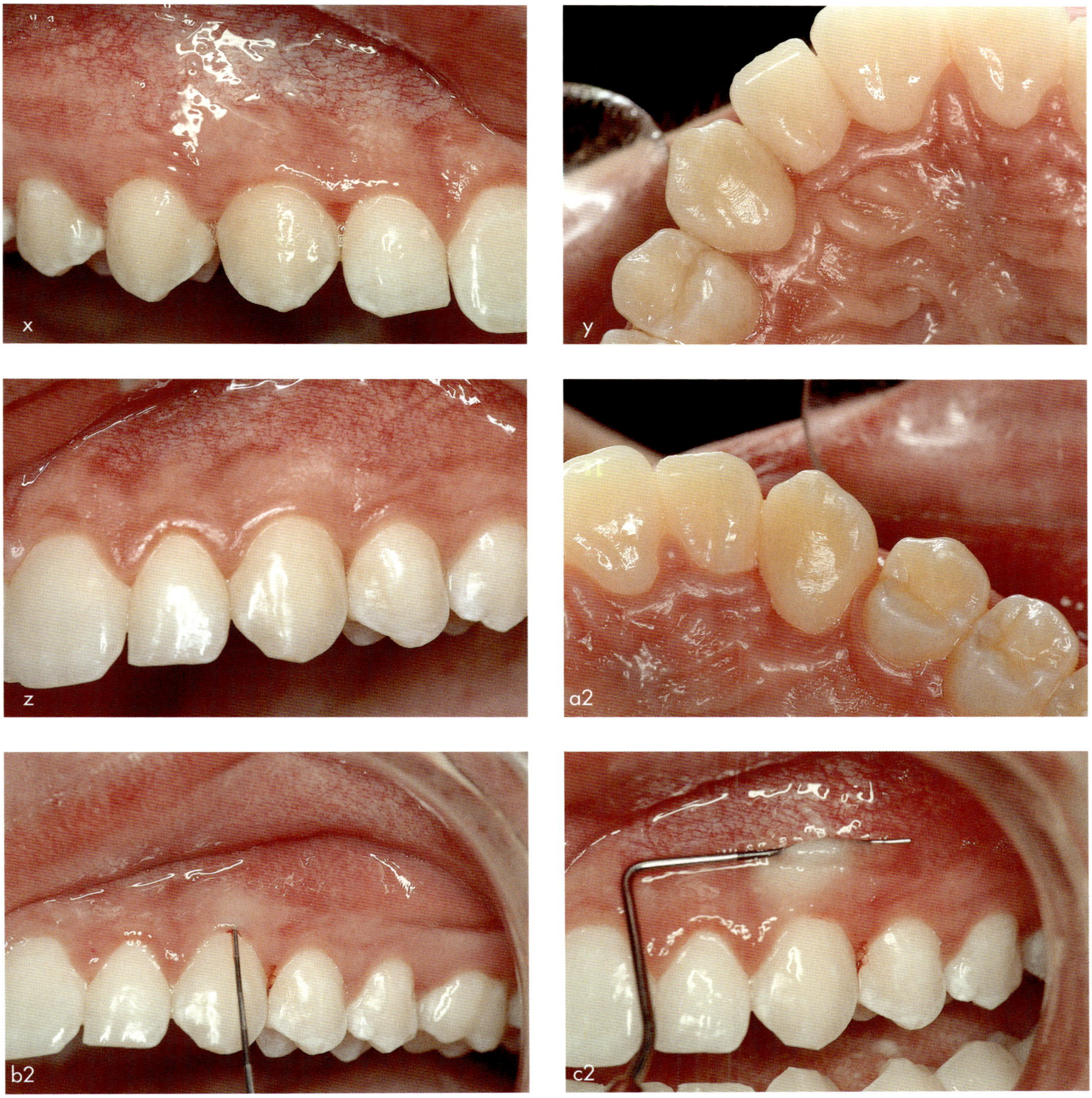

Abb. 6.3x bis c2 Gute Parodontalverhältnisse an den Zähnen 13 und 23.

Um unerwünschte Nebenwirkungen der Teilbögen auf die ersten Molaren aufzuheben, wurde der Palatal-Bar entsprechend aktiviert.

Anschließend wurden an den zur Lücke benachbarten Zähnen Gummiketten befestigt und zu den Eckzähnen gespannt (Abb. 6.3q). Zur Feineinstellung wurden die Eckzähne direkt an den Bogen einligiert (Abb. 6.3r und s).

Nach 14-monatiger Behandlungszeit waren die Eckzähne bei funktionell und ästhetisch

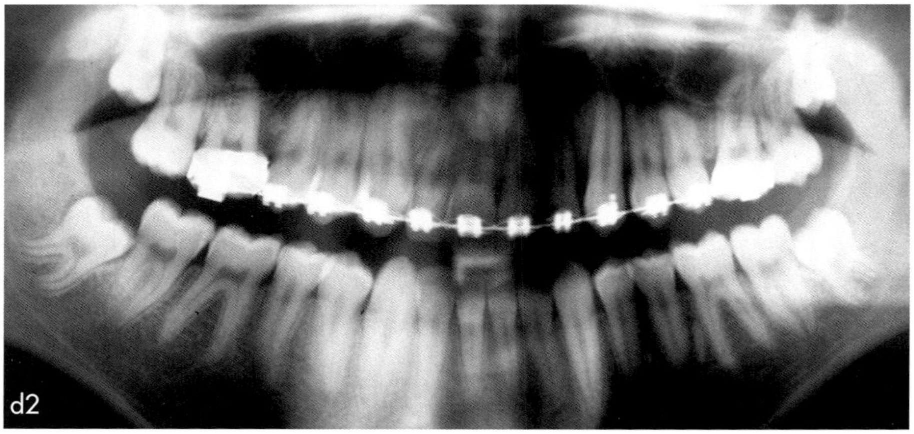

Abb. 6.3d2 OPG: 13 und 23 im Zahnbogen.

guten Verhältnissen in den Zahnbogen eingestellt (Abb. 6.3t bis w).

Die Parodontalverhältnisse waren als gut zu bewerten (Abb. 6.3x bis c2).

Das kurz vor Entbänderung angefertigte OPG (Abb. 6.3d2) zeigt den physiologischen Alveolarknochenverlauf, die korrekte Achsenstellung der Zähne und – soweit mit dieser Aufnahmetechnik erkenntlich – keine Resorptionen an den Frontzähnen.

Fall 4

Diagnose. Bei einem $17^1/_2$-jährigen Patienten persistierte Zahn 53. Der enge Zusammenhang zwischen seitlichen Schneidezähnen mit reduzierter Größe und abnormaler Form sowie der Eckzahnverlagerung[91] wird hier deutlich (Abb. 6.4a bis e).

Das OPG zeigt die palatinale Verlagerung des Zahnes 13 (Abb. 6.4f).

Therapie. Vor der chirurgischen Freilegung des Eckzahnes mittels geschlossener Elongation erfolgte die Bebänderung des Oberkiefers. Für die anfängliche Mobilisierung des palatinal verlagerten Eckzahnes wurde ein Palatal-Bar mit Auslegern eingesetzt. Nach aktiver Eruption und weitgehender Annäherung des verlagerten Zahnes an seinen physiologischen Standort (Abb. 6.4g und h), wurde der Eckzahn zur Feineinstellung direkt an den Bogen einligiert (Abb. 6.4i und j).

Nach abgeschlossener Einstellung waren die Parodontalverhältnisse an Zahn 13 als gut zu bewerten (Abb. 6.4k bis n).

Im Röntgenkontrollbild lagen unauffällige Verhältnisse vor (Abb. 6.4o).

Nach der aktiven Behandlung verblieben frontal Lücken, die im Anschluss mit Kompositaufbauten der hypoplastischen seitlichen Schneidezähne geschlossen wurden (Abb. 6.4p bis t).

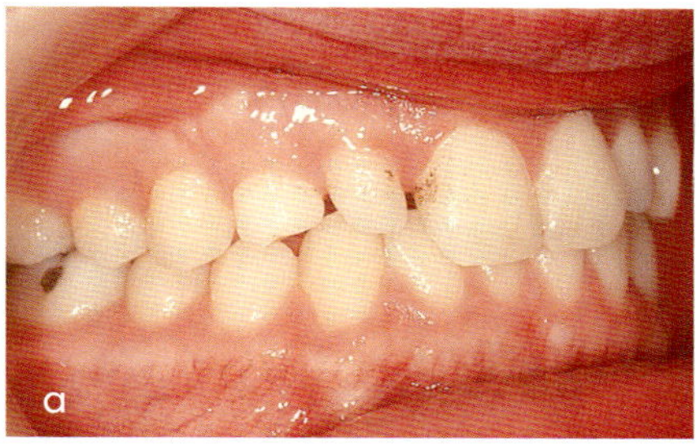
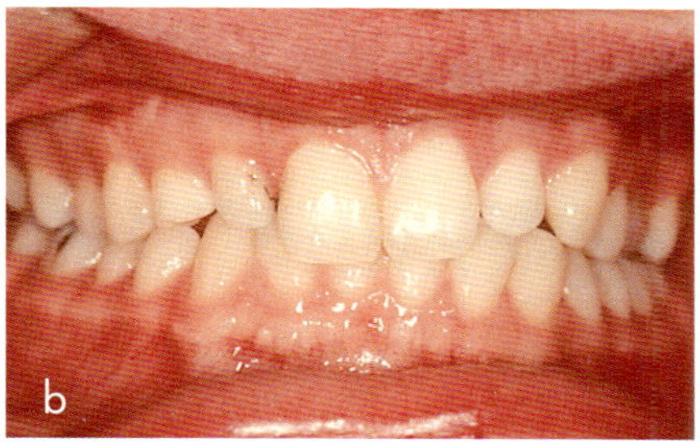
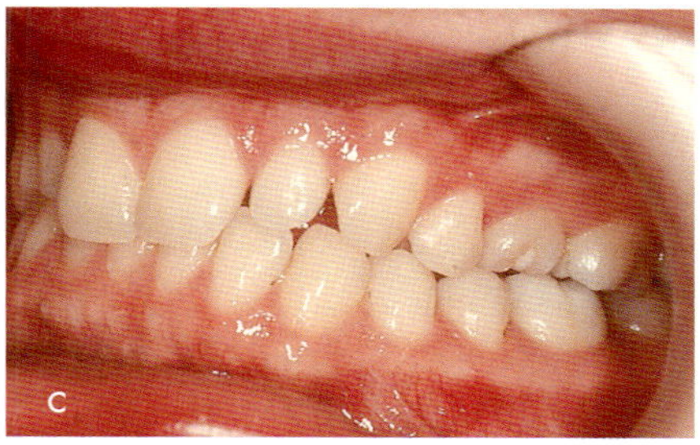
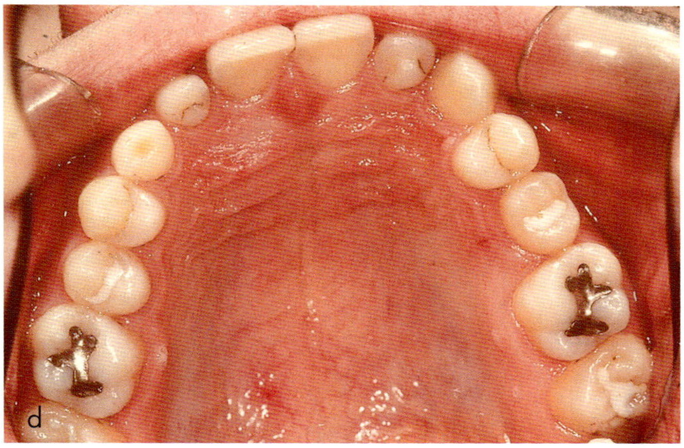
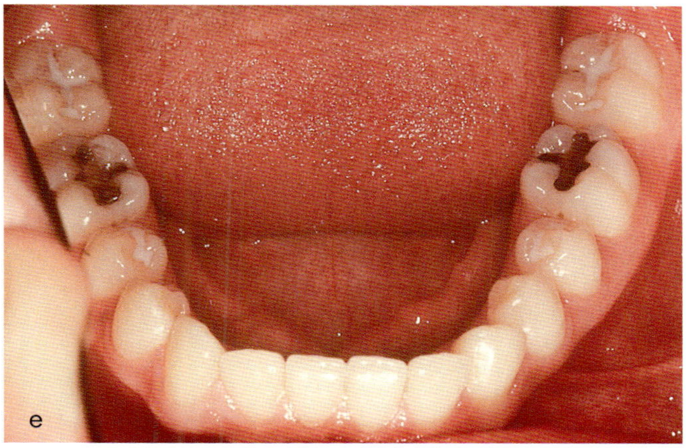

6.4a bis t
a bis e Persistenz von Zahn 53, Vorwölbung palatinal in regio 13. Hypoplastische Zahnform der Zähne 22 und v. a. 12.
f OPG: palatinale Verlagerung und Retention von Zahn 13.
g und h Zahn 13 im aktiv eruptierten Zustand.

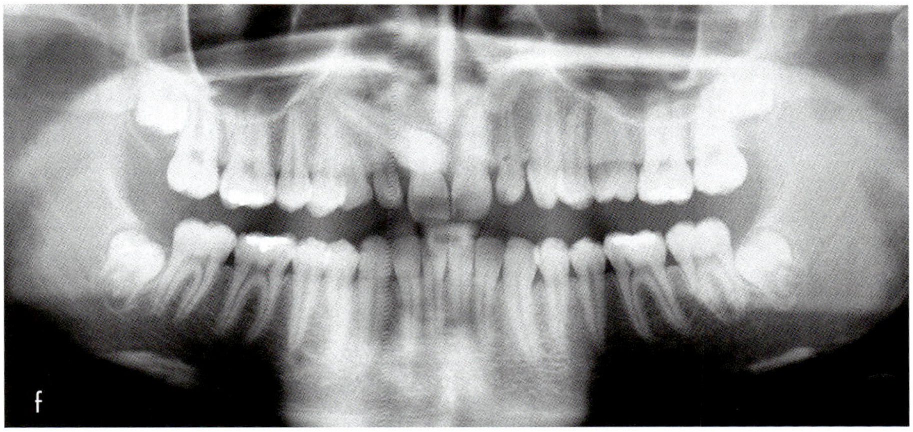
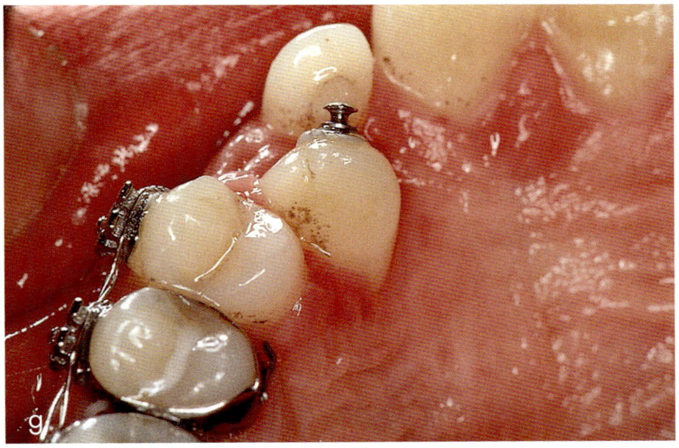
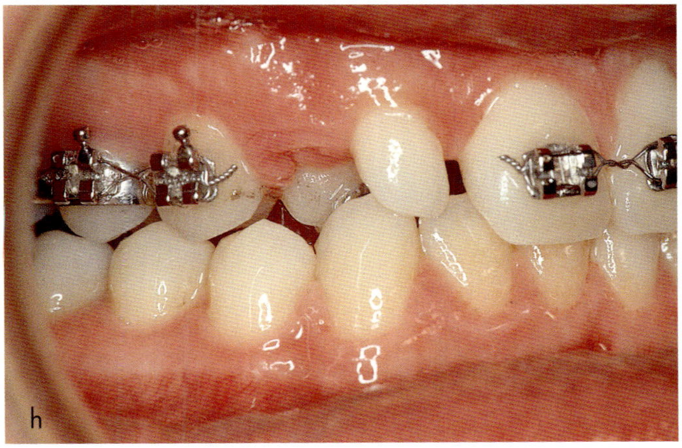

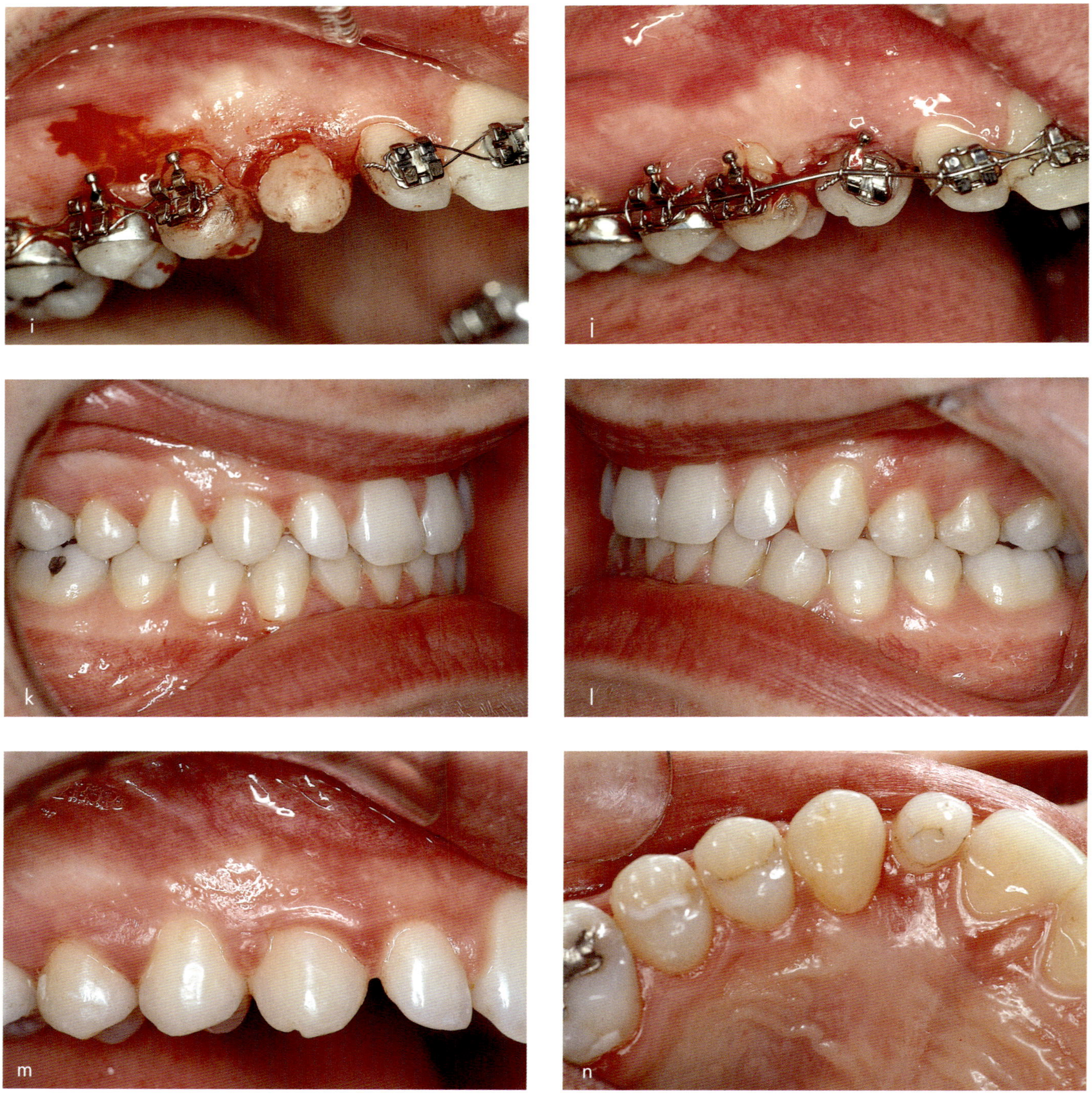

Abb. 6.4i bis n
i und j Feineinstellung von Zahn 13 mittels Hauptbogen.
k bis n Zustand nach Entfernung der festsitzenden Apparatur, gute Parodontalverhältnisse an Zahn 13.

6.4o bis t
o OPG: 13 im Zahnbogen.
p bis t Aufbau der Zähne 12 und 22 mittels Komposit. (Die Abbildungen **p** und **q** wurden mit freundlicher Genehmigung von Dr. *Hugo* zur Verfügung gestellt.)

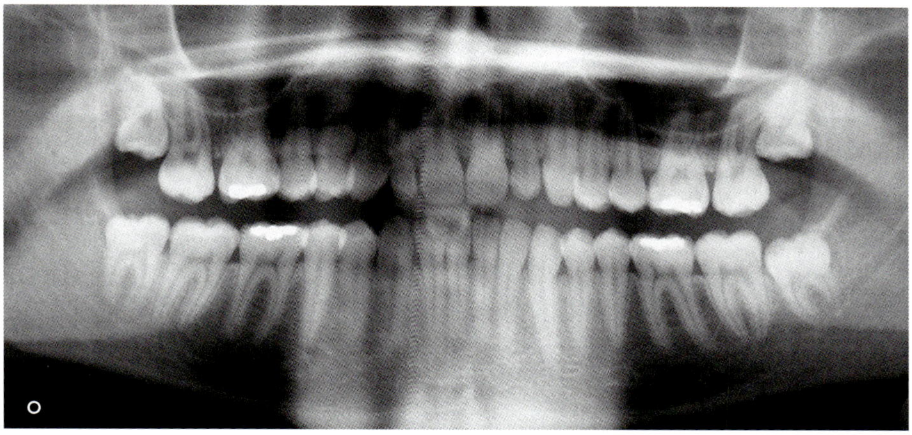

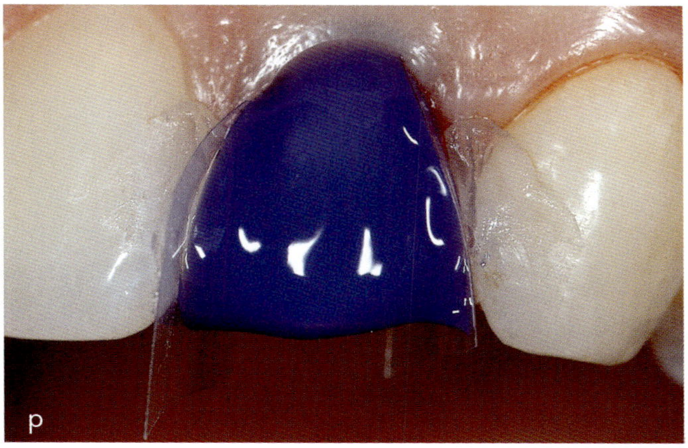

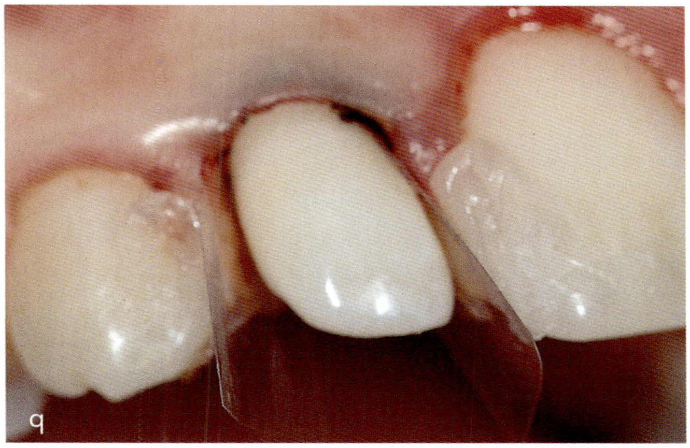

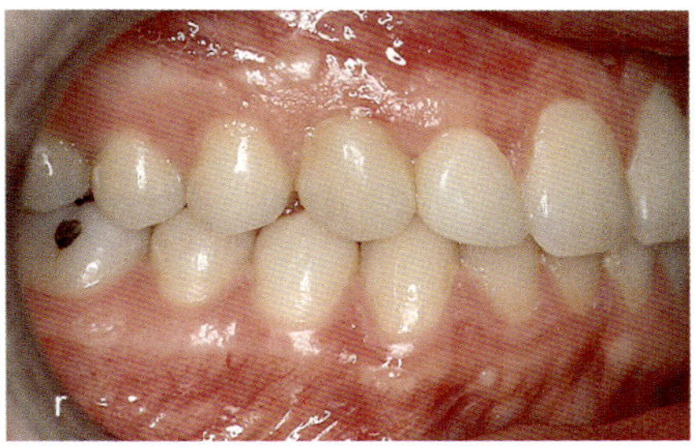

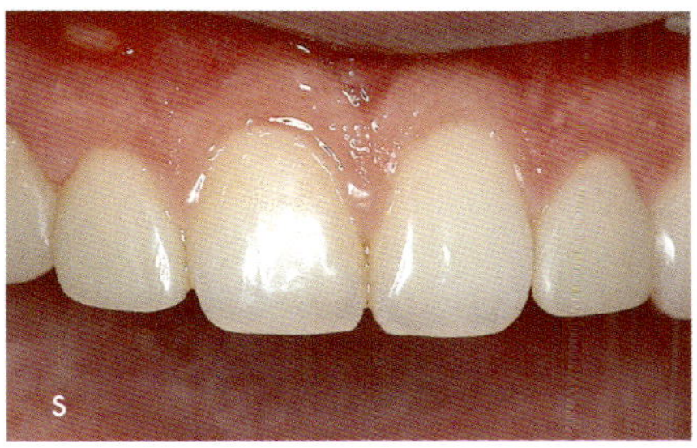

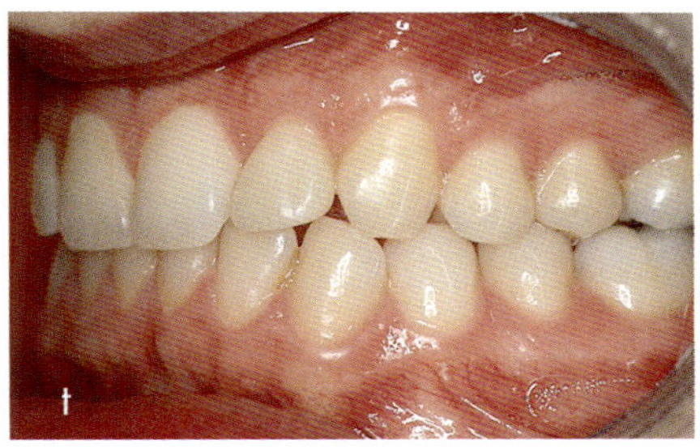

Fall 5

Diagnose. Bei einem 13-jährigen Patienten persistierten die Milchzähne 53, 63 und 74. Klinisch waren am Gaumen Vorwölbungen zu tasten. Die Vorwölbungen war so eindeutig, dass eine oberflächliche Lage der Zähne 13 und 23 zu vermuten war (Abb. 6.5a bis e).

Befunde der Röntgenaufnahmen (Abb. 6.5 f und g): Palatinale Verlagerung der Zähne 13 und 23. Die verlagerten Eckzähne erstrecken sich weit zur Kiefermitte. Weitgehend abgeschlossene Wurzelbildung der Zähne 13, 23 und 44. Verlagerung bzw. mesiale Durchbruchsrichtung des Zahnes 34 mit Persistenz des Milchzahnes. Wurzelresorptionen an den benachbarten Oberkieferschneidezähnen wurden aufgrund der klinisch zu tastenden Position der Eckzähne, weit hinter den Frontzähnen, ausgeschlossen. Auf eine weiterführende Diagnostik (CT) wurde verzichtet.

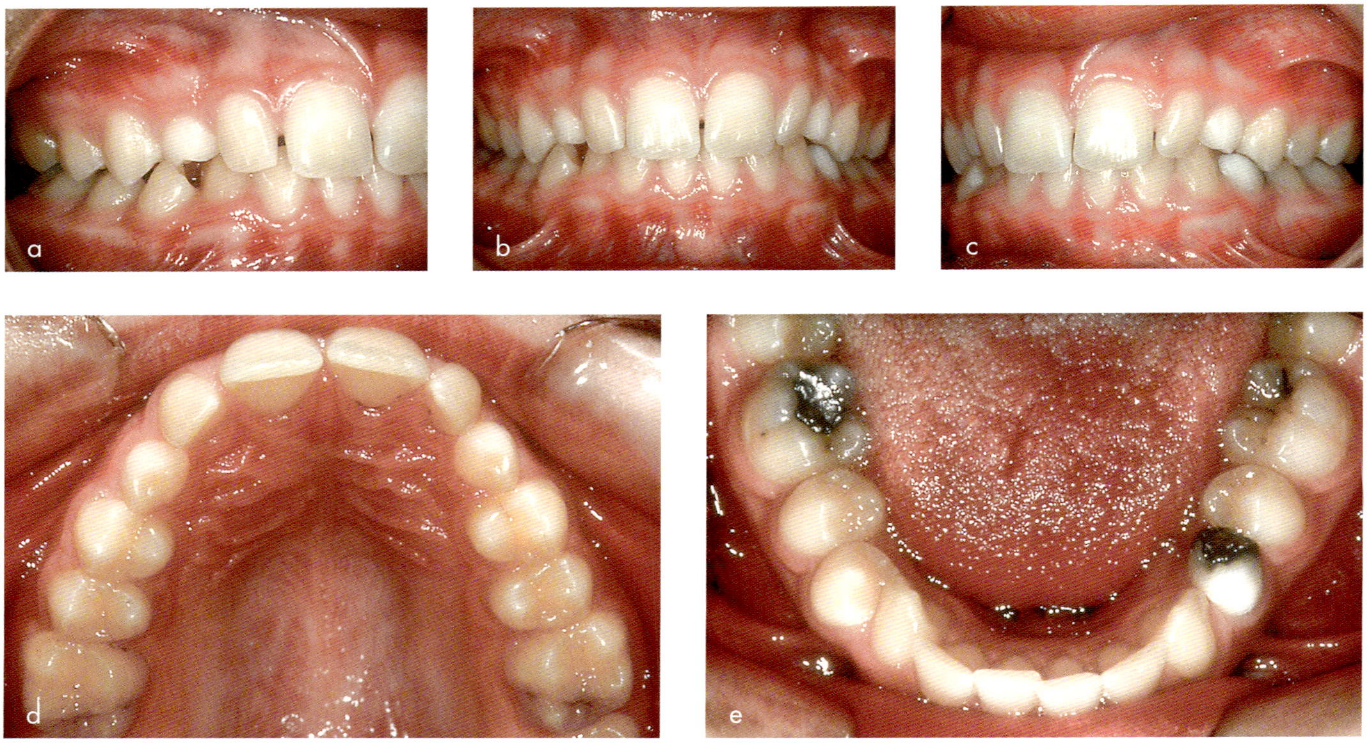

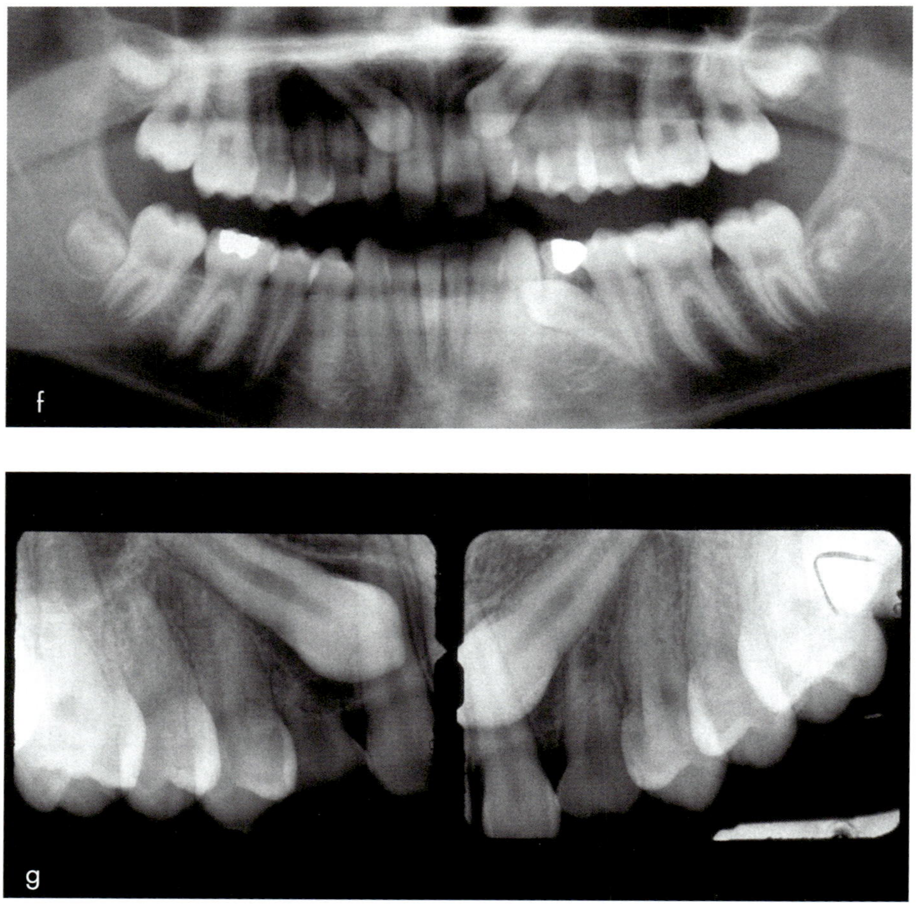

Abb. 6.5a bis g
a bis e Persistenz der Zähne 53, 63 und 74. Vorwölbungen palatinal in regio 13 und 23.
f und g OPG und Zahnfilme: palatinale Verlagerung und Retention der Zähne 13 und 23 sowie mesioanguläre Verlagerung und Retention des Zahnes 34.

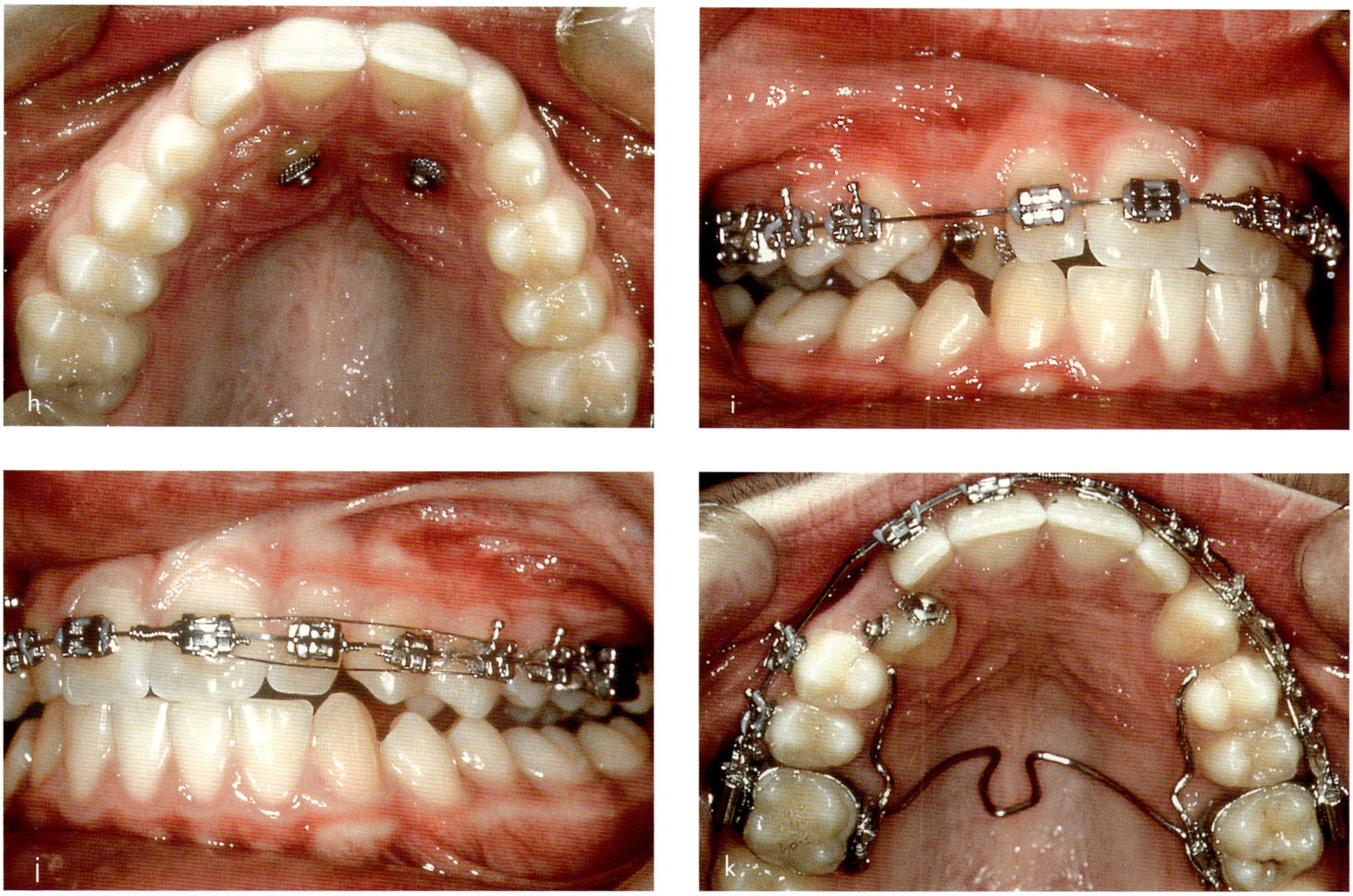

Abb. 6.5h bis k
h Freigelegte und mit Attachments versehene, oberflächlich liegende Zähne 13 und 23.
i bis k Multibracketapparatur im Oberkiefer zur Feineinstellung der Zähne 13 und 23.

Behandlungsplanung. Als erste Maßnahme wurde die Extraktion des Milchzahnes 74 geplant, um einen spontanen Zahndurchbruch von 34 zu ermöglichen. Die Wahrscheinlichkeit für einen spontanen Durchbruch der verlagerten Eckzähne wurde dagegen als gering eingestuft und deren kieferorthopädische Einstellung eingeleitet.

Therapie. 3 Monate nach erfolgter Extraktion des Milchzahnes 74 erfolgte der Durchbruch des Zahnes 34 ohne kieferorthopädische Intervention. Aufgrund der oberflächliche Lage der verlagerten Eckzähne wurde eine offene Elongation durchgeführt (Abb. 6.5h). Nach weitest möglicher Aufrichtung und Annäherung der verlagerten Zähne an ihren physiologischen Standort unter Einsatz eines Palatal-Bar mit Auslegern, erfolgte die Eingliederung einer Multibandapparatur im Oberkiefer unter Einbeziehung der Eckzähne (Abb. 6.5i bis k). Nach 15-monatiger Behandlungszeit waren die Eckzähne bei funktionell und ästhetisch guten Verhältnissen in den Zahnbogen eingestellt (Abb. 6.5l bis t). Die Parodontalverhältnisse sowohl bukkal als auch palatinal an den Zähnen 13 und 23 sowie das äußere Erscheinungsbild waren als gut zu bewerten. Die Taschentiefen lagen im physiologischen Bereich und die befestigte Gingiva war ausreichend breit (Abb. 6.5u bis x). Das OPG zeigte einen physiologischen Alveolarknochenverlauf, die korrekte Achsenstellung der Zähne und keine Resorptionen an den benachbarten Zähnen (Abb. 6.5y).

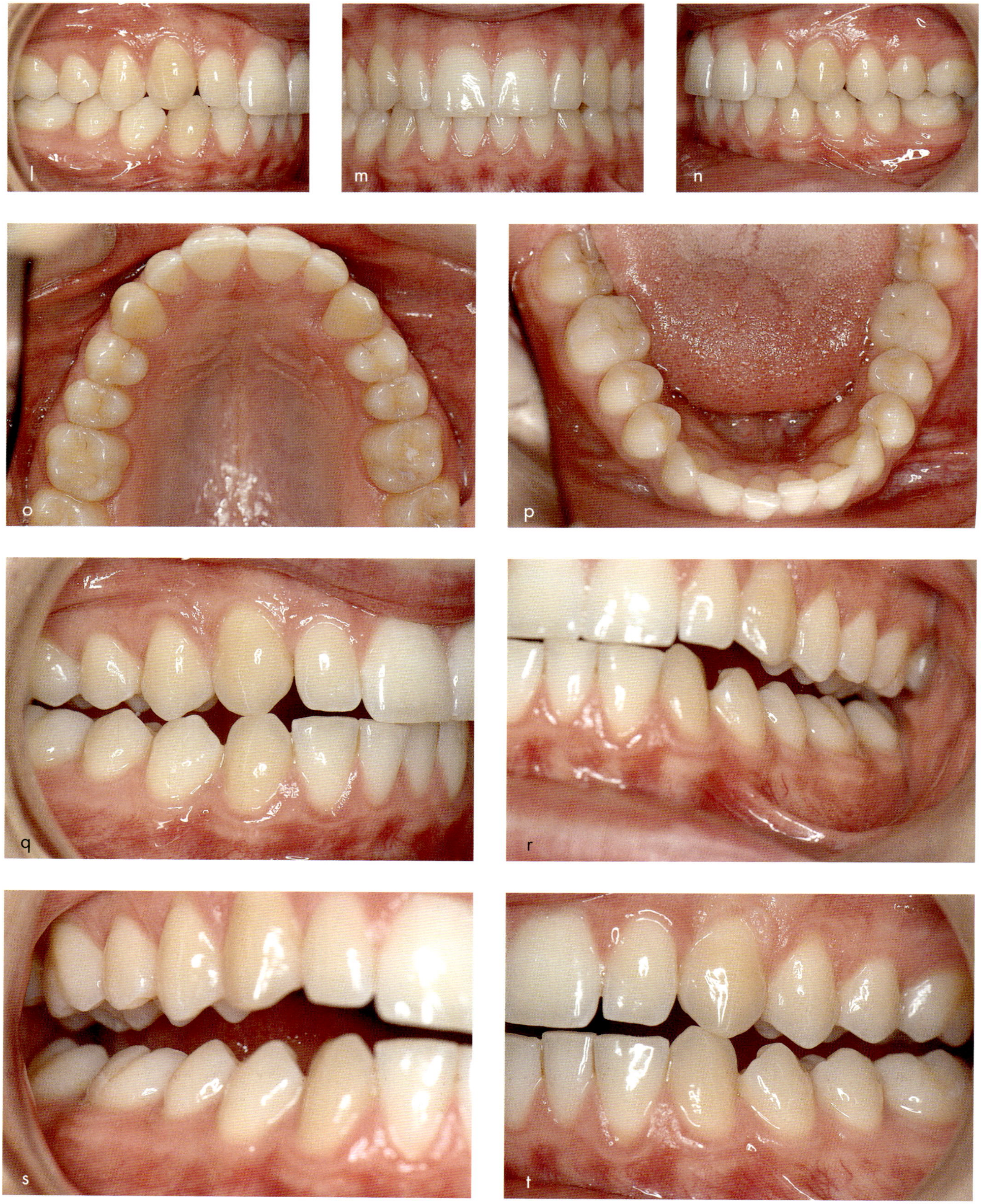
l
m
n
o
p
q
r
s
t

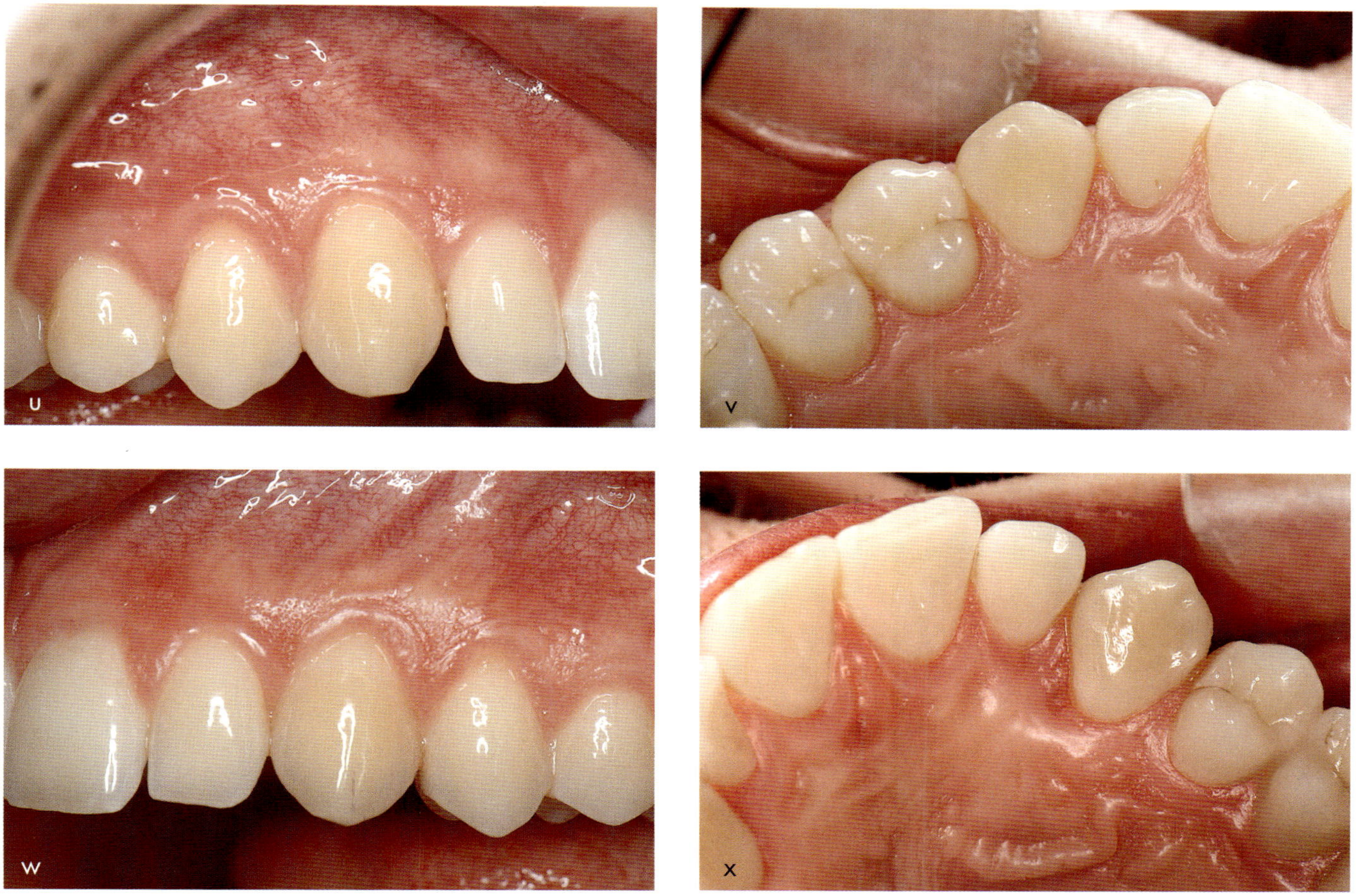

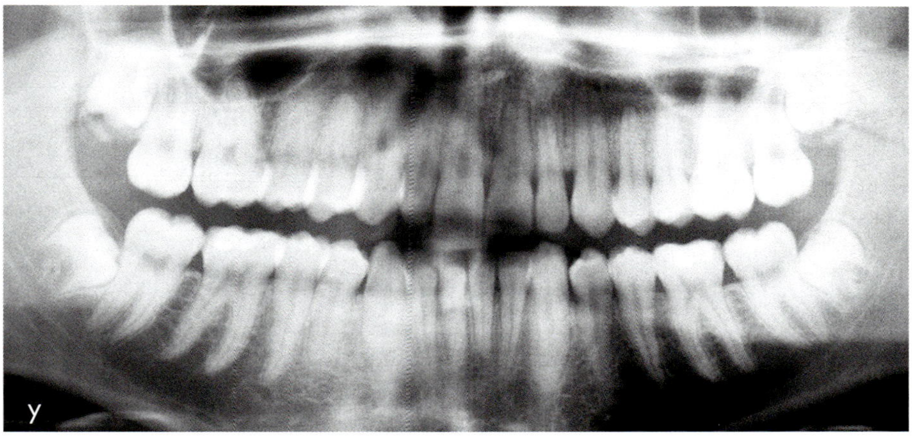

6.5l bis y
l bis t Zustand nach Entfernung der festsitzenden Apparatur. Gute Parodontalverhältnisse an den Zähnen 13 und 23. Eckzahnführung ohne Balancekontakte.
u bis x Detailansicht der Parodontalverhältnisse.
y OPG: Zähne 13 und 23 mit guter Achsenneigung im Zahnbogen.

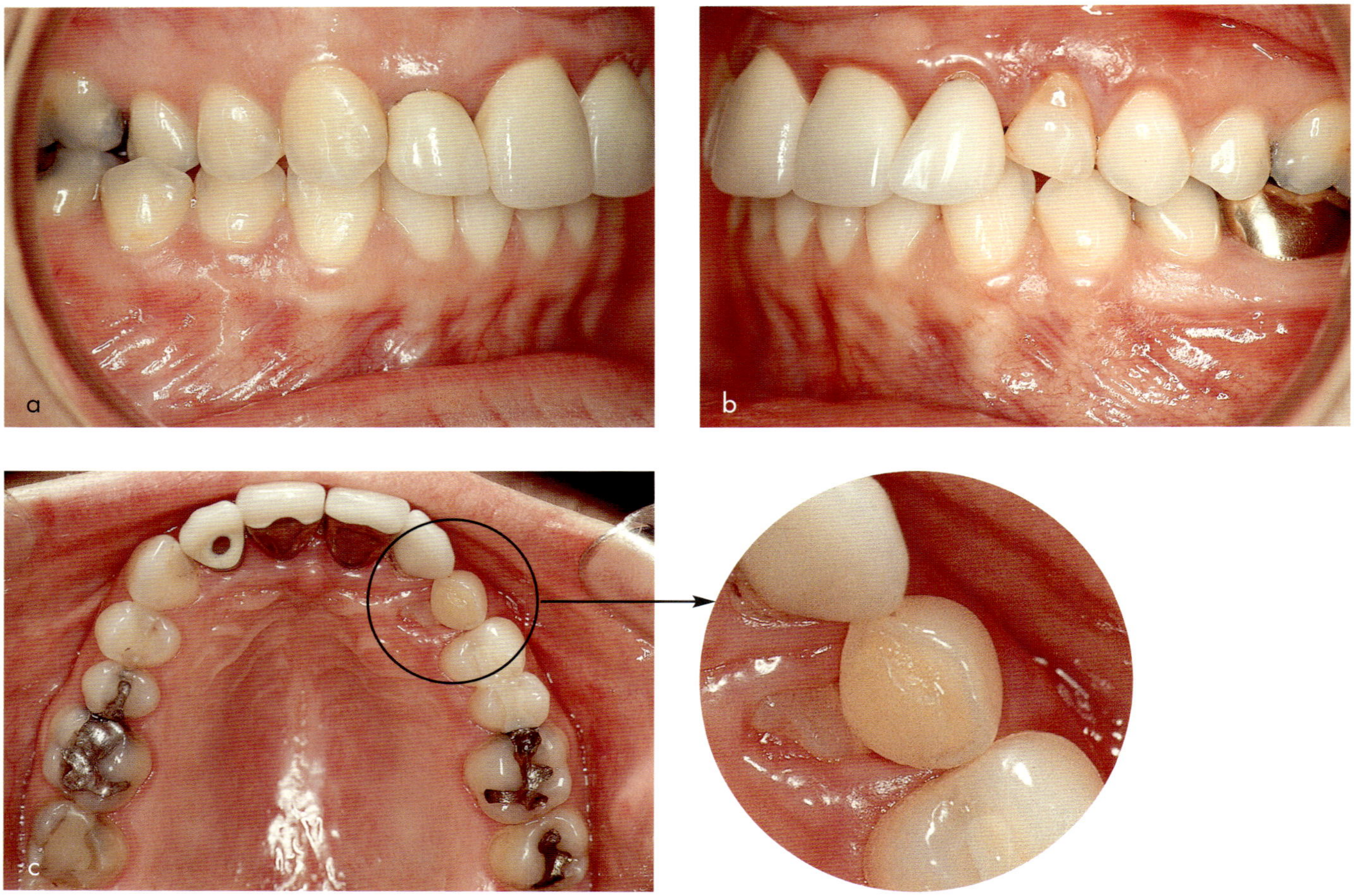

Fall 6

Bei einer 47-jährigen Patientin persistierte Zahn 63, Zahn 23 war palatinal verlagert. Die Patientin wusste seit längerem um die Verlagerung, hatte bis dato jedoch eine Therapie abgelehnt, da der Milcheckzahn fest war und sie das Fehlen des bleibenden Eckzahnes ästhetisch und funktionell nicht störte. Da jedoch an Zahn 63 eine zunehmende Lockerung eintrat, so dass dessen baldiger Verlust abzusehen war, stellte sich die Frage nach der Versorgung der entstehenden Lücke. Als beste Lösung war die Einstellung des verlagerten Eckzahnes erachtet worden.

Diagnose. Zahn 63 wies einen Lockerungsgrad III auf. Palatinal perforierte Zahn 23 die Gingiva. Die Frontzähne waren prothetisch versorgt (Abb. 6.6a bis d). Im OPG war der palatinal verlagerte Zahn 23 zu sehen (Abb. 6.6e).

Therapieplanung. In Anbetracht ihres fortgeschrittenen Alters stand die Patientin einer kieferorthopädischen Behandlung skeptisch gegenüber. Da der Platz für Zahn 23 im Zahnbogen ausreichend war, wurde dessen Einstellung mit geringen, das ästhetische Erscheinungsbild wenig beeinträchtigenden Maßnahmen, als gut durchführbar eingestuft.

Therapie. Aufgrund der Exposition des Zahnes wurde auf eine chirurgische Freilegung verzichtet. Zahn 63 wurde extrahiert und auf Zahn 23 ein Attachment geklebt.

Die Zähne 16 und 26 wurden mit Bändern versehen und die Zähne 13, 14, 15 und 45 mit

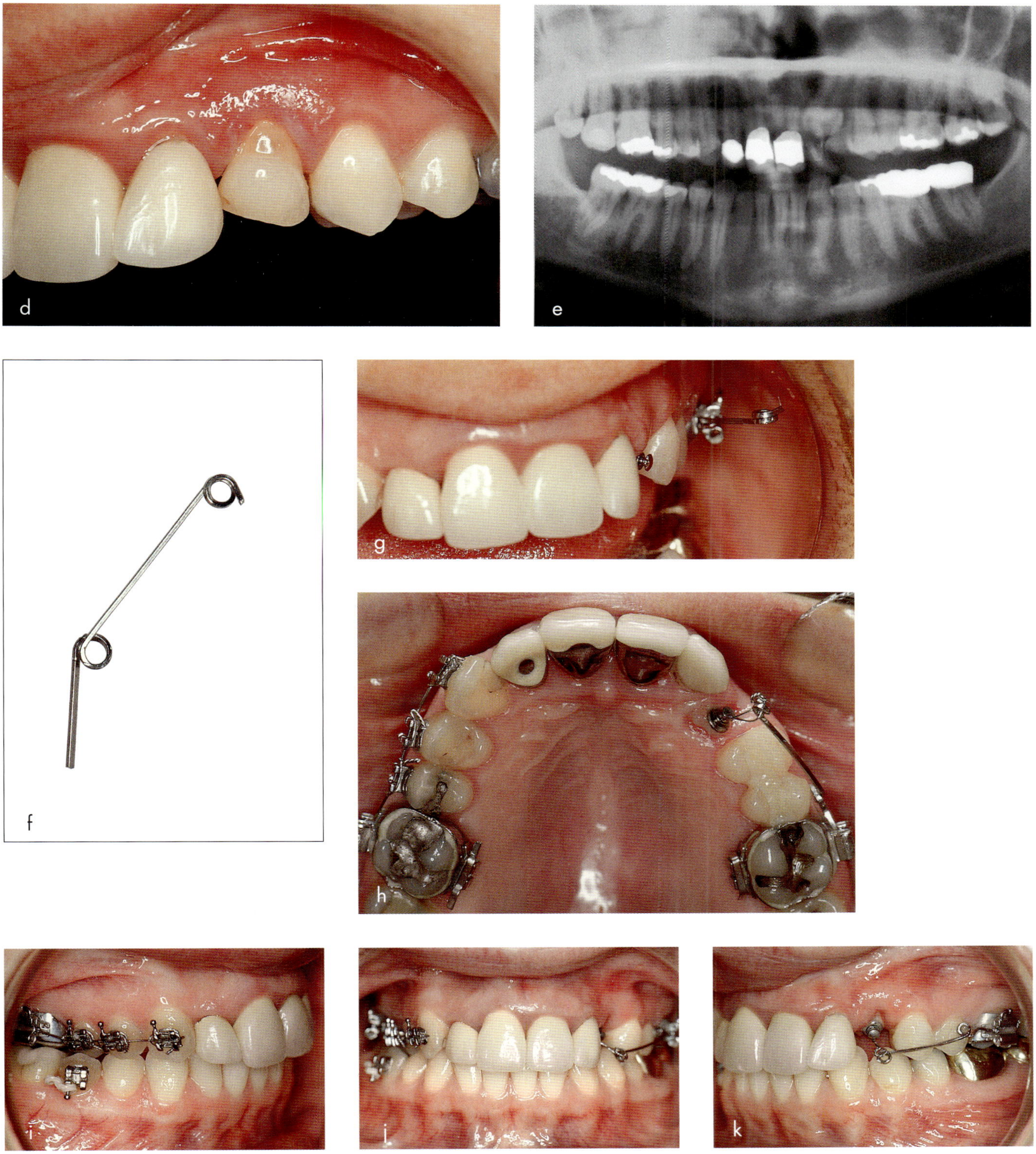

Abb. 6.6a bis k
a bis d Persistenz des Zahnes 63, 23 perforiert palatinal die Schleimhaut. Kreuzbiss an 15/45.
e OPG: Retention des Zahnes 23 mit Persistenz des Milchzahnes.
f bis k Teilbogen zur Eruption und Bukkalbewegung des Zahnes 23. Teilbebänderung im ersten Quadranten zur Beseitigung des Kreuzbisses mit Criss cross-Gummizügen.

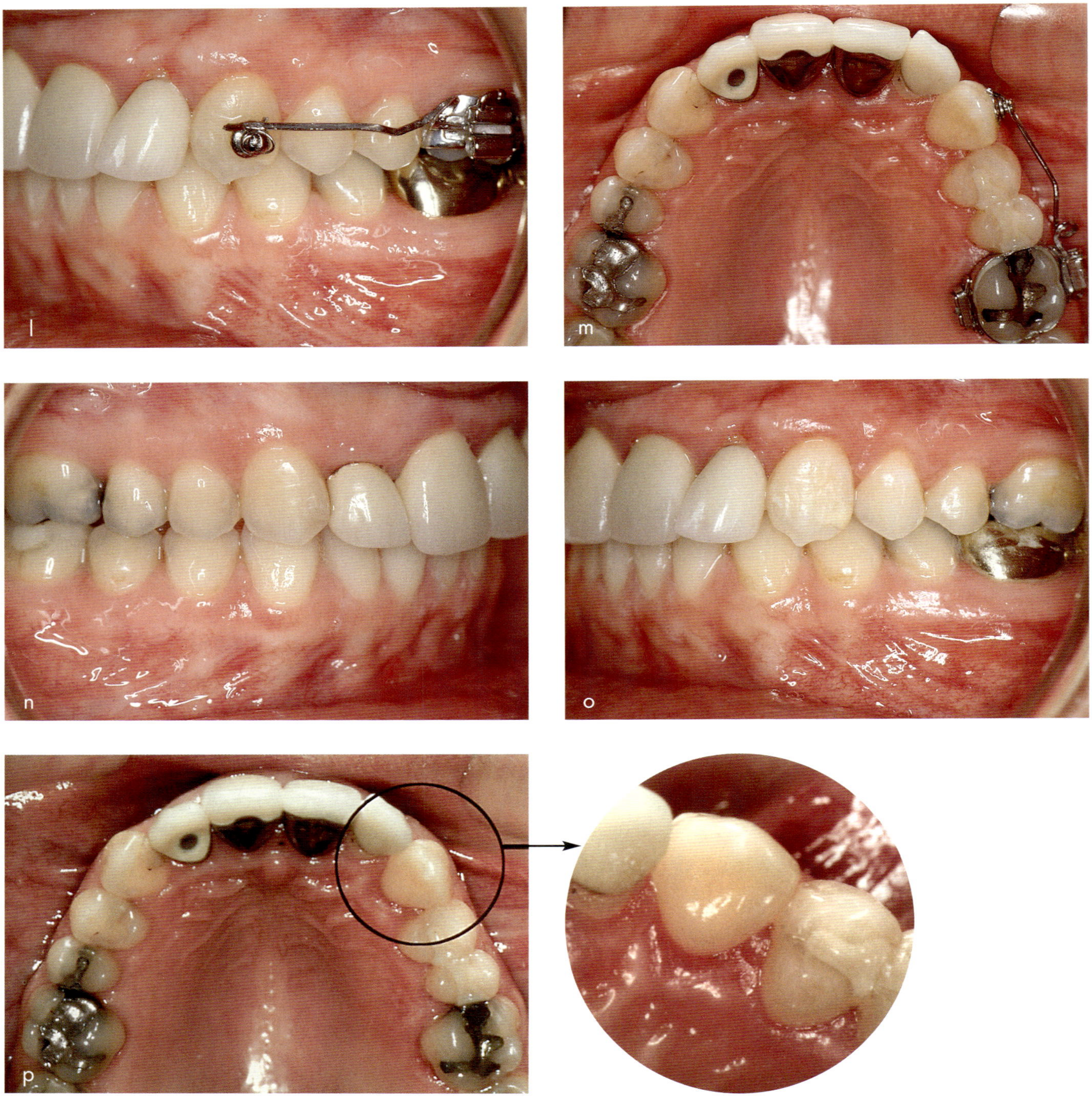

Abb. 6.6l bis r Zustand nach Einstellung des Zahnes 23 in den Zahnbogen, vor und nach Entfernung der Teilbebänderung. Gute Parodontalverhältnisse an Zahn 23. Retainer in regio 23 bis 24 zur Dauerstabilisierung.

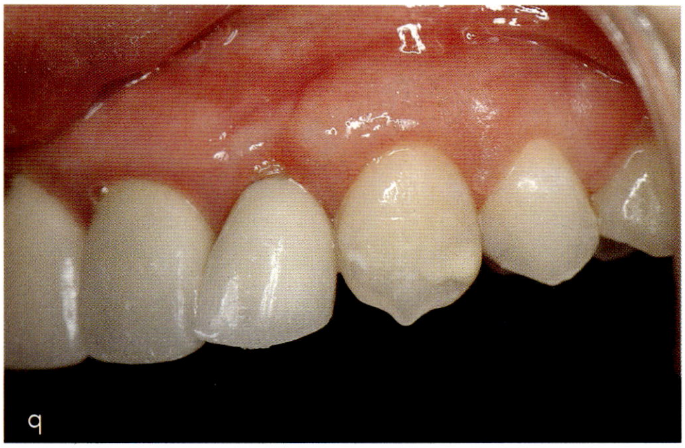

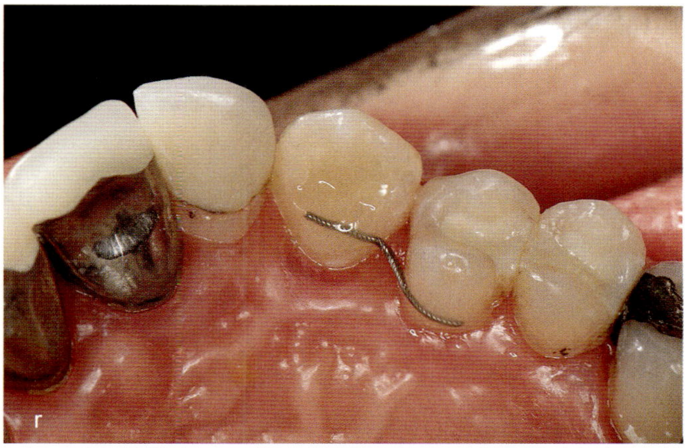

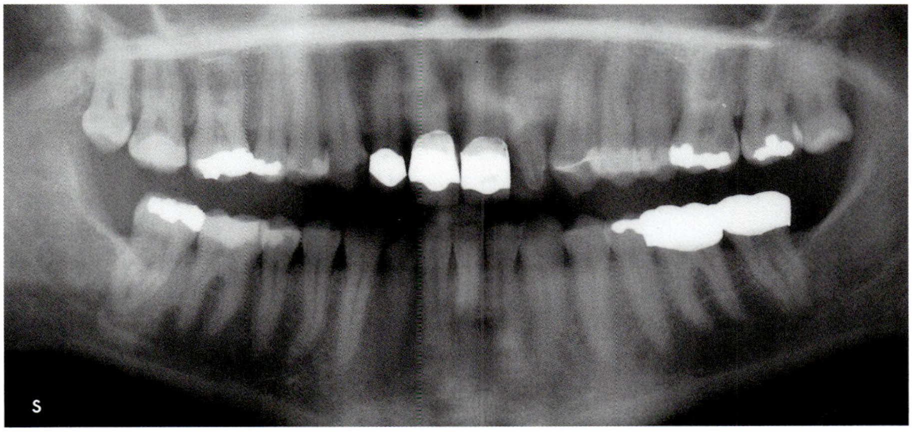

Abb. 6.6s OPG: Zustand nach der Einstellung des Eckzahnes.

Brackets beklebt. Die aktive Eruption wurde mit einem Teilbogen durchgeführt (Abb. 6.6f bis k). Da die Patientin einen Palatal-Bar zur Verstärkung der Verankerung ablehnte, wurden leichte Kräfte verwendet, um die Nebenwirkungen auf den Molaren gering zu halten.

Nach 7 Monaten Behandlungsdauer war der laterale Kreuzbiss rechts überstellt und Zahn 23 in den Zahnbogen eingeordnet (Abb. 6.6l bis r). Zur Dauerretention wurde im Oberkiefer ein Retainer an den Zähnen 23 und 24 befestigt (Abb. 6.6q).

Das OPG zeigte die akzeptable Stellung des eingestellten Eckzahnes (Abb. 6.6s).

6.1.2 Bukkal verlagerte Oberkiefereckzähne

Fall 1

Diagnose. Bei einer 14-jährigen Patientin war Zahn 23 trotz ausreichendem Platzangebot nicht durchgebrochen. Vestibulär war im Bereich des Eckzahnes eine leichte Auftreibung zu palpieren (Abb. 6.7a bis c).

Im Röntgenbild erwies sich Zahn 23 als retiniert (Abb. 6.7d).

Therapie. Der Zahn 23 wurde chirurgisch für die kieferorthopädische Einstellung vorbereitet (Abb. 6.7e).

Für die Einstellung des retinierten Eckzahnes wurden die Zähne 16 und 26 mit Bändern und einem Palatal-Bar versehen (Abb. 6.7i). Ein

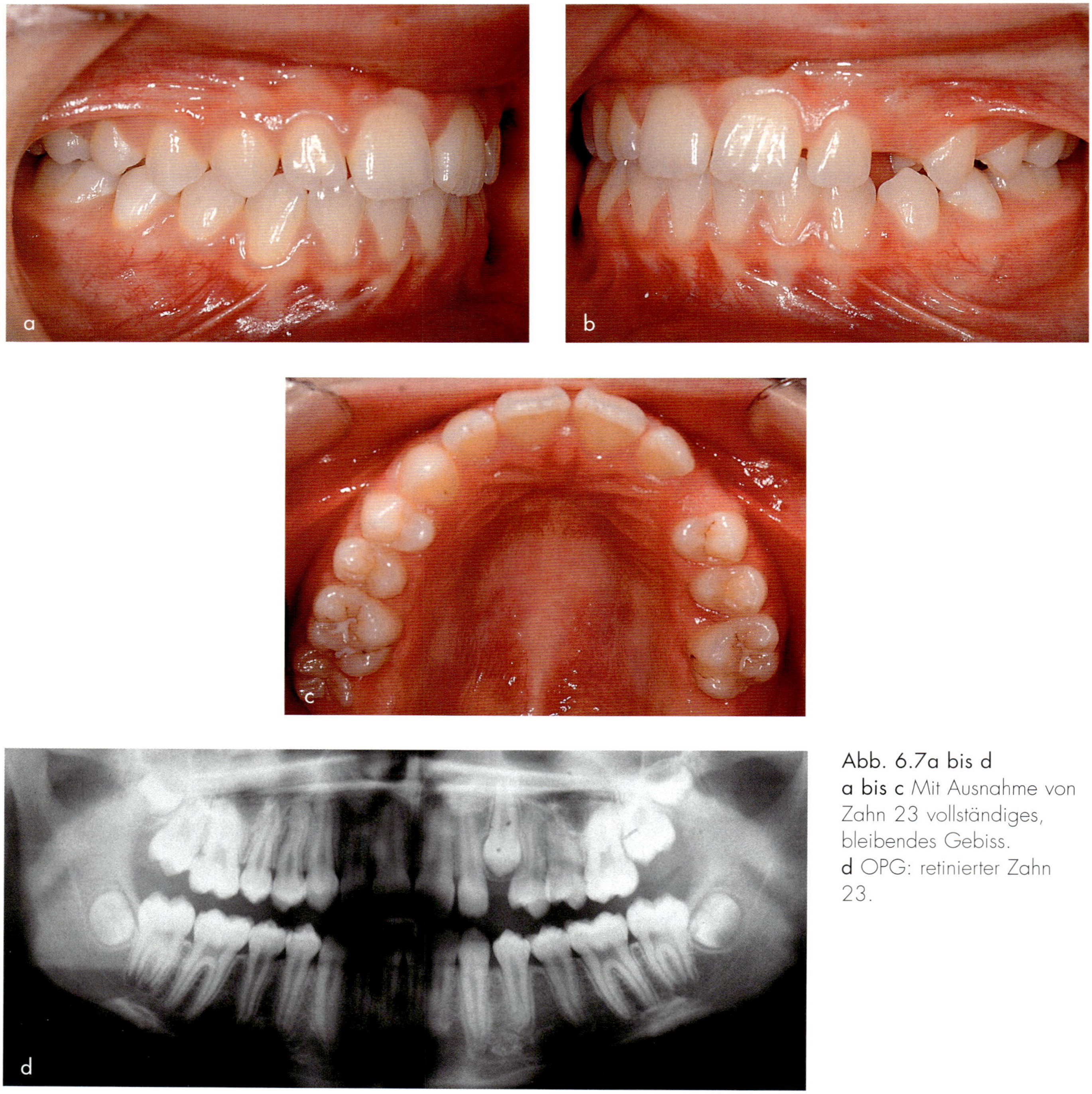

Abb. 6.7a bis d
a bis c Mit Ausnahme von Zahn 23 vollständiges, bleibendes Gebiss.
d OPG: retinierter Zahn 23.

Teilbogen initiierte die aktive Eruption des Eckzahnes (Abb. 6.7f und g). Nachdem der Eckzahn an seinen physiologischen Standort im Zahnbogen angenähert war (Abb. 6.7h und i), erfolgte zur Korrektur von Zahnfehlstellungen und zur Feineinstellung von Zahn 23, die vollständige Bebänderung des Oberkiefers (Abb. 6.7j bis l).

Abb. 6.7e bis l
e Röntgenkontrollbild nach intraoperativer Attachmentfixation.
f und g Teilbogen im passiven und aktiven Zustand (festgebunden am Eckzahn).
h und i Weitgehend erfolgte Eruption des Eckzahnes nach 4 Monaten.
j bis l Multibandapparatur im Oberkiefer zur Feineinstellung des Zahnes 23.

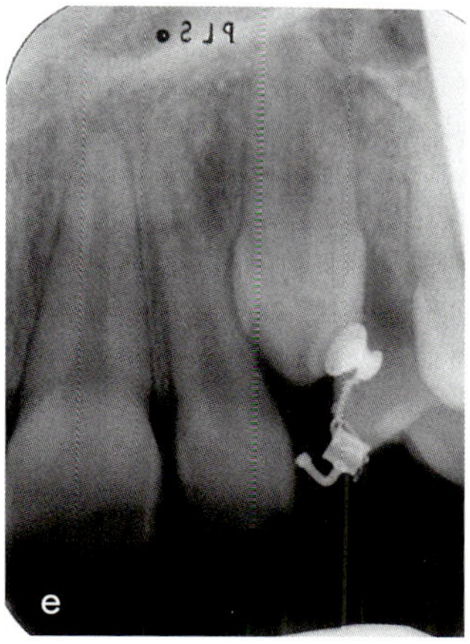

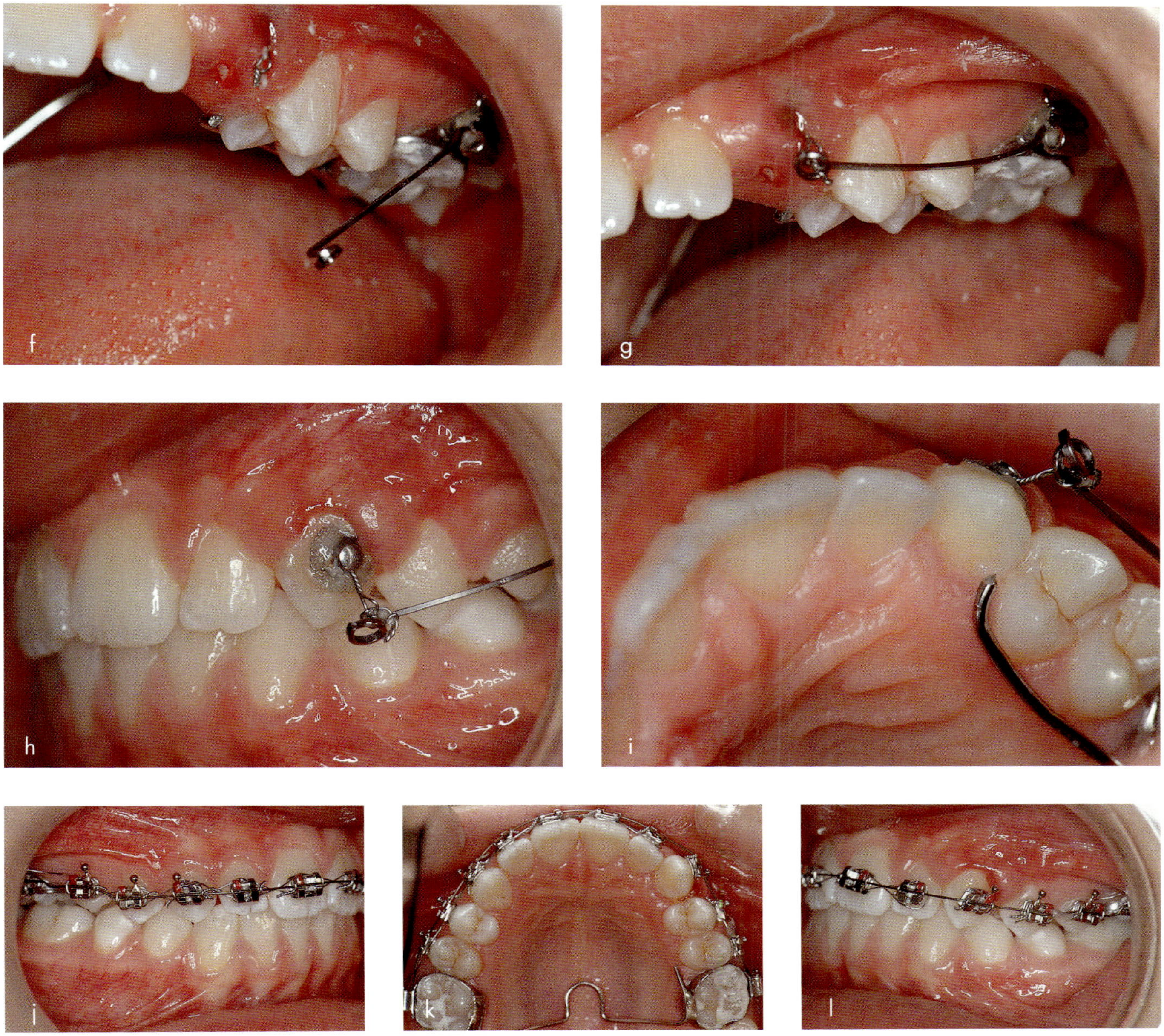

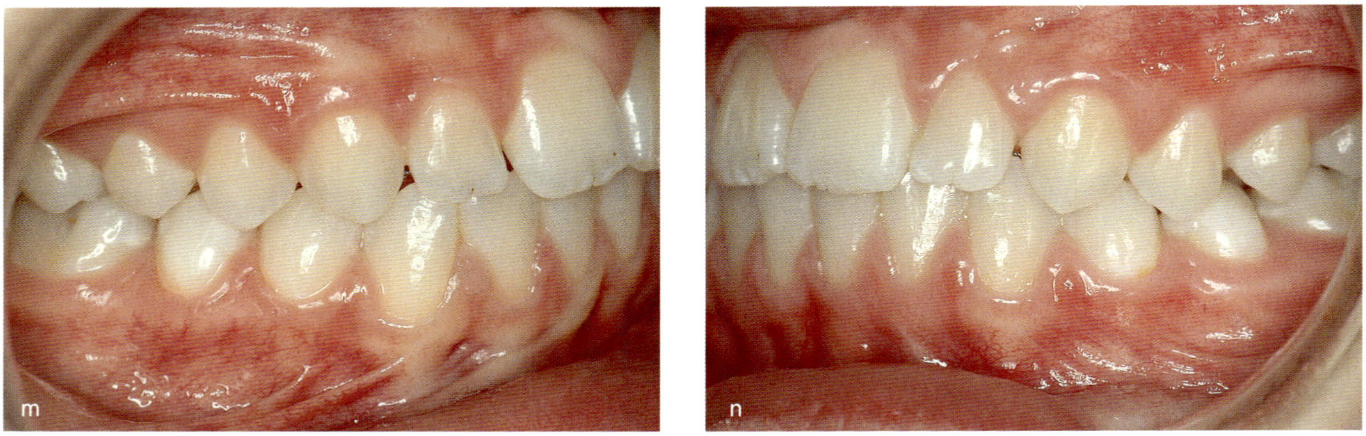

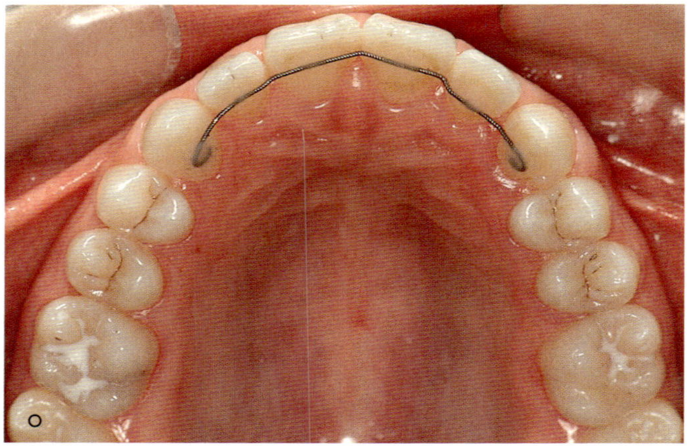

Abb. 6.7m bis s
m und n Situation nach Entfernung der festsitzenden Apparatur.
o Fixierter Retainer zur Dauerstabilisierung.
p bis s Gute posttherapeutische Parodontalverhältnisse.

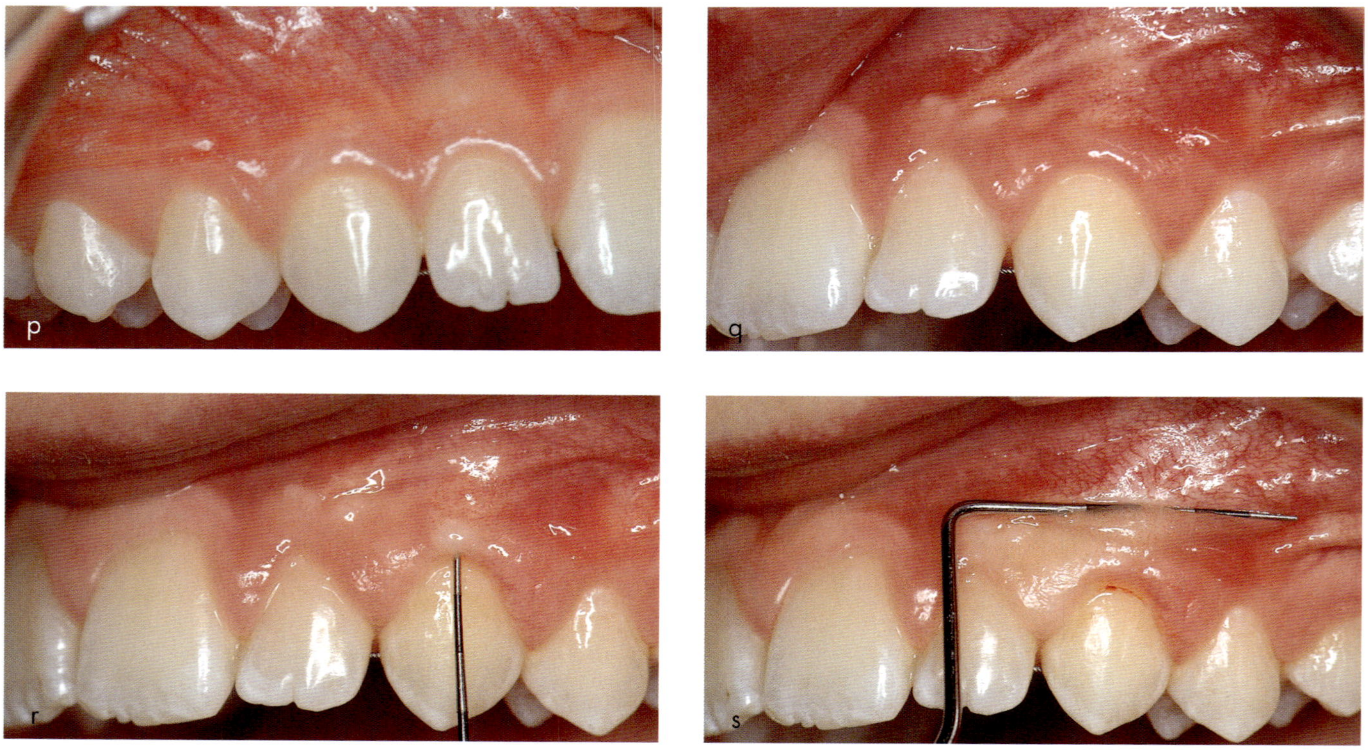

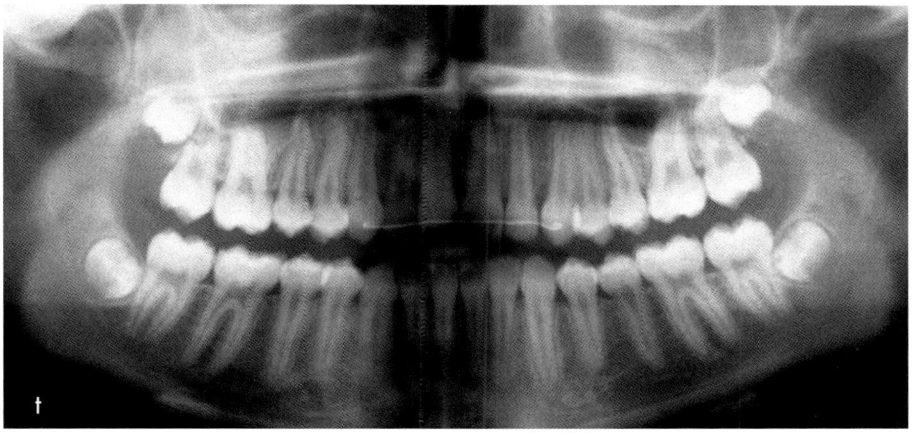

Abb. 6.7t OPG: Gute Situation zu Behandlungsende.

Nach 10 Monaten Behandlungsdauer wurde die festsitzende Apparatur entfernt (Abb. 6.7m und n).

Zur Dauerstabilisierung wurde im Oberkiefer ein Retainer fixiert (Abb. 6.7o).

Posttherapeutisch waren die Parodontalverhältnisse am kieferorthopädisch eingestellten Zahn 23 vergleichbar mit der Gegenseite (Abb. 6.7p bis s).

Im OPG waren gute Zahnachsen zu erkennen (Abb. 6.7t).

Fall 2

Diagnose. Bei einer 12-jährigen Patientin war Zahn 23 nicht durchgebrochen. Der benachbarte Zahn 22 hatte eine distale Kronenkippung (Abb. 6.8a bis c). Der Platz für Zahn 23 im Zahnbogen war knapp ausreichend. Vestibulär war im Bereich des Eckzahnes eine leichte Auftreibung zu palpieren.

Aus der im OPG nachvollziehbaren Nähe der Eckzahnkrone zur Wurzel des seitlichen Schneidezahnes war die Distalkippung des Zahnes 22 zu erklären (Abb. 6.8d).

Nach 6 Monaten ohne erfolgten Durchbruch des Zahnes 23 wurden eine Oberkieferaufbissaufnahme und ein Zahnfilm angefertigt, auf denen sich die Retention des Zahnes 23 zeigte (Abb. 6.8e und f).

Therapie. Mittels geschlossener Elongation wurde Zahn 23 chirurgisch für die kieferorthopädische Einstellung vorbereitet (Abb. 6.8g bis j).

Die Zähne 16 und 26 wurden mit Bändern versehen und zur Verankerung ein Palatal-Bar eingesetzt (Abb. 6.8k).

Eine vollständige Bebänderung mit entsprechender Beeinträchtigung für das subjektive Empfinden, die Ästhetik und die Mundhygienefähigkeit konnte anfangs vermieden werden.

Zur kieferorthopädischen Einstellung des retinierten Zahnes 23 kam ein Teilbogen zum Einsatz (Abb. 6.8l und m).

Nachdem der Eckzahn an seinen physiologischen Standort im Zahnbogen angenähert war, erfolgte zur Korrektur von Zahnfehlstellungen und zur Feineinstellung von 23 die vollständige Bebänderung (Abb. 6.8n bis q).

Die klinischen Bilder zeigen die Okklusion nach Abschluss der aktiven Behandlung. Es lag eine stabile funktionelle Okklusion und eine ästhetisch ansprechende Gingivakontur mit gesundem Parodontalzustand an Zahn 23 vor (Abb. 6.8r bis u).

Trotz stringenter Behandlung sowie mehrfacher Instruktion und Ermahnung der Patientin zu einer besseren Mundhygiene, kam es zu Entkalkungen an den Zähnen.

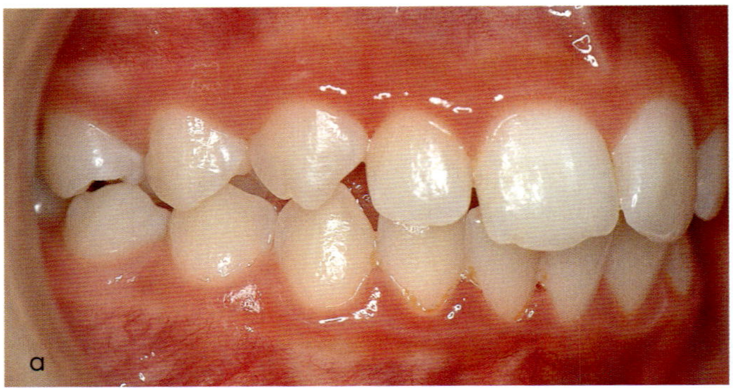

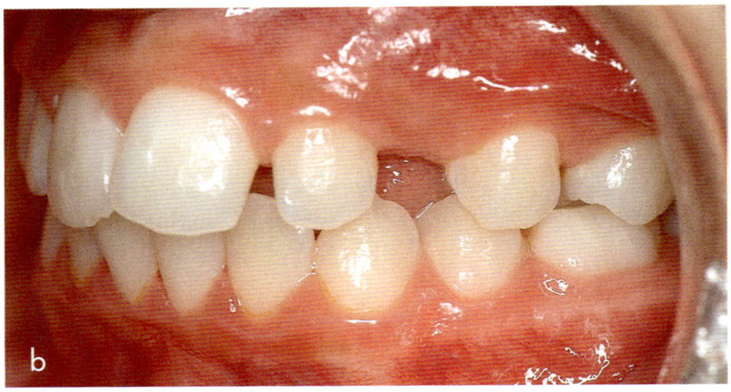

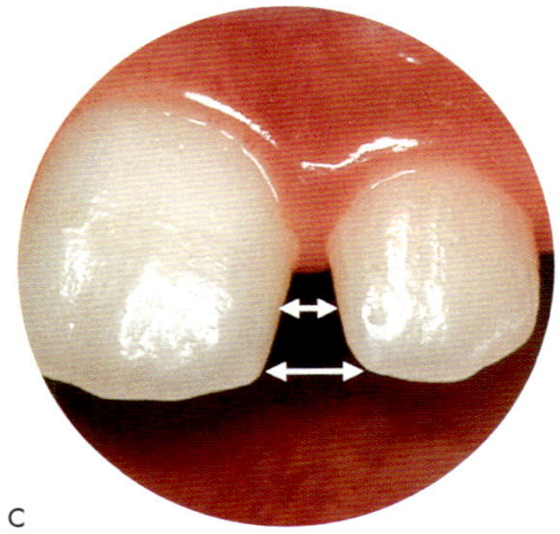

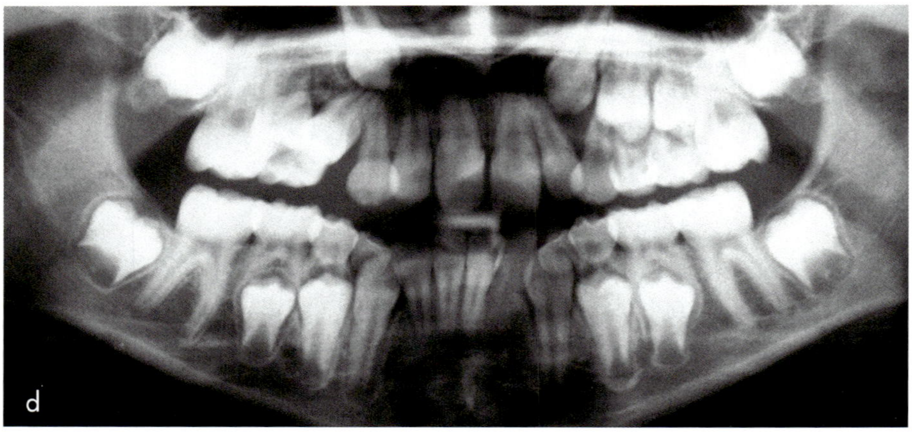

Abb. 6.8a bis f
a bis c Zahn 23 fehlt, distal gerichtete Kronenkippung von Zahn 22.
d OPG: Nähe der Krone von Zahn 23 zur Wurzel des Zahnes 22.
e und f Retention von Zahn 23.

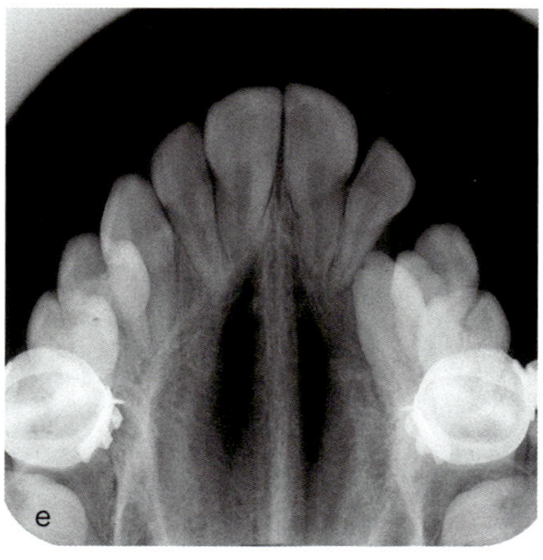

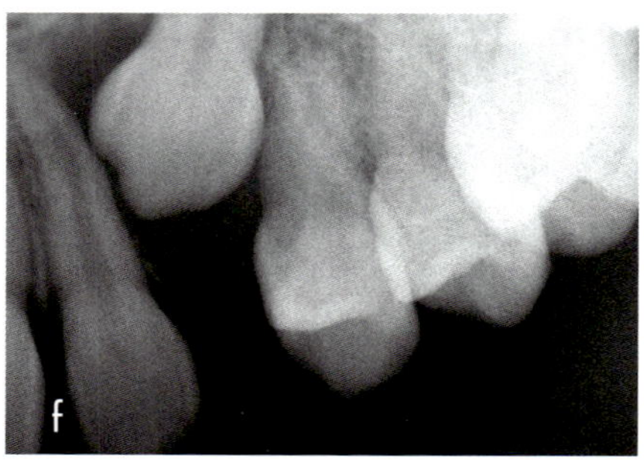

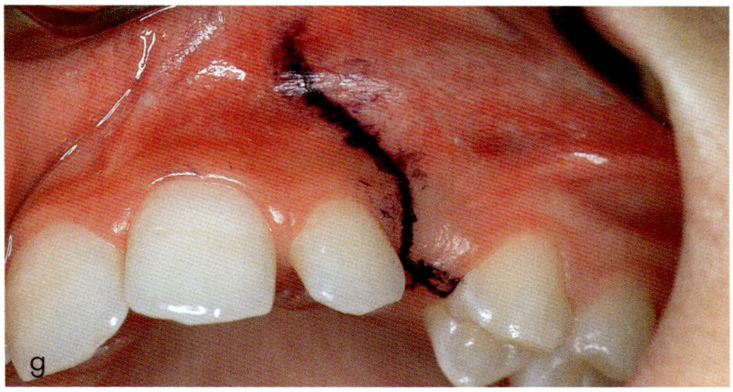

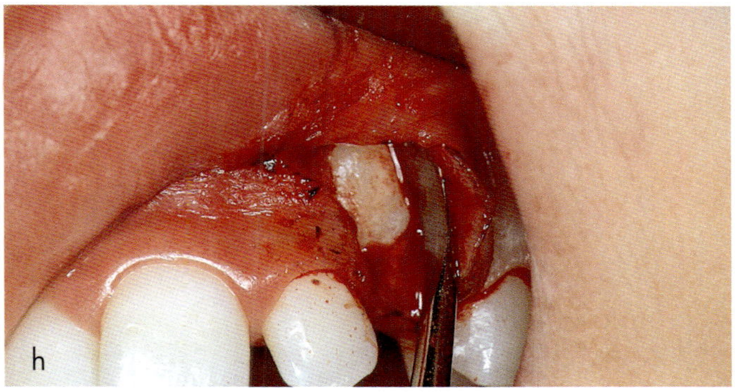

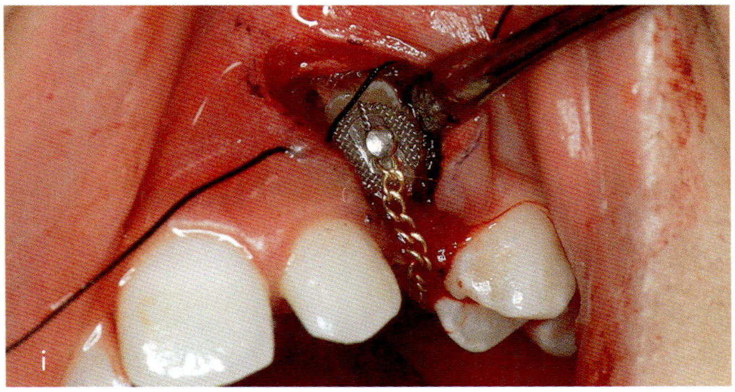

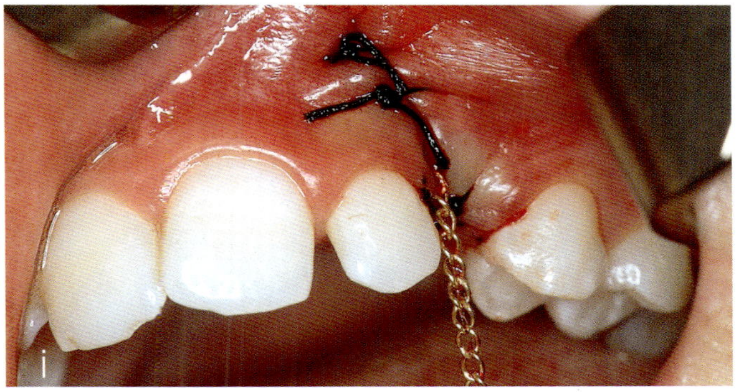

Abb. 6.8g bis m
g bis j Freilegung und Attachmentfixation von Zahn 23.
k Palatal-Bar in situ.
l und m Teilbogen im passiven und aktiven Zustand (festgebunden am Eckzahn).

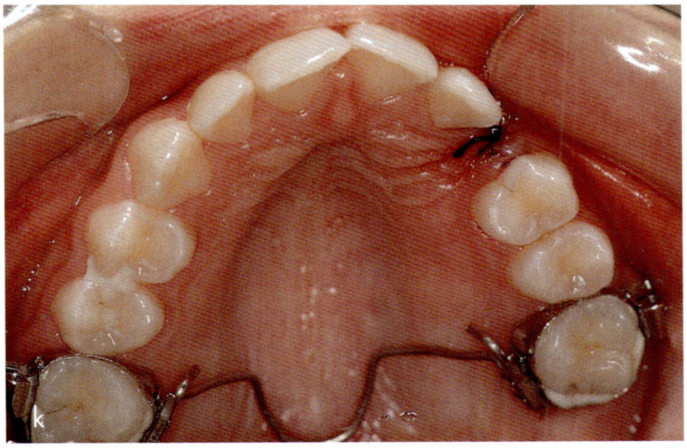

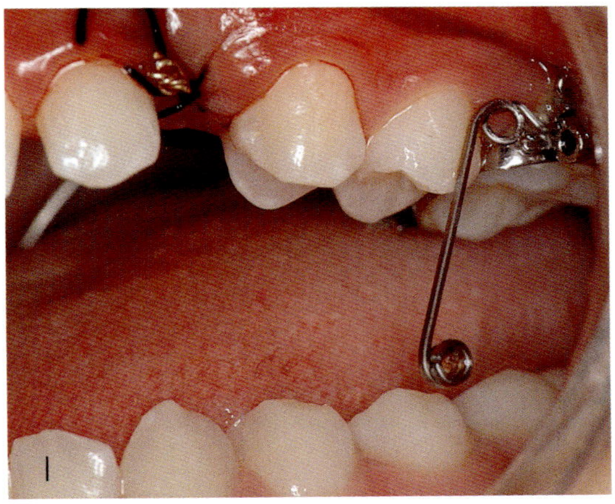

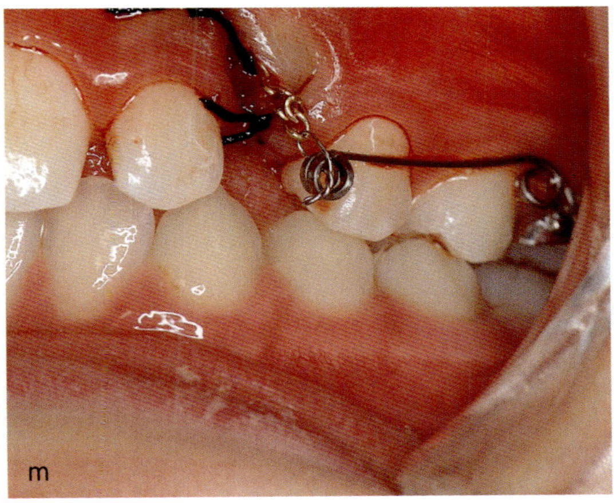

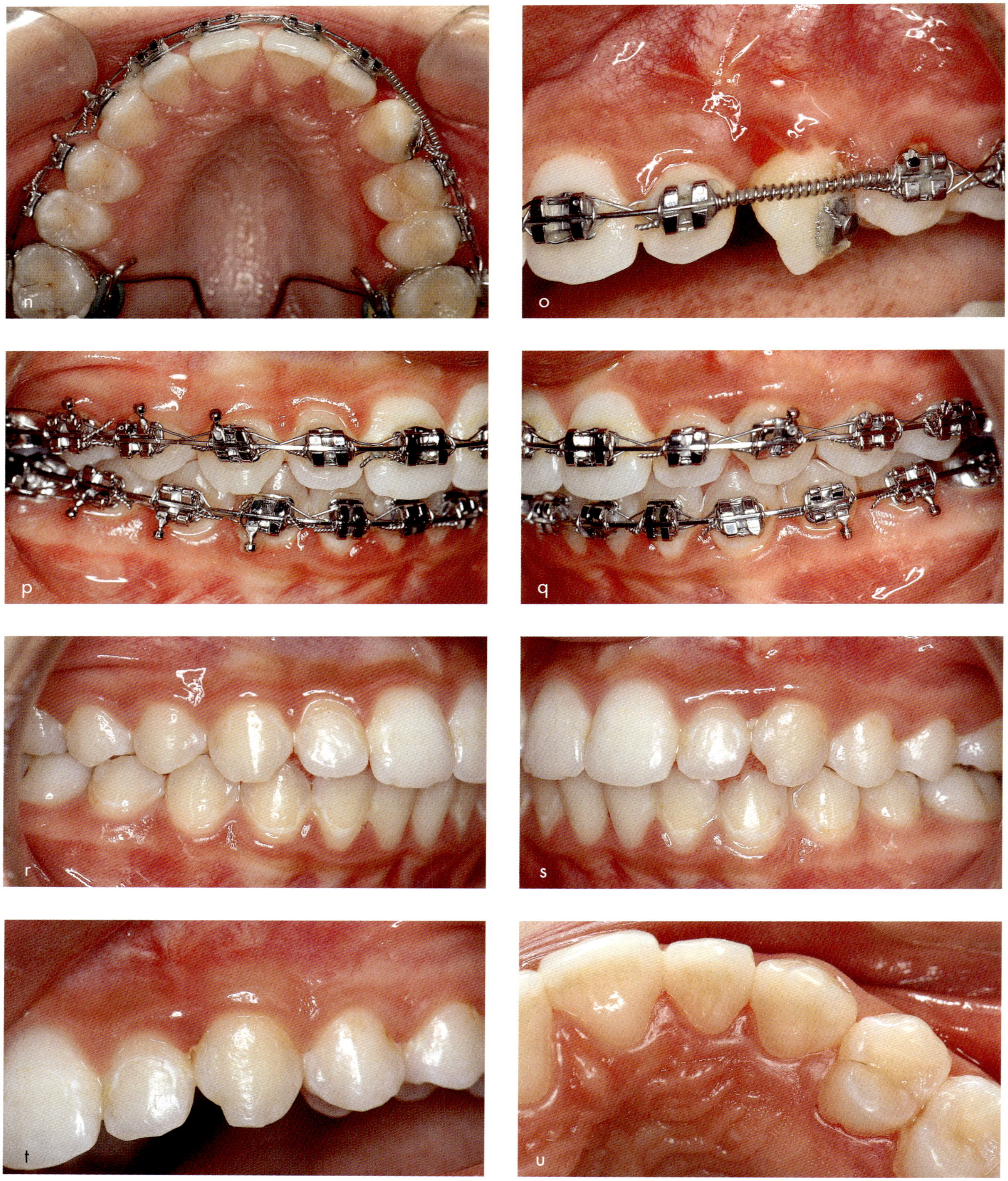

Abb. 6.8n bis u; n bis q Einbeziehung des Zahnes 23 in den Hauptbogen. **r bis u** Funktionelle Okklusion nach Abschluss der aktiven Behandlung und ästhetisch ansprechende Gingivakontur mit gesundem Parodontalzustand an Zahn 23.

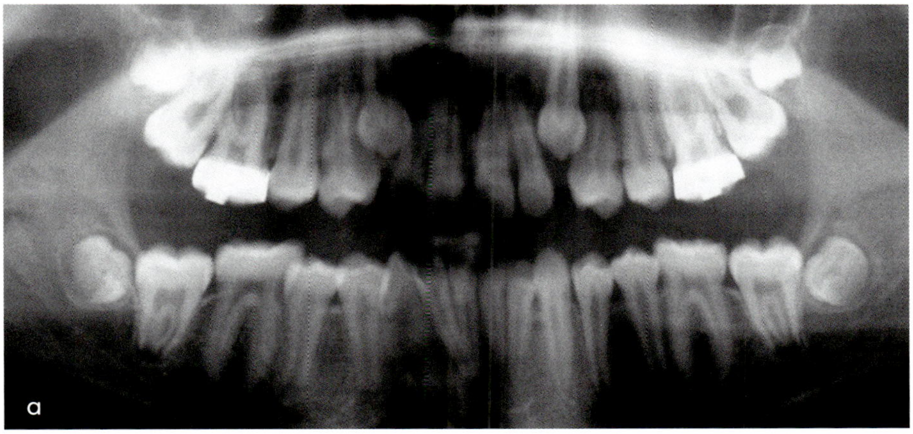

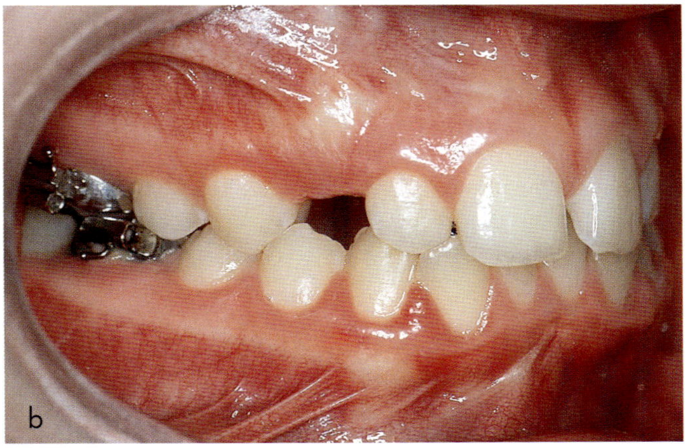

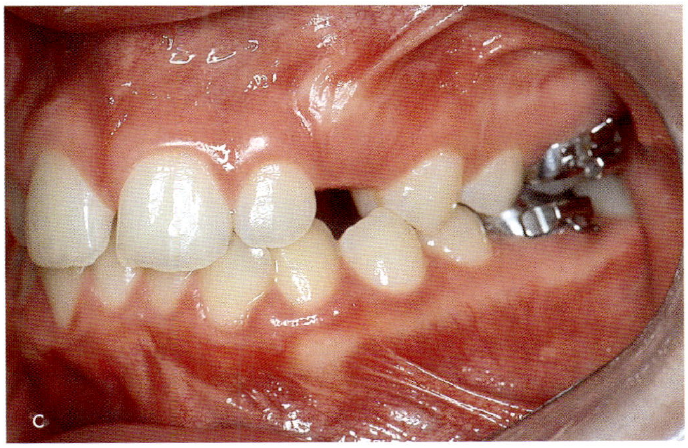

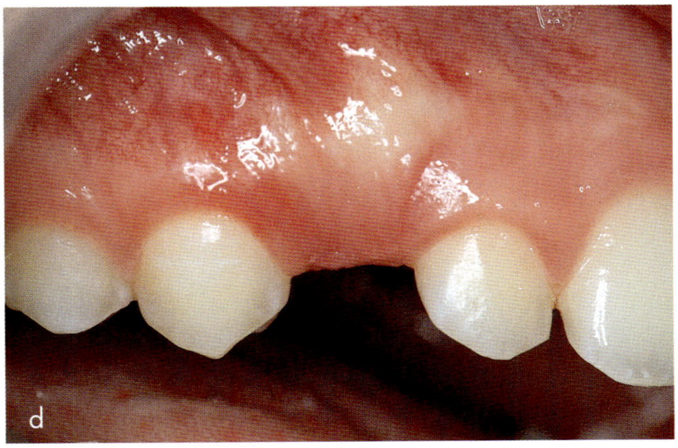

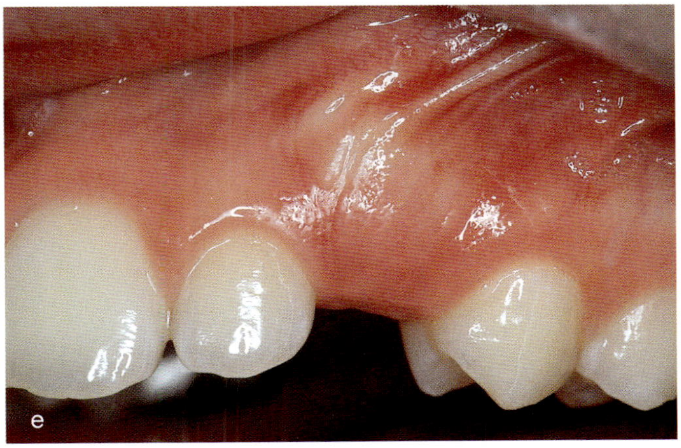

Abb. 6.9a bis e
a OPG: Retention der Zähne 13 und 23.
b bis e Trotz ausreichender Platzverhältnisse fehlender Durchbruch der Zähne 13 und 23.

FALL 3

Diagnose. Aufgrund von Platzmangel lag bei einem 12-jährigen Patienten eine Retention der Zähne 13 und 23 vor (Abb. 6.9a).

Trotz Platzbeschaffungsmaßnahmen brachen nach weiteren 6 Monaten die Eckzähne nicht durch. Im Bereich der Eckzähne waren Auftreibungen zu palpieren (Abb. 6.9b bis e).

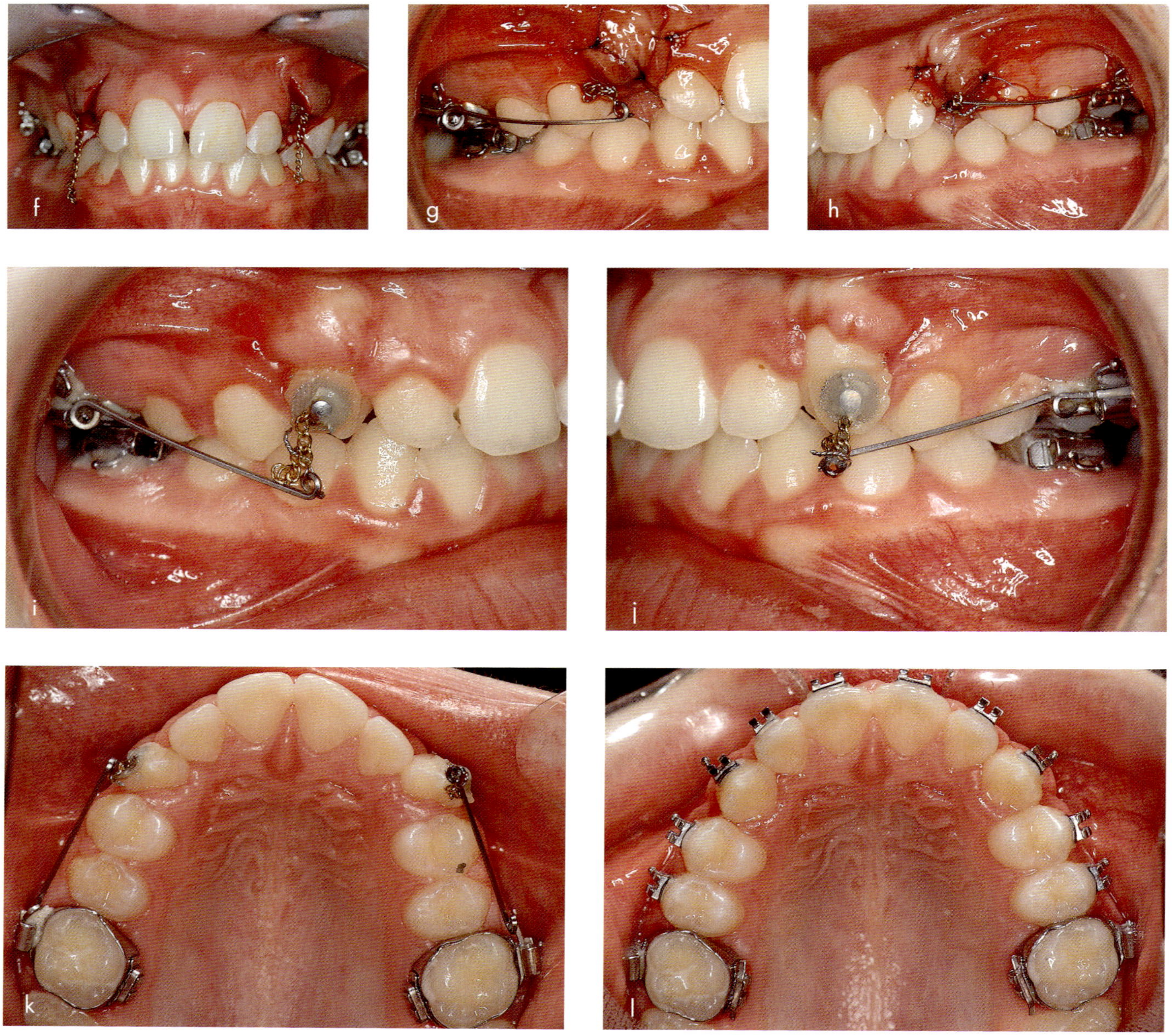

Abb. 6.9f bis l
f Freilegung und Attachmentfixation an den Zähnen 13 und 23.
g und h Teilbögen im aktiven Zustand (angebunden an den Eckzähnen).
i bis k Weitgehend erfolgte Eruption der Eckzähne mittels Teilbögen.
l Einbeziehung der Eckzähne in den Hauptbogen der Multibandapparatur.

Therapie. Im Rahmen der anstehenden kieferorthopädischen Einstellung der Zähne 13 und 23 wurde deren chirurgische Freilegung und Attachmentbefestigung durchgeführt (Abb. 6.9f). Da im Zahnbogen genügend Platz für die Einstellung der Eckzähne vorhanden war, konnte zu Beginn der aktiven Einstellung auf eine vollständige Bebänderung verzichtet werden. Die aktive Eruption begann mit Teilbögen in Kombination mit einem Palatal-Bar zur Veranke-

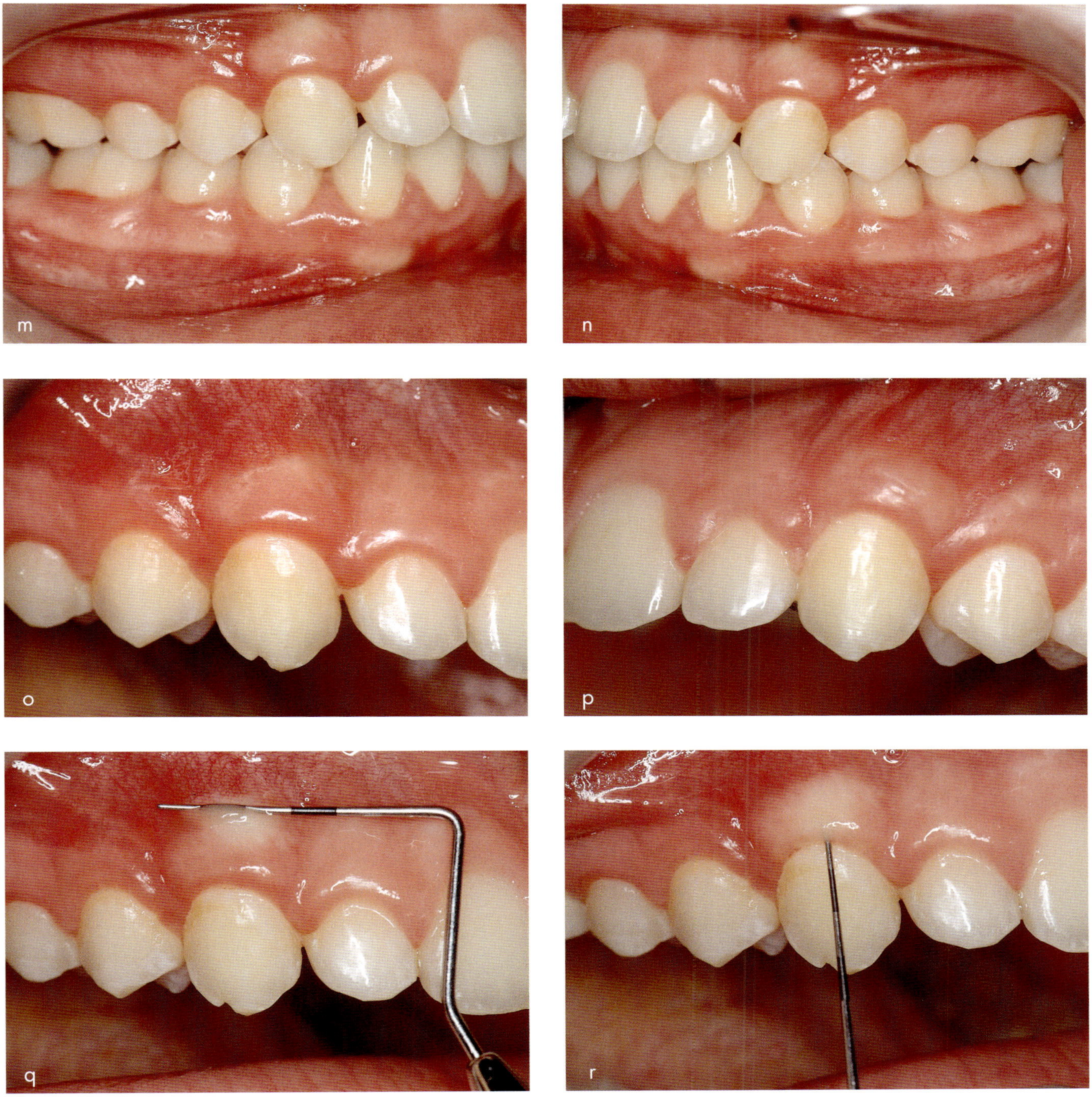

Abb. 6.9m bis r Situation nach Entfernung der festsitzenden Apparatur: gute Okklusion und Parodontalverhältnisse.

rung (Abb. 6.9g und h). Nachdem die Eckzähne ihrem physiologischen Standort im Zahnbogen angenähert waren (Abb. 6.9i bis k), erfolgte zur Korrektur von Zahnfehlstellungen und zur Feineinstellung der Eckzähne die vollständige Bebänderung von Ober- und Unterkiefer (Abb. 6.9l). Trotz seitengleichem Vorgehen kam es während der Behandlung zu ungleichen Parodontalverhältnissen. Der Parodontalzustand an den Eckzähnen verbesserte sich jedoch im

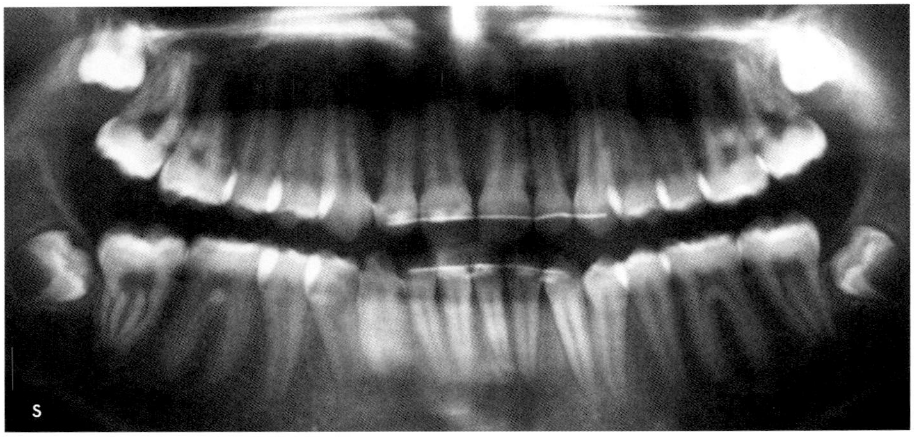

Abb. 6.9s OPG: Gute Zahnachsen nach abgeschlossener Einstellung der Zähne 13 und 23.

Verlauf der Behandlung zusehends und war am Ende der Behandlung seitengleich und unauffällig (Abb. 6.9m bis r).

Die Zähne 13 und 23 konnten bei unauffälligem Röntgenbefund in den Zahnbogen eingeordnet werden (Abb. 6.9s).

Fall 4

Diagnose. Bei einem 12½-jährigen Patienten fiel dem Zahnarzt der fehlende Durchbruch der Oberkiefereckzähne auf. Auf dem OPG zeigte sich, dass die Oberkiefereckzähne in Relation zum Wurzelwachstum zu weit von der Okklusionsebene entfernt und nach mesial geneigt waren (Abb. 6.10a). Der Platz im Zahnbogen war ausreichend.

Therapie. Da das Wurzelwachstum der Zähne 13 und 23 nahezu abgeschlossen war, wurde dem spontanen Durchbruch der Eckzähne keine große Wahrscheinlichkeit eingeräumt und die chirurgische Freilegung mit anschließender aktiver Einstellung beschlossen.

Da im Zahnbogen genügend Platz für die Einstellung der Eckzähne vorhanden war, konnte zu Beginn der aktiven Einstellung auf eine vollständige Bebänderung verzichtet werden. Zur aktiven Eruption wurden Teilbögen (17 x 25 TMA) in Kombination mit einem Palatal-Bar eingegliedert (Abb. 6.10b und c).

Nachdem die Eckzähne weitgehend an ihren physiologischen Standort im Zahnbogen angenähert waren, erfolgte die vollständige Bebänderung von Ober- und Unterkiefer (Abb. 6.10d bis f).

Nach 12 Monaten Behandlungsdauer erfolgte die Entfernung der Multibandapparatur. Die Eckzähne wurden bei ästhetisch und funktionell guten Verhältnissen in den Zahnbogen eingestellt (Abb. 6.10g bis s).

Das nach abgeschlossener, kieferorthopädischer Einstellung der Oberkiefereckzähne angefertigte OPG zeigt die akzeptable Stellung aller Wurzeln (Abb. 6.10t bis v).

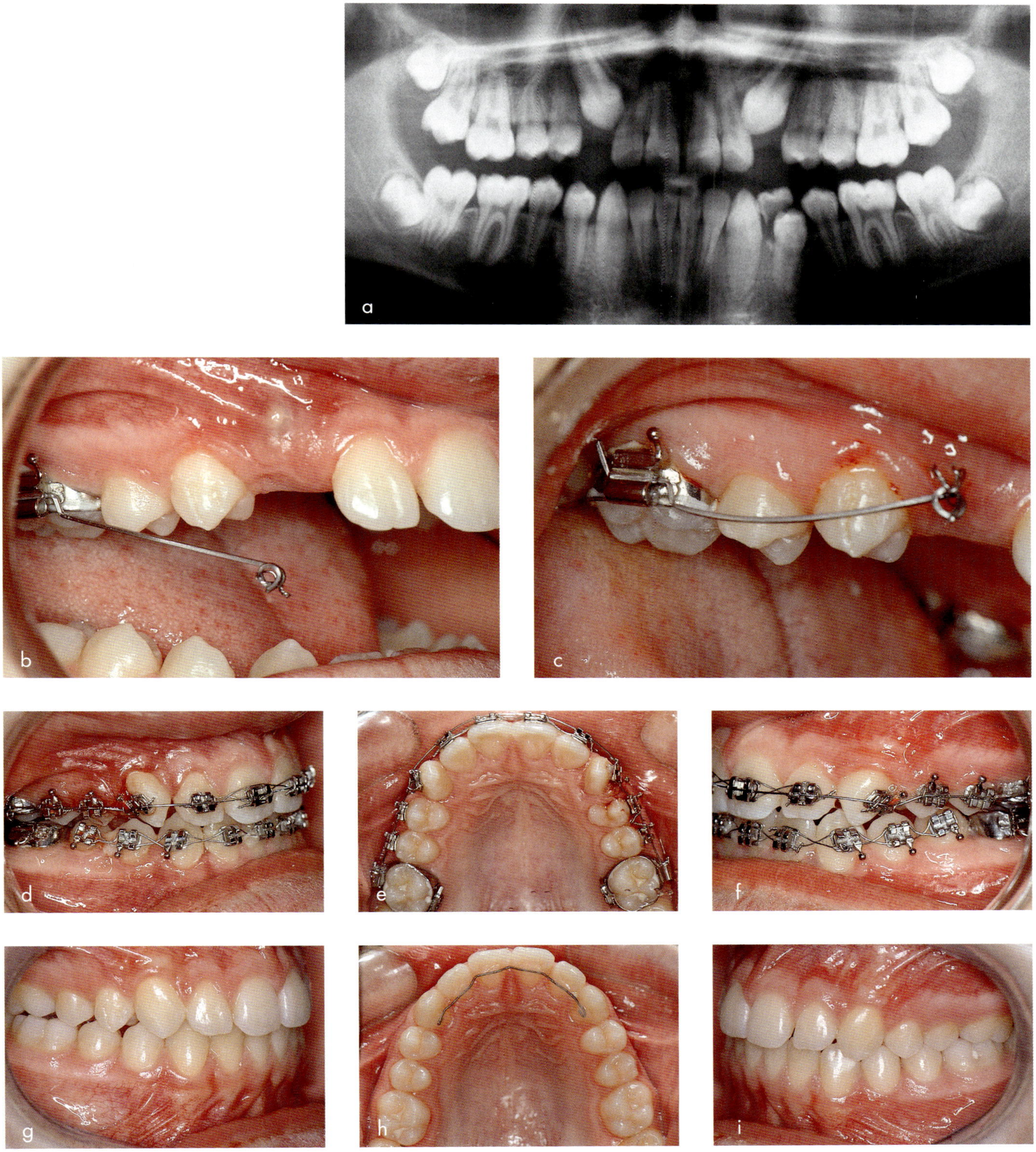

Abb. 6.10a bis i
a OPG: Retention und mesioanguläre Neigung der Zähne 13 und 23.
b und c Teilbogen im passiven und aktiven Zustand (angebunden am Eckzahn).
d bis f Einbeziehung der Eckzähne in den Hauptbogen der Multibandapparatur.
g bis i Funktionelle Okklusion nach Abschluss der aktiven Behandlung.

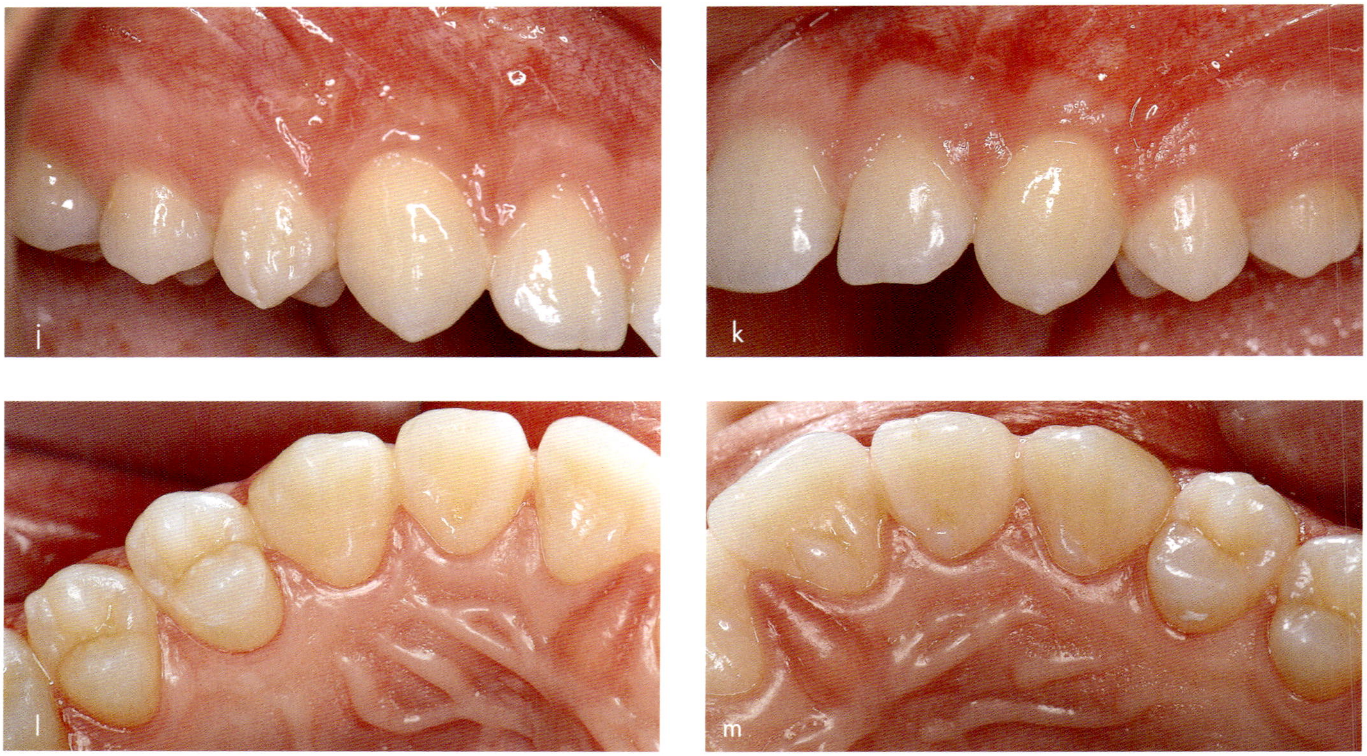

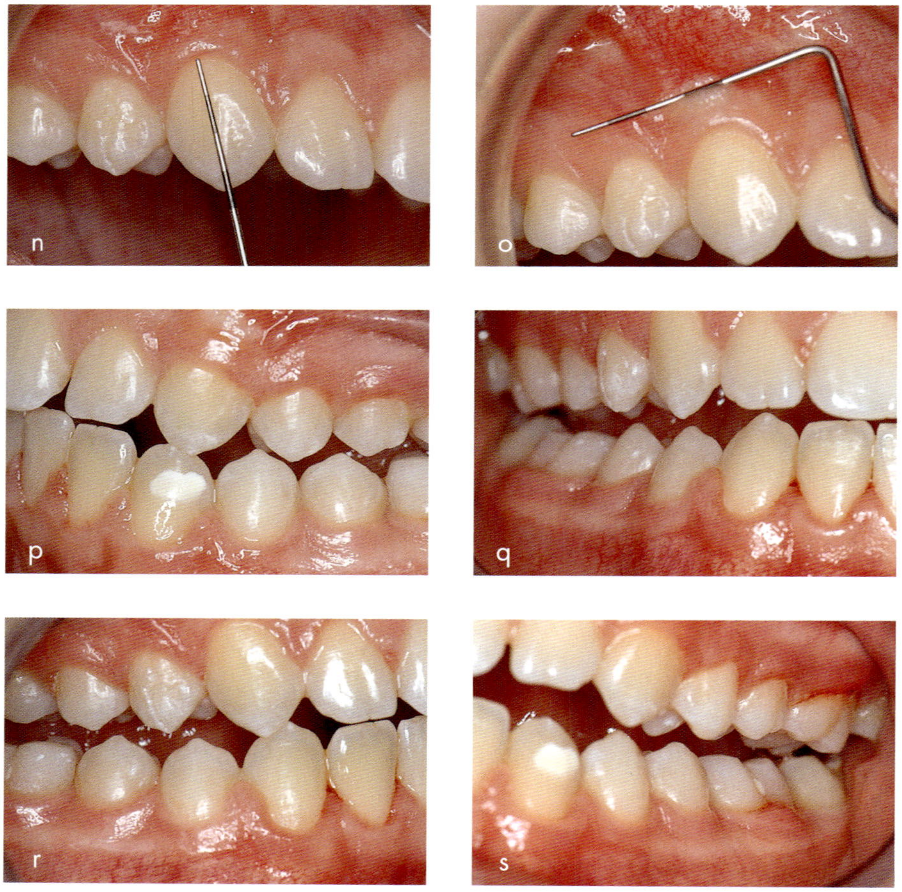

Abb. 6.10j bis s Ästhetisch ansprechende Gingivakontur mit gesundem Parodontalzustand der Zähne 13 und 23 mit Eckzahnführung ohne Balancekontakte.

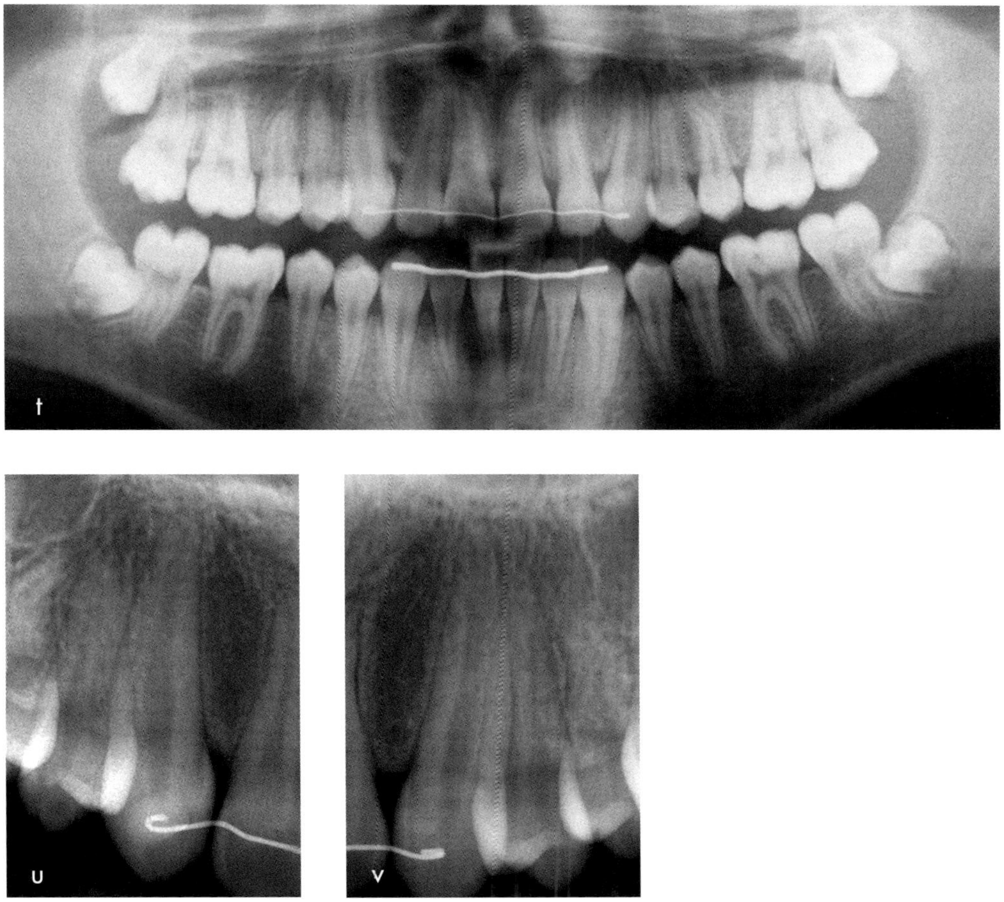

Abb. 6.10t bis v
Röntgenkontrollbilder ohne auffälligen Befund.

Fall 5

Diagnose. Bei einem 10-jährigen Patienten mit linksseitiger Lippen-Kiefer-Gaumenspalte fehlte Platz für Zahn 13 im Zahnbogen. Zahn 23 war nach erfolgter Osteoplastik palatinal durchgebrochen (Abb. 6.11a und b).

Zahn 23 wurde vor Entstehung eines Kreuzbisses durch einen Teilbogen nach bukkal bewegt (Abb. 6.11c bis f).

Anschließend erfolgte die Platzbeschaffung für Zahn 13 (Abb. 6.11g) und dessen Freilegung mittels geschlossener Elongation (Abb. 6.11h bis m). Mit der aktiven Eruption wurde unmittelbar nach dem operativen Eingriff begonnen. Hierfür fand ein Teilbogen Verwendung (Abb. 6.11n).

Nachdem der Eckzahn an seinen physiologischen Standort im Zahnbogen angenähert war (Abb. 6.11o und p), wurde der Zahn mit einem Bracket beklebt und an den Hauptbogen anligiert (Abb. 6.11q).

Zahn 13 wurde an Stelle des Zahnes 22 eingestellt (Abb. 6.11s).

Am Ende der aktiven Behandlung waren die Eckzähne bei akzeptablen ästhetischen und funktionellen Verhältnissen in den Zahnbogen eingeordnet (Abb. 6.11r und t).

Zur Verbesserung der dentalen Ästhetik wurde Zahn 23 mit Komposit zu einem seitlichen Schneidezahn umgeformt (Abb. 6.11u).

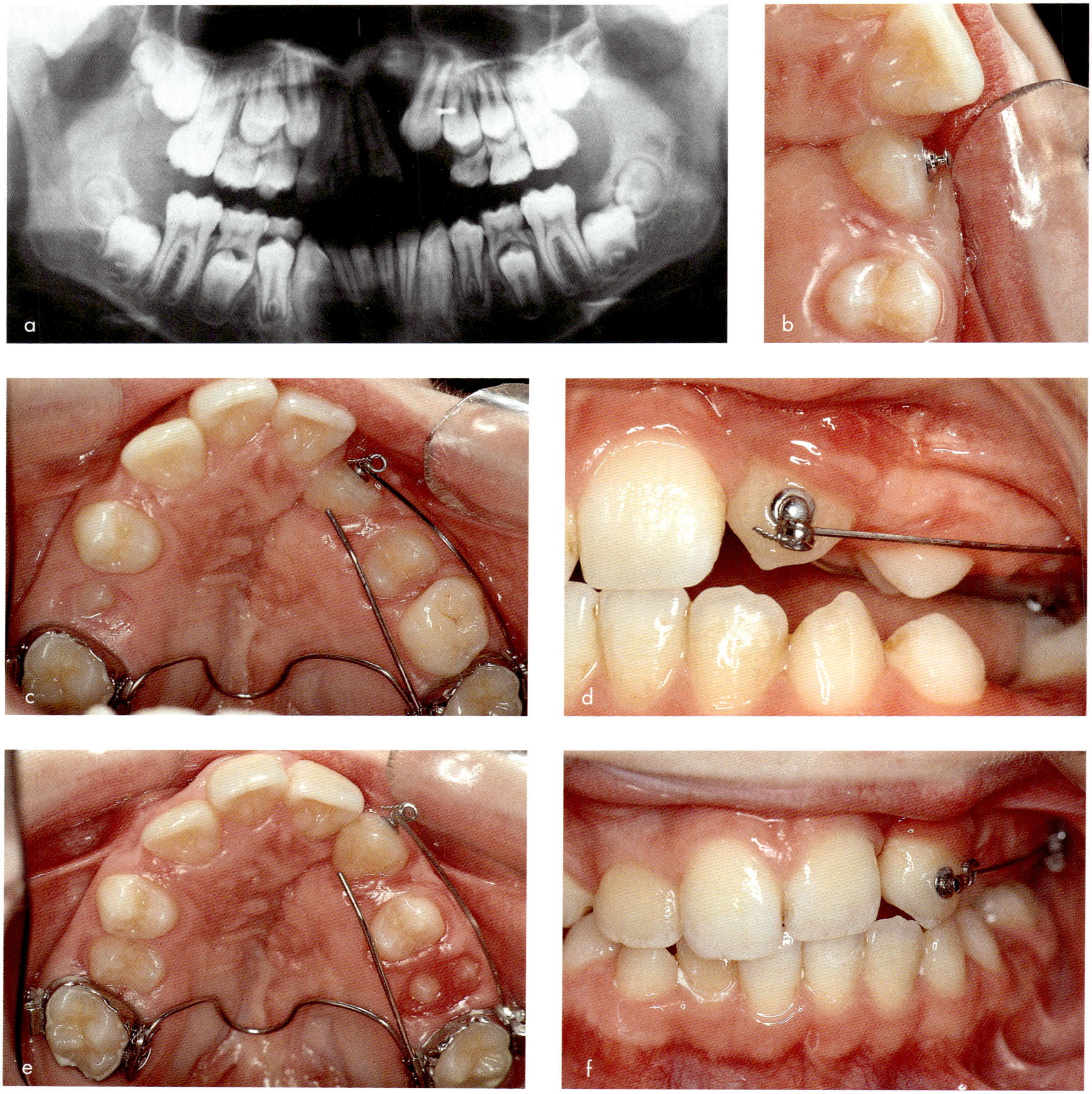

Abb. 6.11a bis f

a OPG: Linksseitige Lippen-Kiefer-Gaumenspalte. Zahn 22 fehlt, Platzmangel für Zahn 13.

b Palatinale Position von Zahn 23.

c bis f Bukkalbewegung des Zahnes 23 mittels eines Teilbogens.

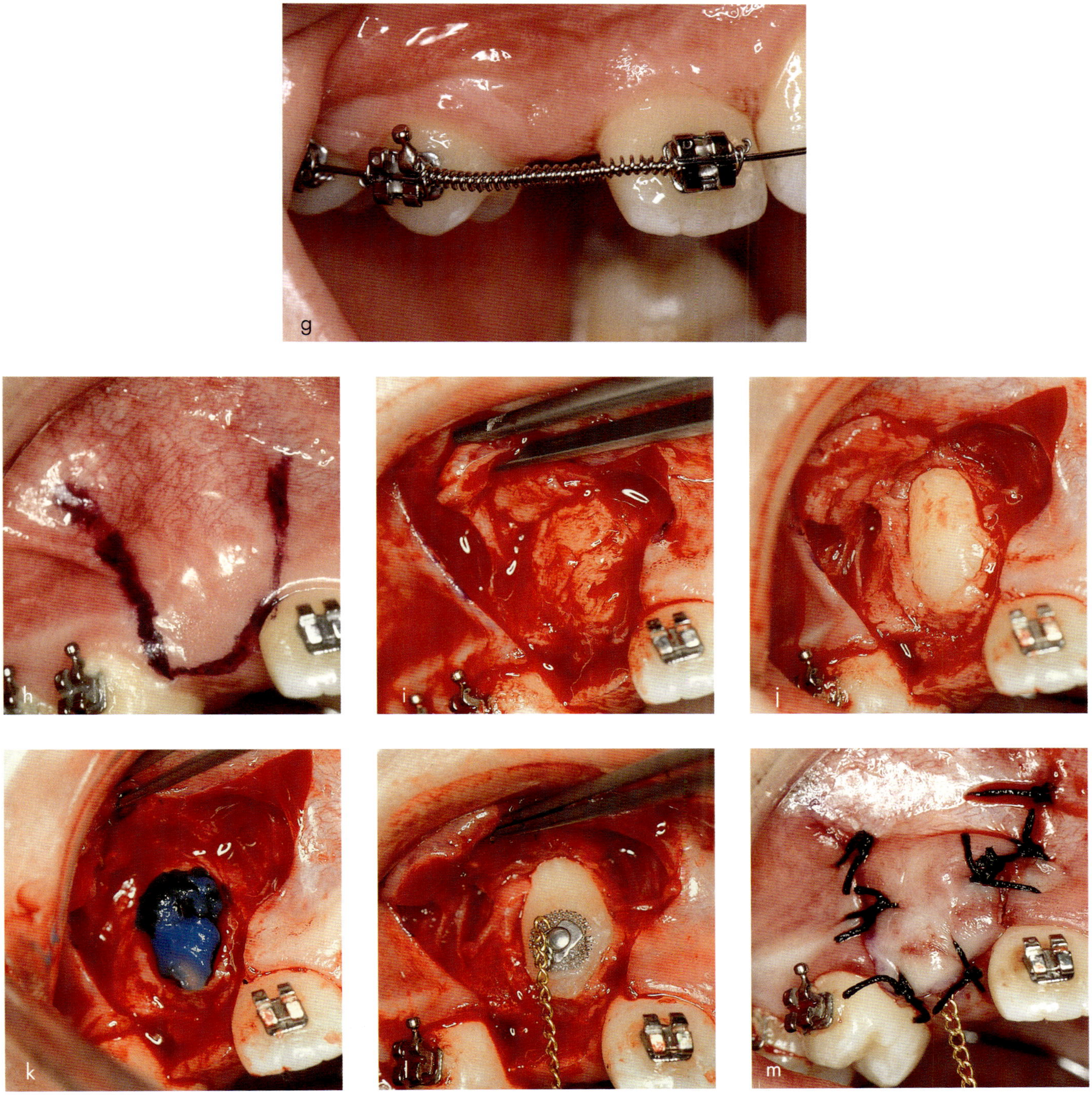

Abb. 6.11g bis m
g Platzbeschaffung für Zahn 13.
h bis m Freilegung und Attachmentfixation an Zahn 13.

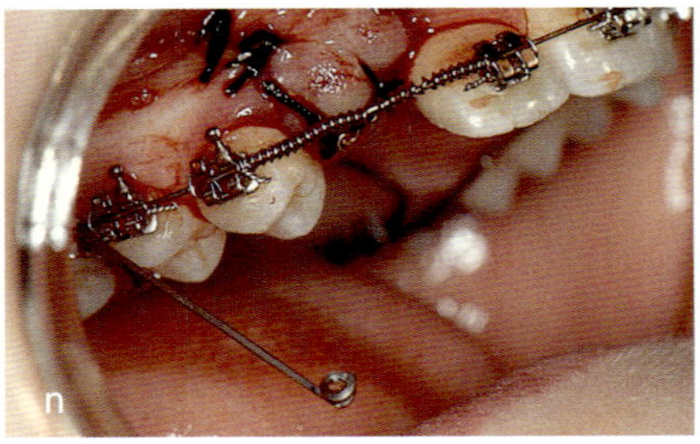

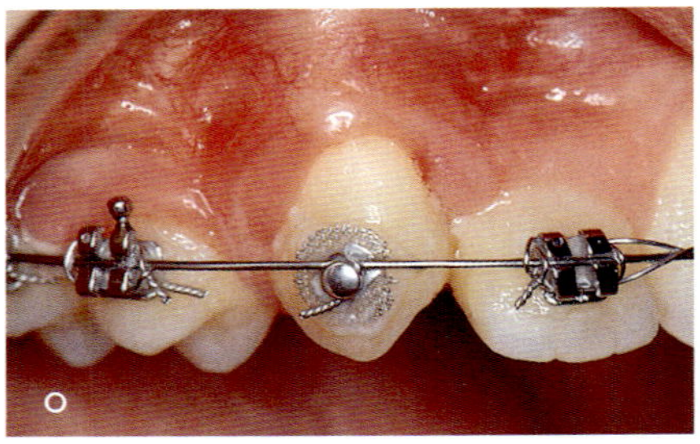

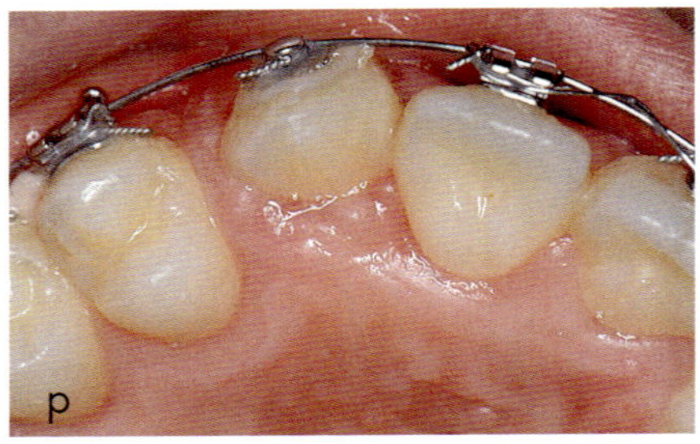

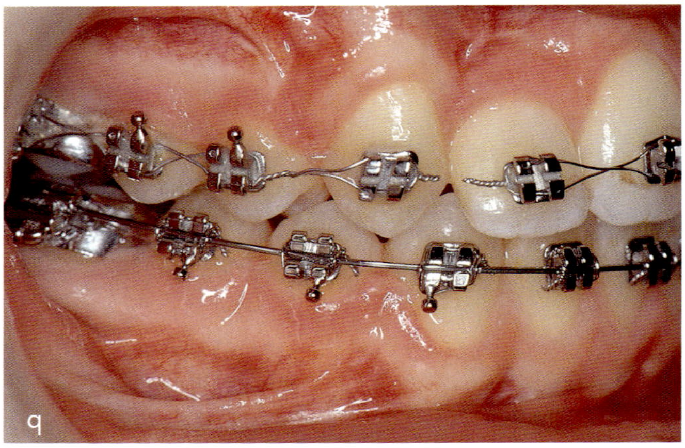

Abb. 6.11n bis q
n Teilbogen zur aktiven Eruption von Zahn 13 im passiven Zustand.
o und p Situation nach weitgehend erfolgter Eruption mit dem Teilbogen, vor Anbindung an den Hauptbogen.
q Einbeziehung des Eckzahnes in den Hauptbogen der Multibandapparatur.

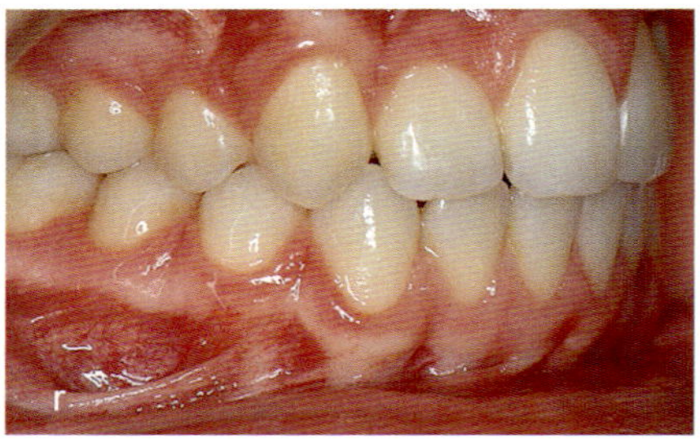

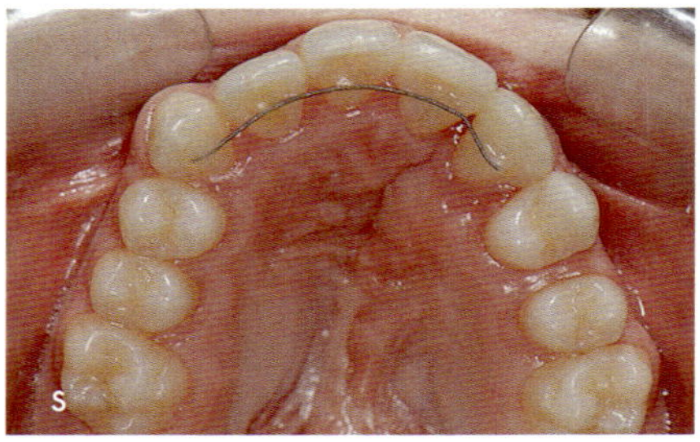

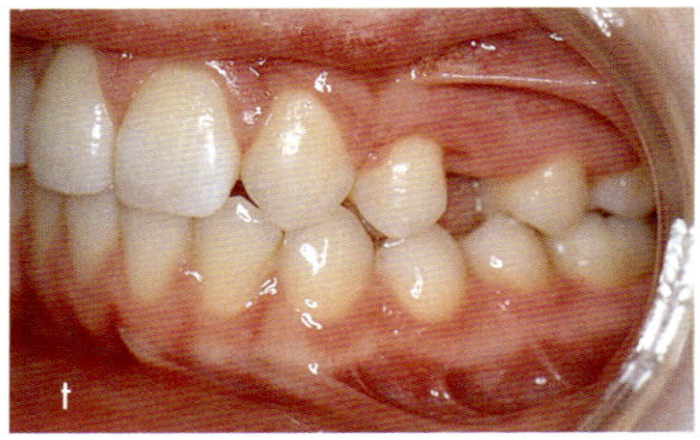

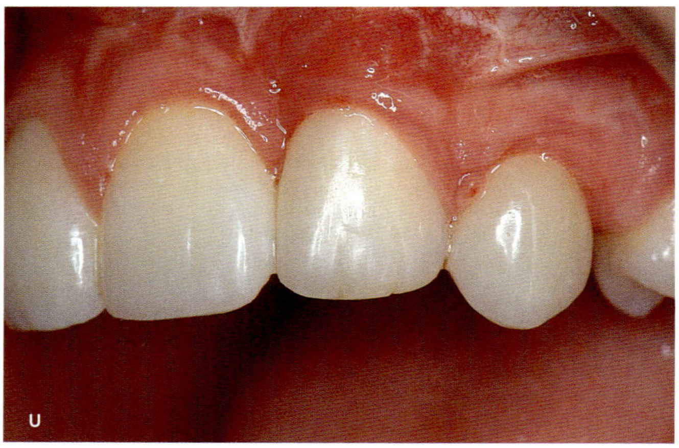

Abb. 6.11r bis u
r bis t Situation nach Entfernung der festsitzenden Apparatur: gute Okklusion und Parodontalverhältnisse.
u Zustand nach Umformung des Zahnes 23 zu einem seitlichen Schneidezahn mit Komposit.

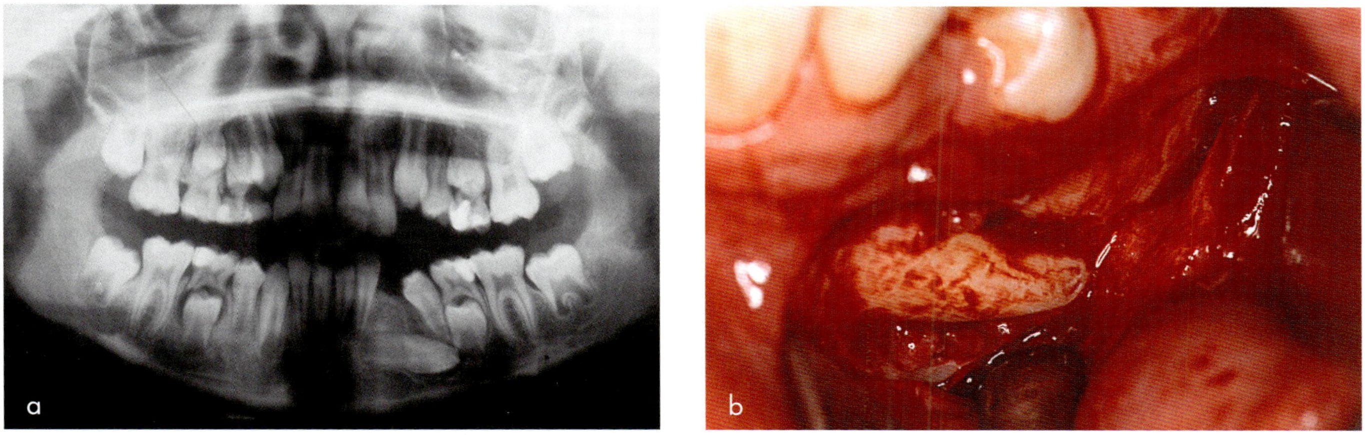

Abb. 6.12a und b **a** OPG: horizontal verlagerter Zahn 33. **b** Klinische Situation: Aufgrund der extremen Verlagerung ist die kieferorthopädische Einstellung von Zahn 33 nicht ohne Schädigung benachbarter Strukturen durchführbar. Die Extraktion von 33 ist indiziert.

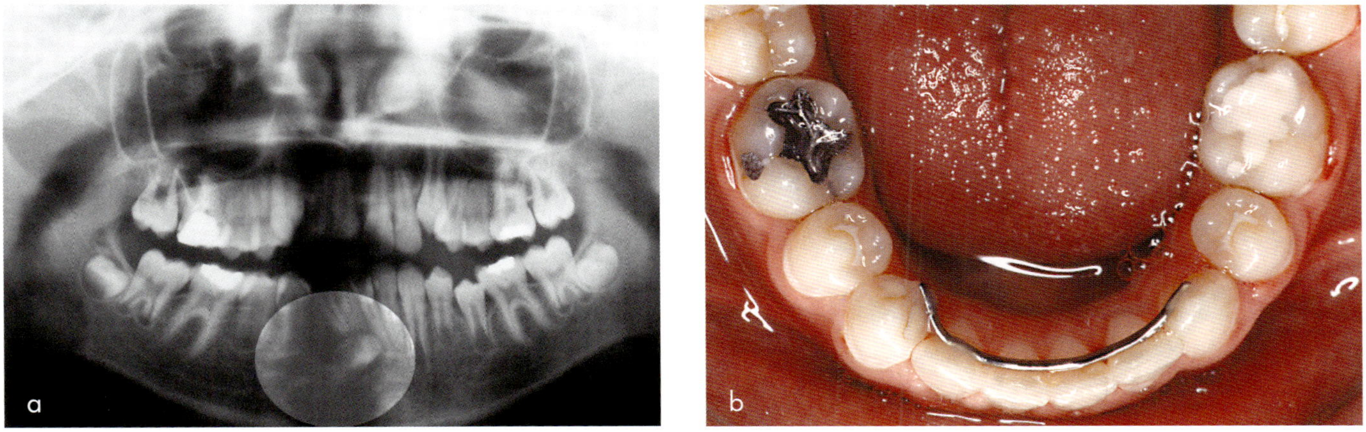

Abb. 6.13a und b **a** OPG: horizontale Verlagerung von Zahn 43, der mit der Höckerspitze bis über die Mittellinie reicht. Zahn 42 steht direkt an 44. **b** Zustand nach Extraktion von Zahn 43 und Lückenschluss im Bereich des Eckzahnes.

6.1.3 Unterkiefereckzähne

Die Einstellung verlagerter Unterkiefereckzähne, wenn auch biomechanisch machbar, führt aufgrund der zumeist notwendigen, ausgeprägten Zahnbewegungen und der schmalen Kieferbreite in aller Regel zur iatrogenen Schädigung benachbarter Zähne oder zu schlechten Parodontalverhältnissen. Da zudem die Eckzähne sehr oft stark verlagert sind (Abb. 6.12a und b), ist deren kieferorthopädische Einstellung nur in Ausnahmefällen indiziert.

In Fällen mit verlagerten Unterkiefereckzähnen beschränkt sich die Therapie meistens auf die Extraktion des verlagerten Zahnes. Anschließend kann bei entsprechender Situation der kieferorthopädische Lückenschluss erfolgen (Abb. 6.13a und b).

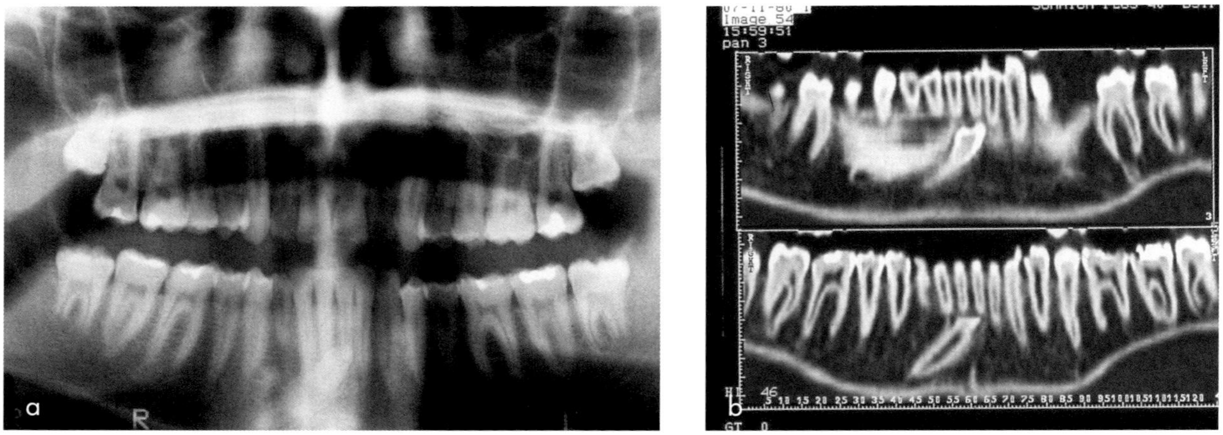

Abb. 6.14a und b **a** OPG: horizontal verlagerter Zahn 43 mit Persistenz von Zahn 83. **b** CT-Aufnahme: Aufgrund der Nähe zu den Wurzeln der Schneidezähne und der guten Wurzel von 83 wurde die kieferorthopädische Einstellung des Zahnes 43 nicht durchgeführt.

Bei Persistenz des Milcheckzahnes und sonst geringem kieferorthopädischen Behandlungsbedarf, kann man sich auf die Extraktion des verlagerten Zahnes beschränken. Dabei sollte jedoch die Exfoliation des Milchzahnes einkalkuliert und dessen prothetischer Ersatz zu einem späteren Zeitpunkt, z. B. durch ein Implantat, möglich sein. Wäre dies aufgrund fehlenden Platzangebotes im Zahnbogen nicht durchführbar, sollte im Rahmen einer evtl. nötigen kieferorthopädischen Gesamtbehandlung über eine Platzbeschaffung nachgedacht werden (Abb. 6.14a und b). Um den geschaffenen Platz zu halten, kann der persistierende Milchzahn mit Komposit aufgebaut werden.

Fall 1

Diagnose. Bei einer 15-jährigen Patientin persitierte der Milchzahn 83 (Abb. 6.15a bis c). In regio 43 wurde, im Vergleich zur Gegenseite, bukkal eine leichte Auftreibung palpiert.

Auf dem OPG war ein Odontom in regio 43 zu erkennen, das zur Verlagerung und Retention des bleibenden Eckzahnes geführt hatte (Abb. 6.15d).

Therapie. Nach chirurgischer Entfernung des Odontoms und Freilegung des Zahnes 34 erfolgte dessen kieferorthopädische Einstellung (Abb. 6.15e bis k). Zu Beginn der Behandlung wurde unter Einsatz einer Platte und leichten Gummizügen die aktive Eruption vorgenommen. Für die endgültige Einordnung des Zahnes 43 wurde mit Teilbögen und Zugfedern gearbeitet. Klinisch war eine Rezession an dem eingestellten Zahn zu sehen.

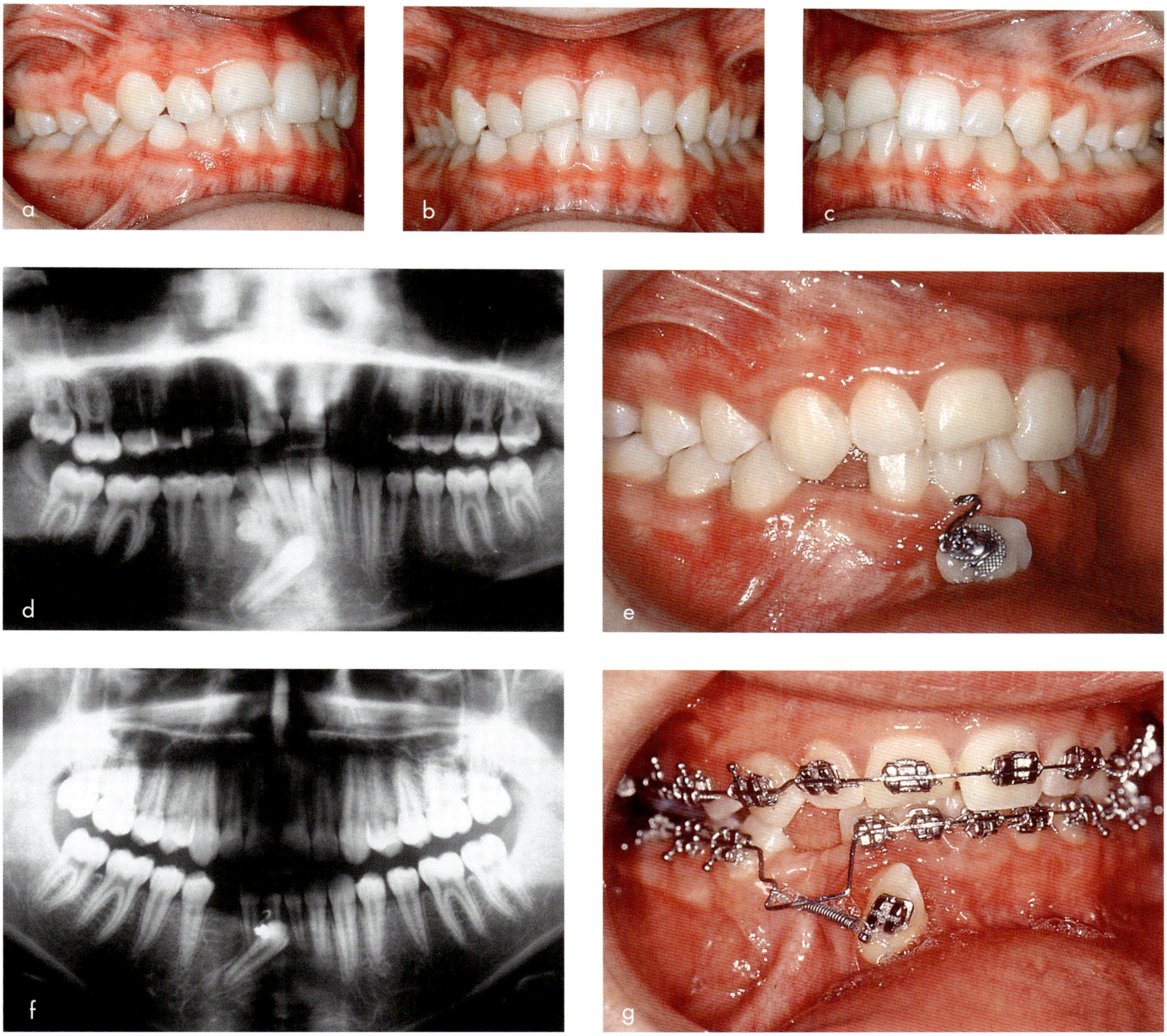

Abb. 6.15a bis g
a bis c Bleibendes Gebiss mit Persistenz von Zahn 83.
d OPG: Odontom in regio 43, mesioanguläre Verlagerung von Zahn 43.
e Zustand nach Extraktion von Zahn 83 und Freilegung von 43 mit Befestigung eines Attachments.
f OPG: Zustand nach initialer Bewegung mit Platte.
g Multibracketapparatur zur Einordnung von Zahn 43 mittels einer Zugfeder.

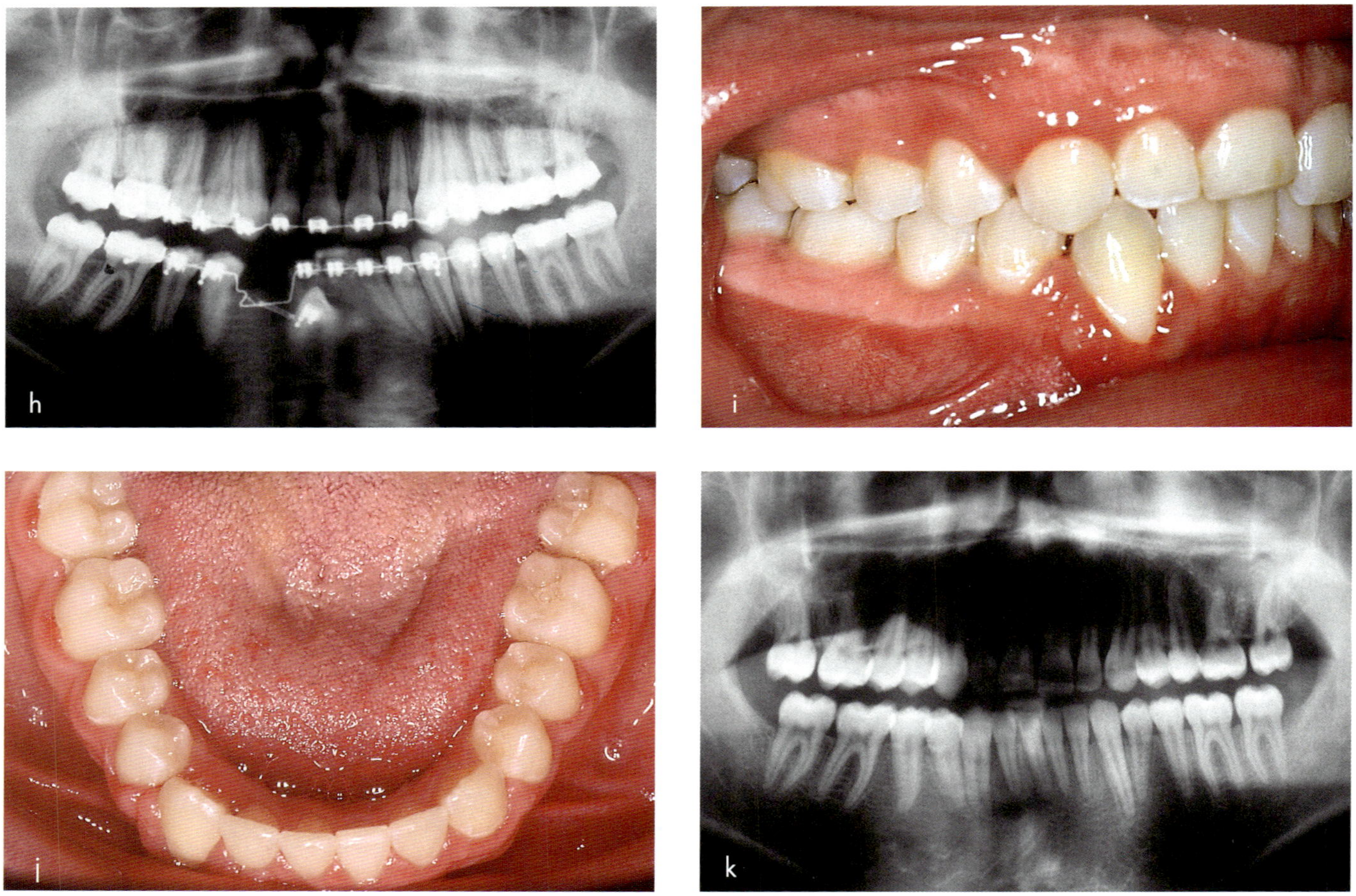

Abb. 6.15h bis k
h OPG: Deutlich aufgerichtete Zahnachse von Zahn 43.
i und j nach erfolgter Einstellung von Zahn 43; deutliche Rezession und Entzündungszeichen bukkal Zahn 43.
k OPG: Zustand nach Einstellung von Zahn 43; gute Achse von 43.

Fall 2

Diagnose. Im OPG einer 15 1/2-jährigen Patientin war zu erkennen, dass die Zähne 33 und 43 weit von der Okklusionsebene entfernt waren und ihre Vorgänger nicht regelrecht anresorbierten (Abb. 6.16a). Die Kronen der Eckzähne, die von ihrer Wurzelentwicklung bereit zum Durchbruch gewesen wären, wiesen eine deutliche Rotation auf. Um einen spontanen Durchbruch der Eckzähne zu ermöglichen, wurden die Zähne 73 und 83 zur Extraktion angewiesen. 6 Monate später war der Zahn 33 im Durchbruch, während der Zahn 43 klinisch nicht zu sehen war (Abb. 6.16b bis e).

Therapie. Da das Wurzelwachstum abgeschlossen war, wurde dem spontanen Durchbruch des Zahnes 43 keine große Wahrscheinlichkeit eingeräumt und die chirurgische Freilegung mit anschließender aktiver Einstellung beschlossen.

Mittels direkter Befestigung am Hauptbogen wurde Zahn 43 in den Zahnbogen eingestellt (Abb. 6.16f bis l).

Nach abgeschlossener kieferorthopädischer Einstellung lagen gute Okklusionsverhältnisse sowie klinisch und röntgenologisch akzeptable Parodontalverhältnisse an Zahn 34 vor (Abb. 6.16m bis t).

Abb. 6.16a bis e
a OPG: Zahn 43 und v. a. 33 sind retiniert.
b bis e Verspäteter Durchbruch des Zahnes 33, 43 fehlt.

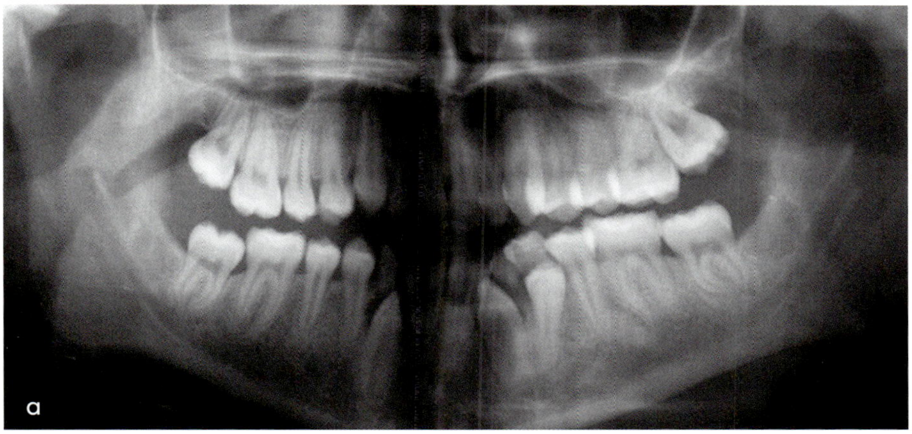

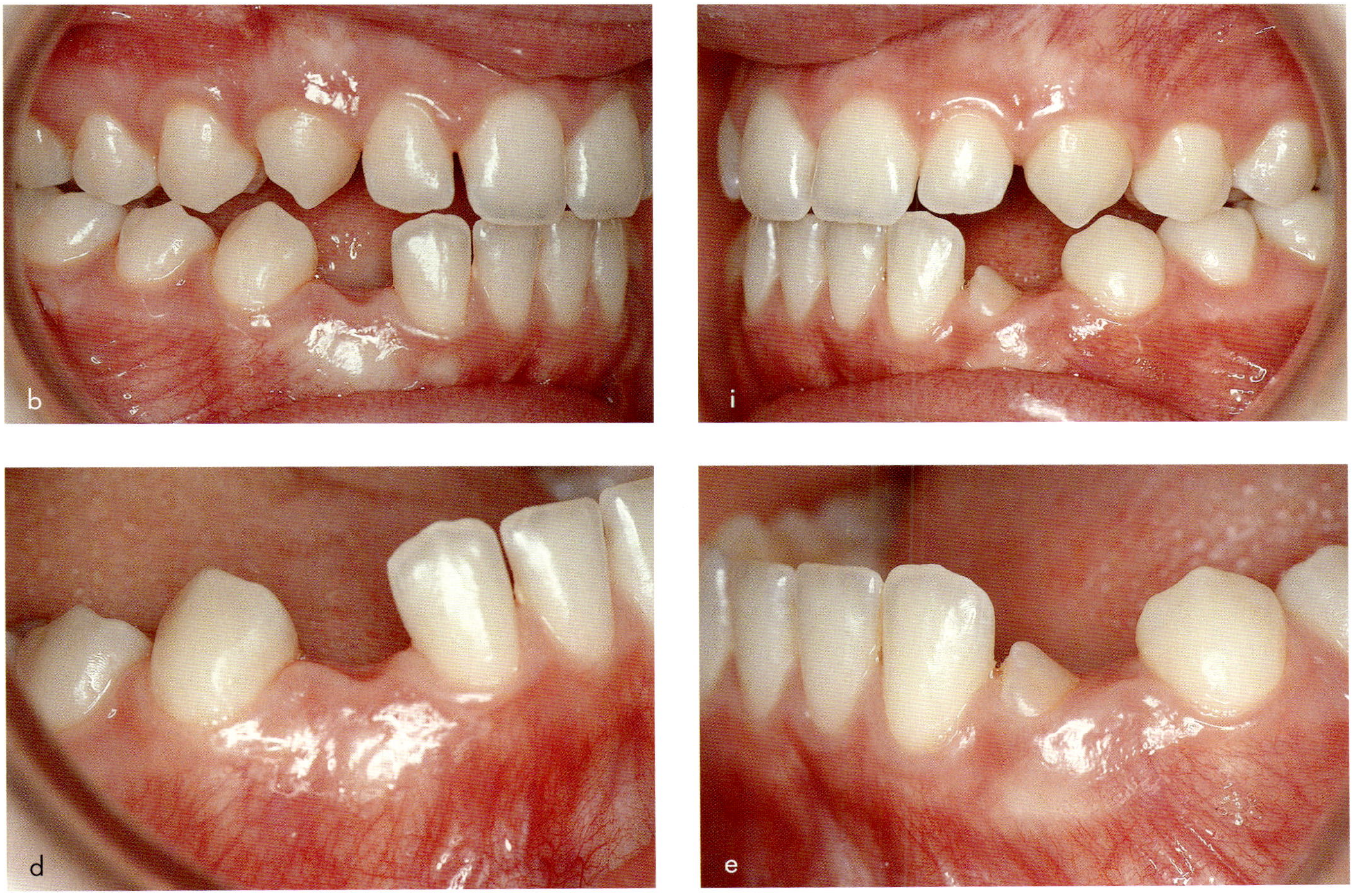

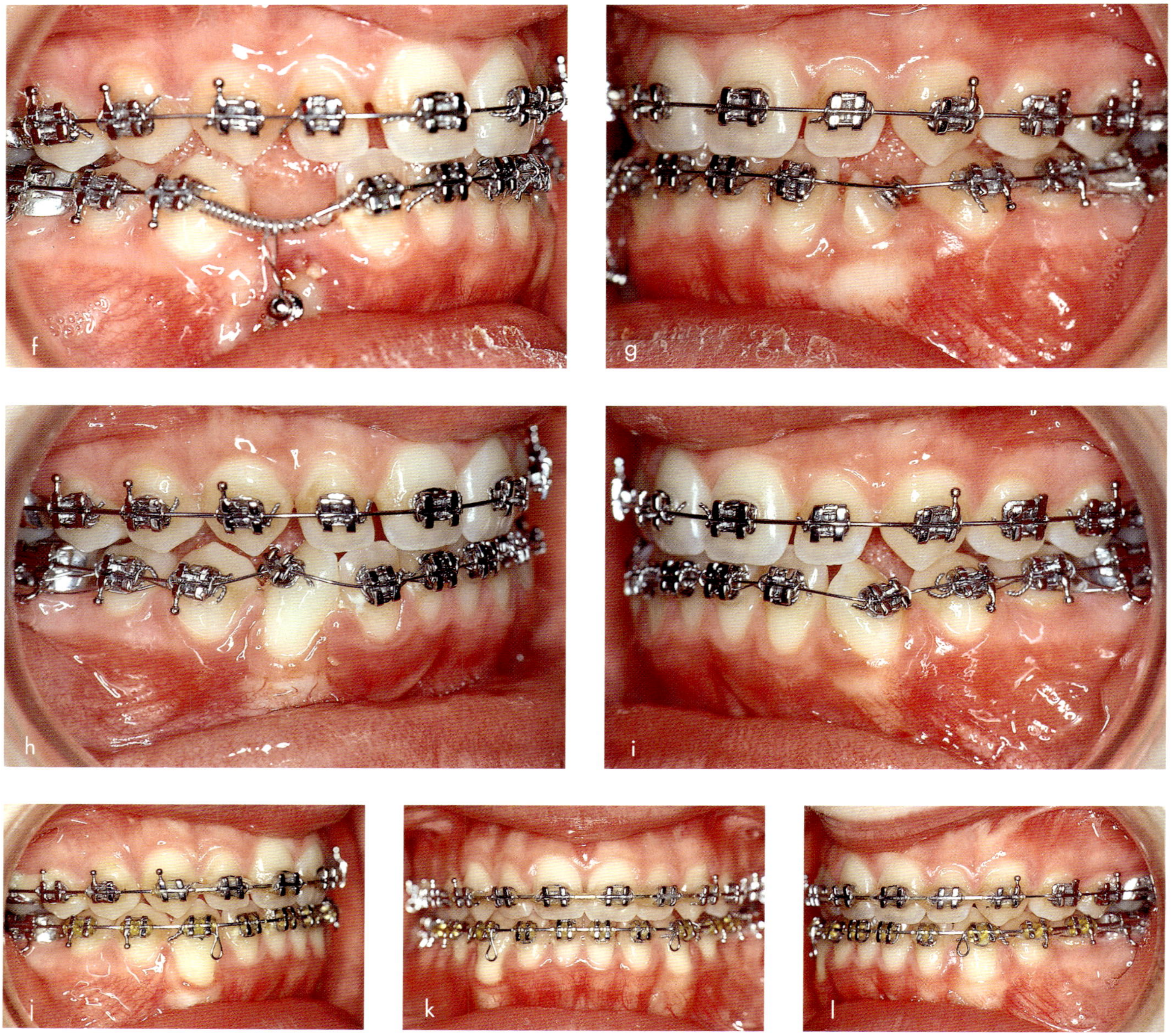

Abb. 6.16f bis l Einstellung des Zahnes 43 in den Zahnbogen mittels festsitzender Apparatur.

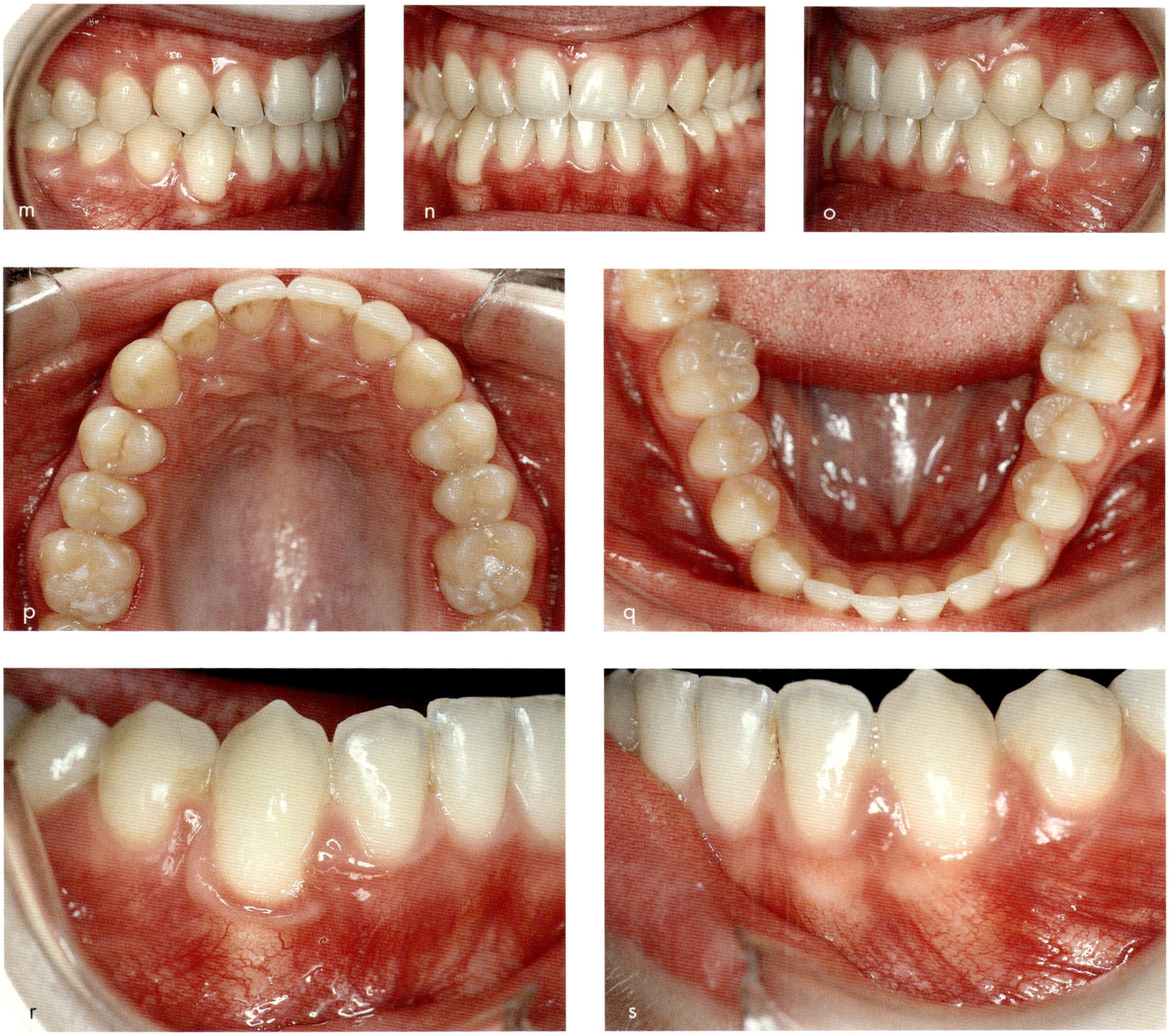

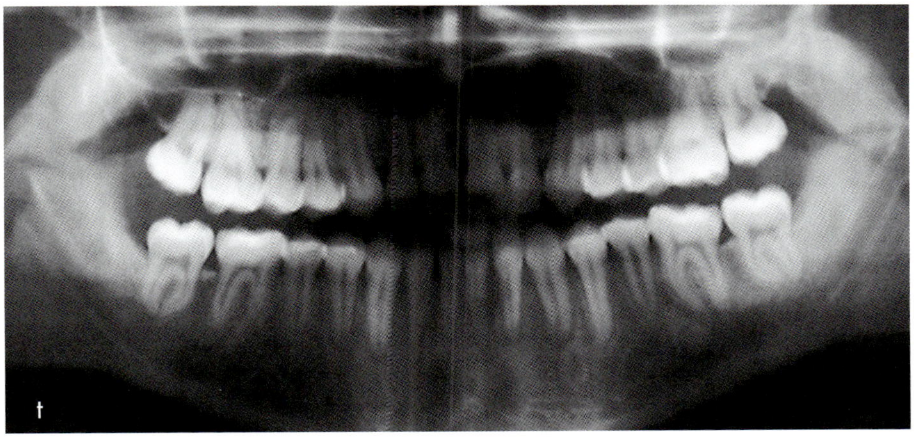

Abb. 6.16m bis t
m bis s Situation nach Entfernung der Multibandapparatur. Leichte Rezession und schmale befestigte Gingiva in regio 43.
t OPG: Gute Achsenneigung von Zahn 43.

6.2 Verlagerte Seitenzähne

FALL 1

Diagnose. Bei einer 32-jährigen Patientin befand sich unter einer prothetischen Versorgung seit mehreren Jahren der verlagerte und retinierte Zahn 35 (Abb. 6.17a bis e). Vor der geplanten Neuanfertigung der Versorgung sollte der verlagerte Zahn entweder extrahiert oder kieferorthopädisch eingestellt werden.

Therapie. Es erfolgte die chirurgische Freilegung und orthodontische Einstellung des Zahnes. Die Freilegung wurde mittels geschlossener Elongation durchgeführt, zur kieferorthopädischen Einstellung des verlagerten Zahnes wurde eine Aufrichtefeder eingesetzt (Abb. 6.17f).

Die Feder wurde so gebogen, dass zugleich eine Distalisation und Elongation des Zahnes erfolgen konnte (Abb. 6.17g bis i).

Die Zahnfilme zeigen die Feder direkt nach dem Einsetzen (Abb. 6.17j) und 3 Monate später (Abb. 6.17k).

Nach weitgehender Annäherung von Zahn 35 an seinen physiologischen Standort (5 Monate nach dem Einsetzen), wurde er direkt an den Hauptbogen der festsitzenden Apparatur angebunden (Abb. 6.17l bis n).

Auf eine Derotation des um 90 Grad gedreht eruptierenden Zahnes 35 wurde verzichtet, da dieser nach Abschluss an die orthodontische Therapie für die prothetische Versorgung zirkumferent beschliffen werden sollte (Abb. 6.17o und p).

Die klinischen Bilder und Röntgenkontrollbilder zeigen den aufgerichteten Zahn 35 nach 12-monatiger Behandlungsdauer (Abb. 6.17q bis v).

FALL 2

Diagnose. Im OPG einer $11^1/_2$-jährigen Patientin zeigte sich eine deutlich mesiale Durchbruchsrichtung der Oberkiefereckzähne v. a. von Zahn 13 und von Zahn 14. Auffällig war weiterhin die Spätentwicklung der Zähne 35 und 45 (Abb. 6.18a).

Die Zähne 53, 54 und 63 wurden extrahiert, um den regelrechten Durchbruch der Nachfolger zu erleichtern.

Auf dem OPG ein Jahr später war zu sehen, dass sich die Zähne 13, 14 und 23 spontan aufgerichtet hatten und teilweise durchgebrochen waren. Dafür hatte sich Zahn 35 in seiner Durchbruchsrichtung deutlich verschlechtert (Abb. 6.18b).

Die Zähne 75 und 85 wurden extrahiert, was zum spontanen Durchbruch von Zahn 45 führte.

Ein weiteres Jahr darauf wurde erneut ein OPG angefertigt. Zahn 35 hatte sich in seiner Position und Durchbruchsrichtung unwesentlich gebessert, das Wurzelwachstum war nahezu abgeschlossen (Abb. 6.18c).

Therapie. Es wurde die chirurgische Freilegung des Zahnes 35 und dessen aktive Einstellung in den Zahnbogen durchgeführt (Abb. 6.18d bis g).

Um Zahn 35 ohne iatrogen verursachte Wurzelresorption an 36 einstellen zu können, war initial eine Mesialisierung von Zahn 35 nötig. Hierfür wurde ein entsprechend vorbereiteter Teilbogen eingesetzt. Dieser hatte eine mesialisierende und extrudierende Wirkung (Abb. 6.18h bis j).

Nach erfolgter Eruption wurde Zahn 35 für die Feineinstellung direkt in den Hauptbogen einbezogen (Abb. 6.18k und l).

Auf dem Röntgenkontrollbild war zu sehen, dass Zahn 37 trotz ausreichender Platzverhältnisse deutlich nach distal geneigt und retiniert war (Abb. 6.18m).

Es wurde die chirurgische Freilegung von Zahn 37 durchgeführt (Abb. 6.18n bis q).

Entsprechend den biomechanischen Anforderungen und anatomischen Gegebenheiten wurde eine Aufrichtefeder vorbereitet (Abb. 6.18r und s), mit der die Einstellung des Zahnes erfolgte.

Nach 20 Monaten wurde die Multibandapparatur entfernt (Abb. 6.18t bis w).

Abb. 6.17a bis e

a OPG: mesioangulär verlagerter und retinierter Zahn 35.

b Ausschnitt aus dem OPG: verlagerter und retinierter Zahn 35.

c FRS: stark mesiale Neigung des Zahnes 35.

d und e Lücke in regio 35, prothetischer Ersatz in situ.

f Aufrichtefeder zur gleichzeitigen Eruption und Distalisation von Zahn 35.

g Schema der Feder: im vorbereiteten, passiven Zustand (rot) und aktiven, angebundenen Zustand (grün). Verankerungsteil (1), Abschnitt zur Extrusion (2) und Abschnitt zur Distalisation (3).

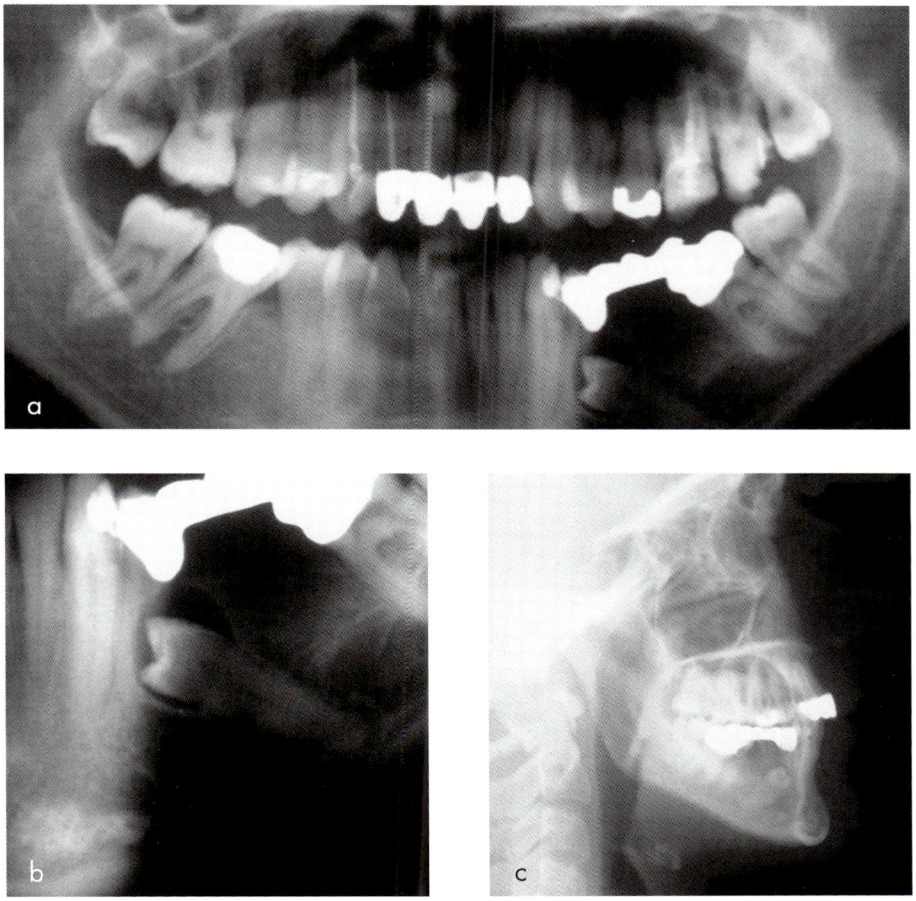

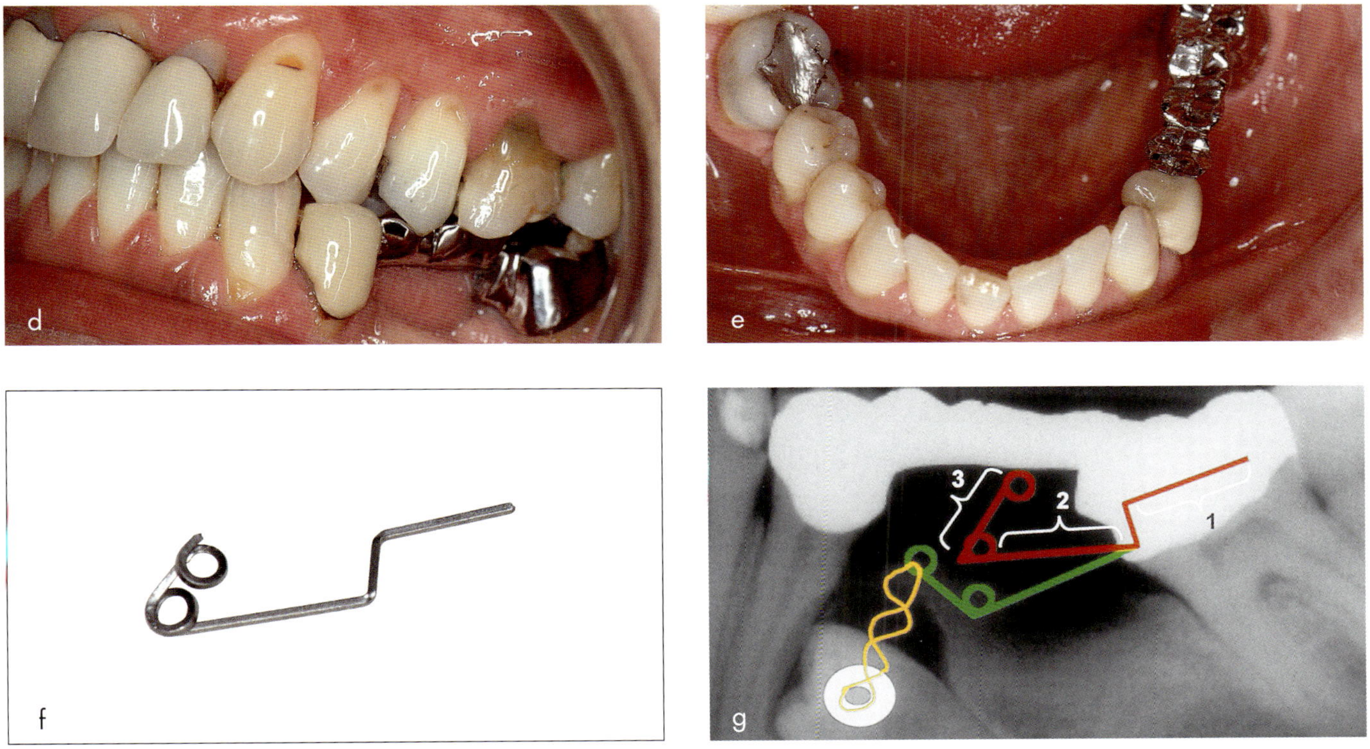

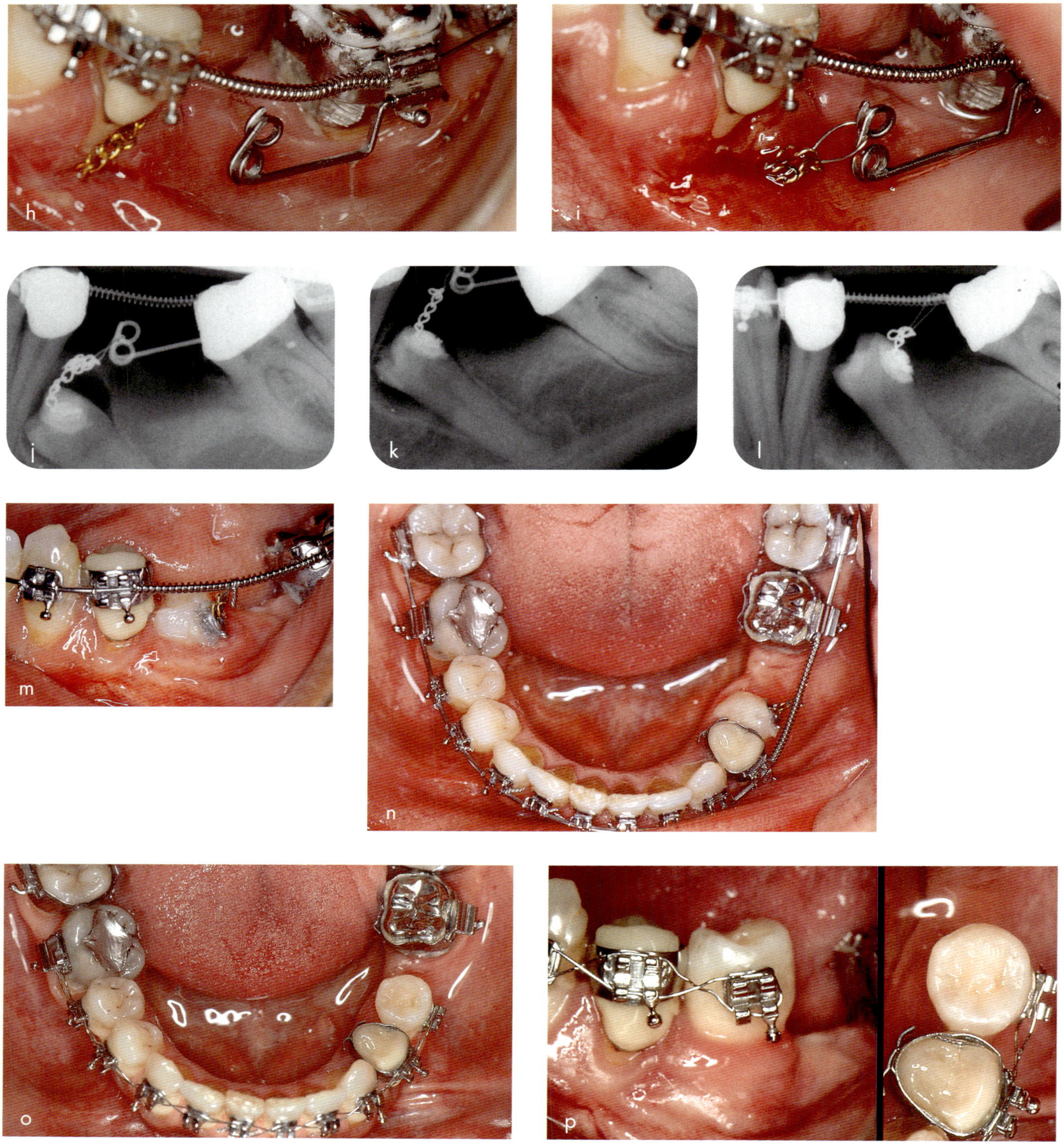

Abb. 6.17h bis p
h und i Feder im vorbereiteten und aktiven Zustand.
j Zahnfilm direkt nach dem Eingliedern der Feder.
k Zahnfilm nach 3 Monaten, deutliche Zeichen der Eruption.
l bis n Direkte Anbindung des Zahnes 35 an den Hauptbogen.
o und p Um 90 Grad eruptierter Zahn 35.

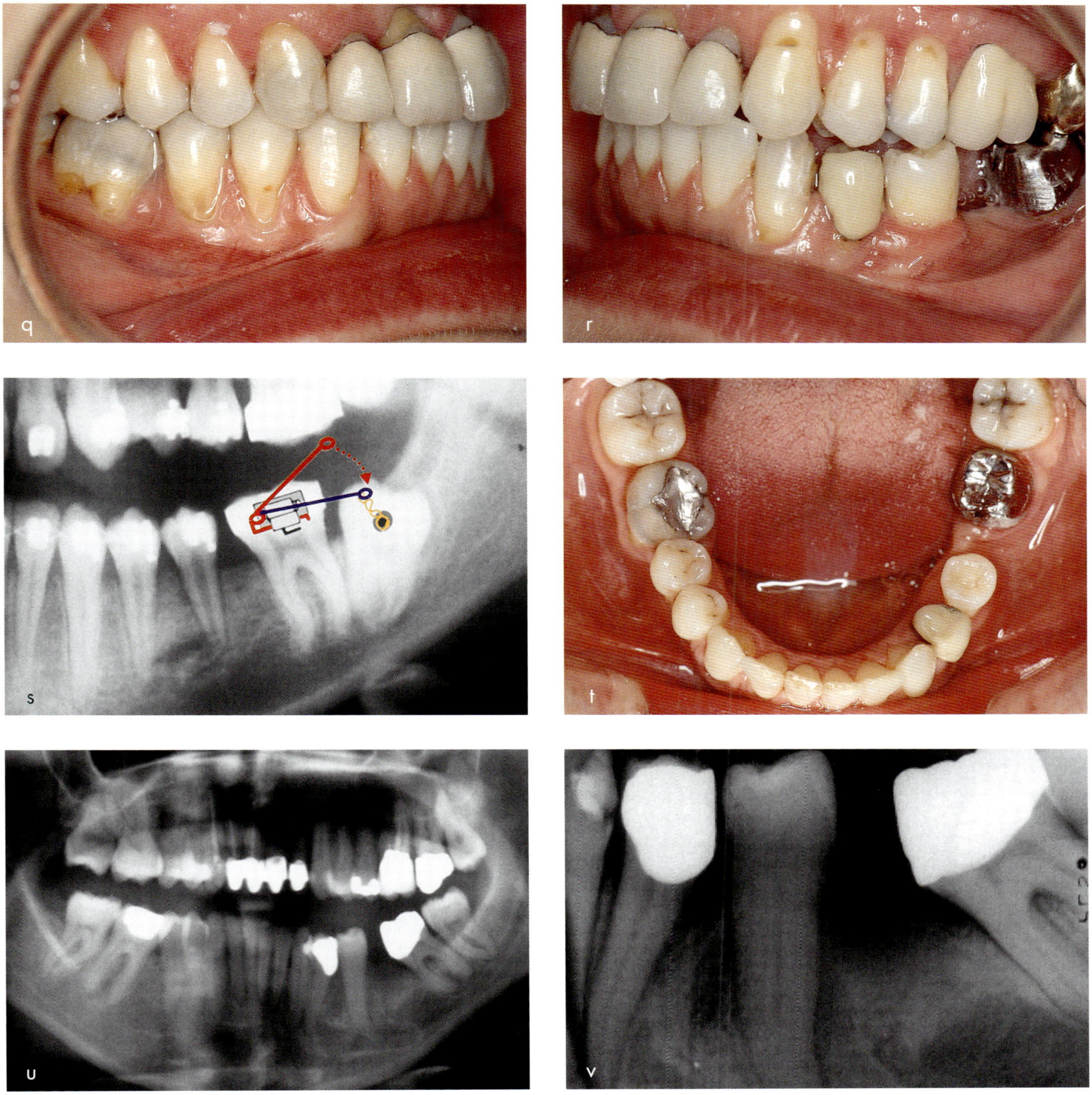

Abb. 6.17q bis v
q bis t Klinische Situation nach Entfernung der Multibandapparatur.
u und v OPG: Gute Situation an Zahn 35.

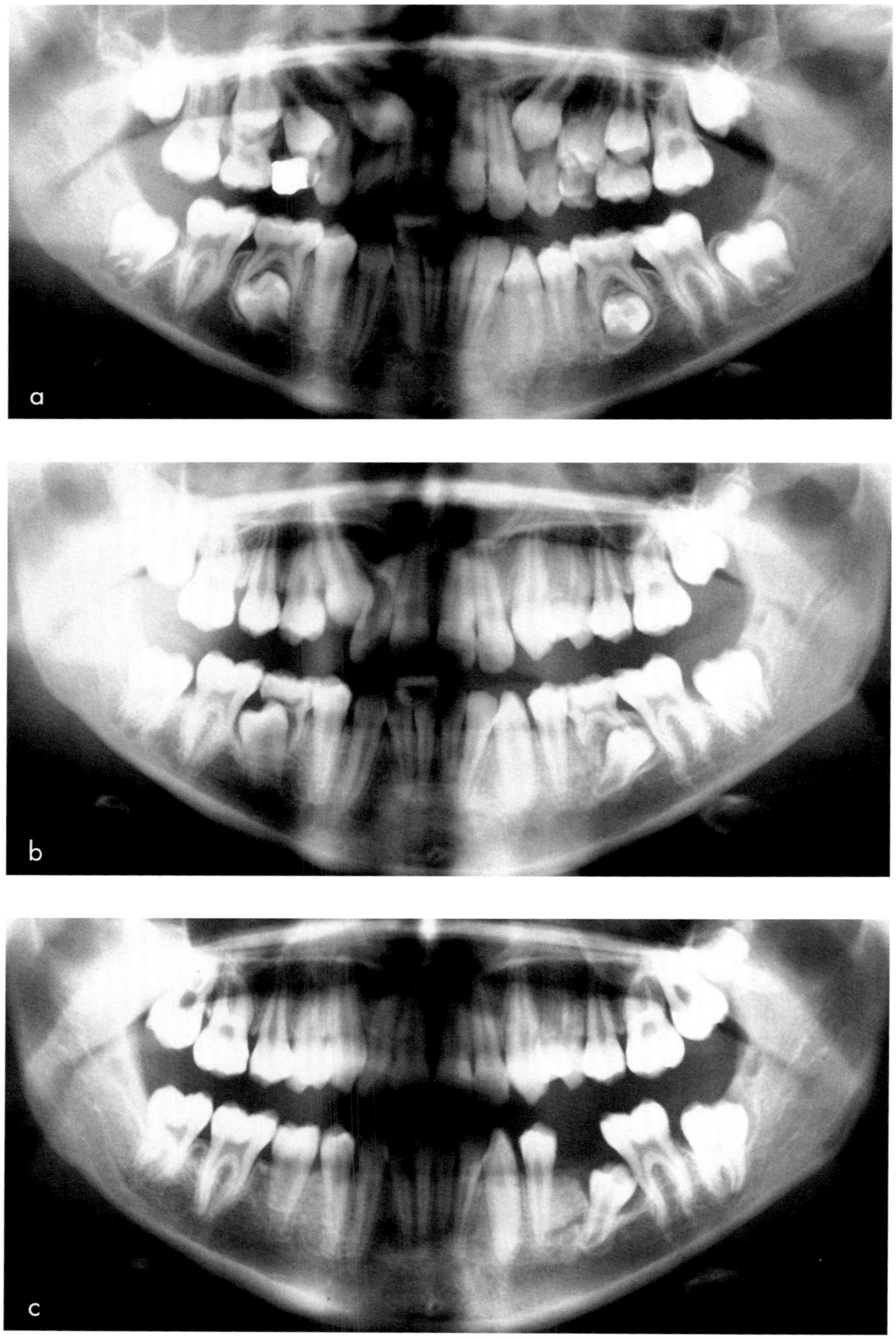

Abb. 6.18a bis c
a OPG: mesiale Durchbruchsrichtung insbesondere des Zahnes 13, aber auch von 14 und 23. Spätentwicklung der Zähne 35 und 45.
b OPG: distale Durchbruchsrichtung der Zähne 45 und v. a. 35.
c OPG: distoanguläre Verlagerung und Retention von Zahn 35.

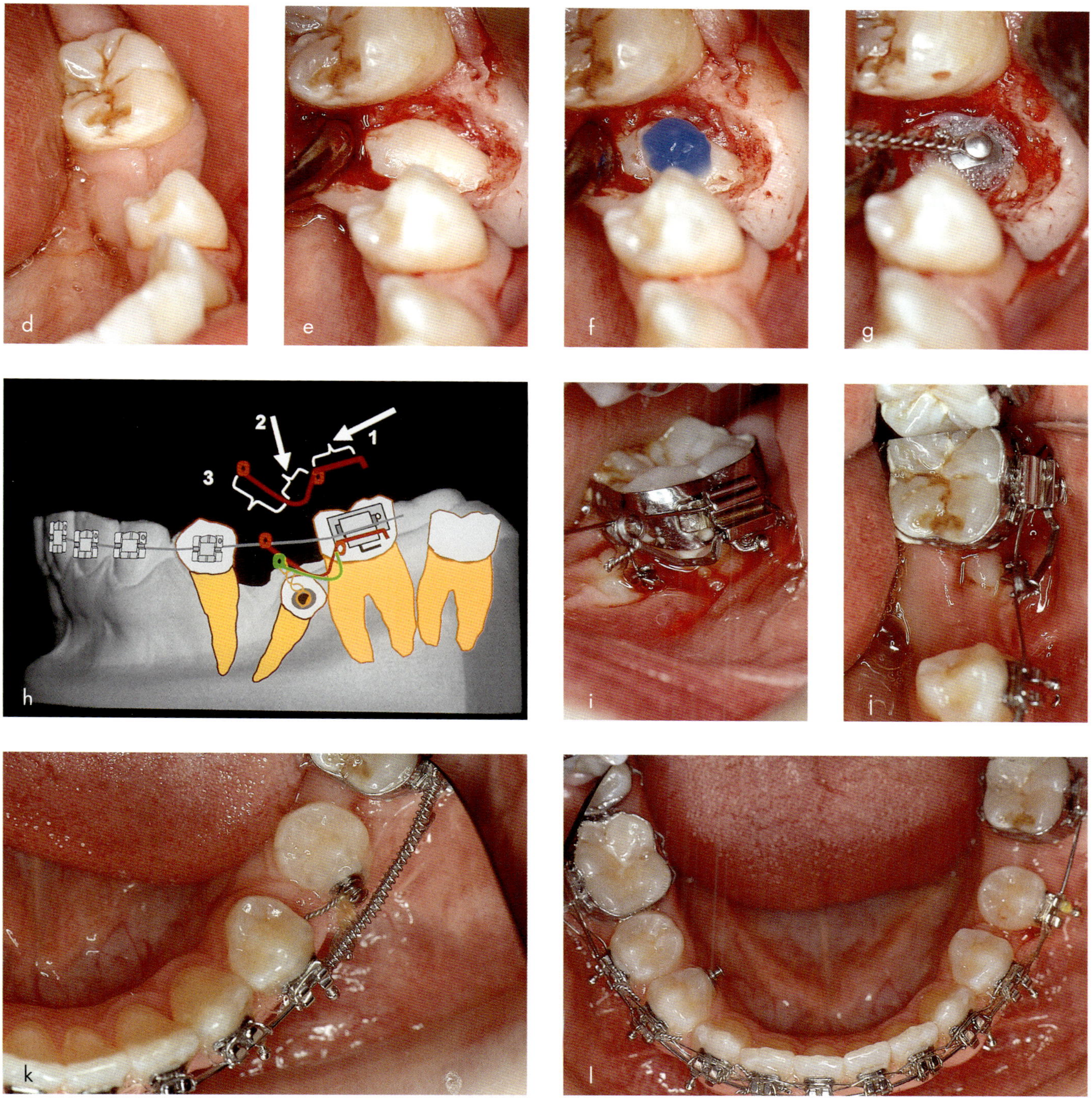

Abb. 6.18d bis l
d bis g Chirurgische Freilegung und Attachmentfixation an Zahn 35.
h Schema der Feder: im vorbereiteten, passiven Zustand (rot) und im aktiven, angebundenen Zustand (grün). Verankerungsteil (1), Abschnitt zur Mesialisation (2) und Abschnitt zur Extrusion (3).
i und j Feder in situ.
k und l Zahn 35 im eruptierten Zustand direkt am Hauptbogen.

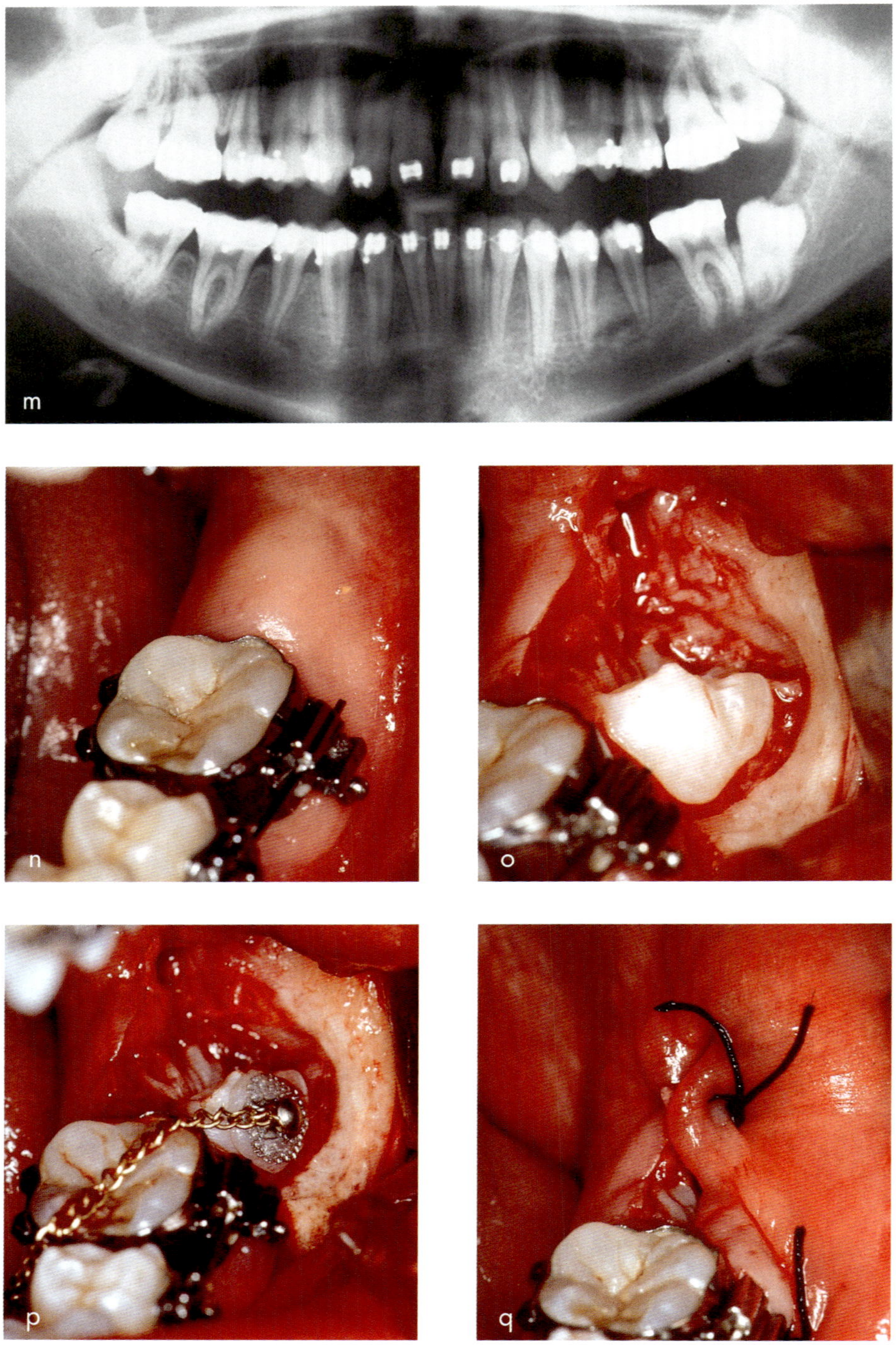

Abb. 6.18m bis q
m OPG: Gute Zahnachse von Zahn 35, distoanguläre Neigung und Retention von Zahn 37.
n bis q Chirurgische Freilegung und Attachmentfixation an Zahn 37.

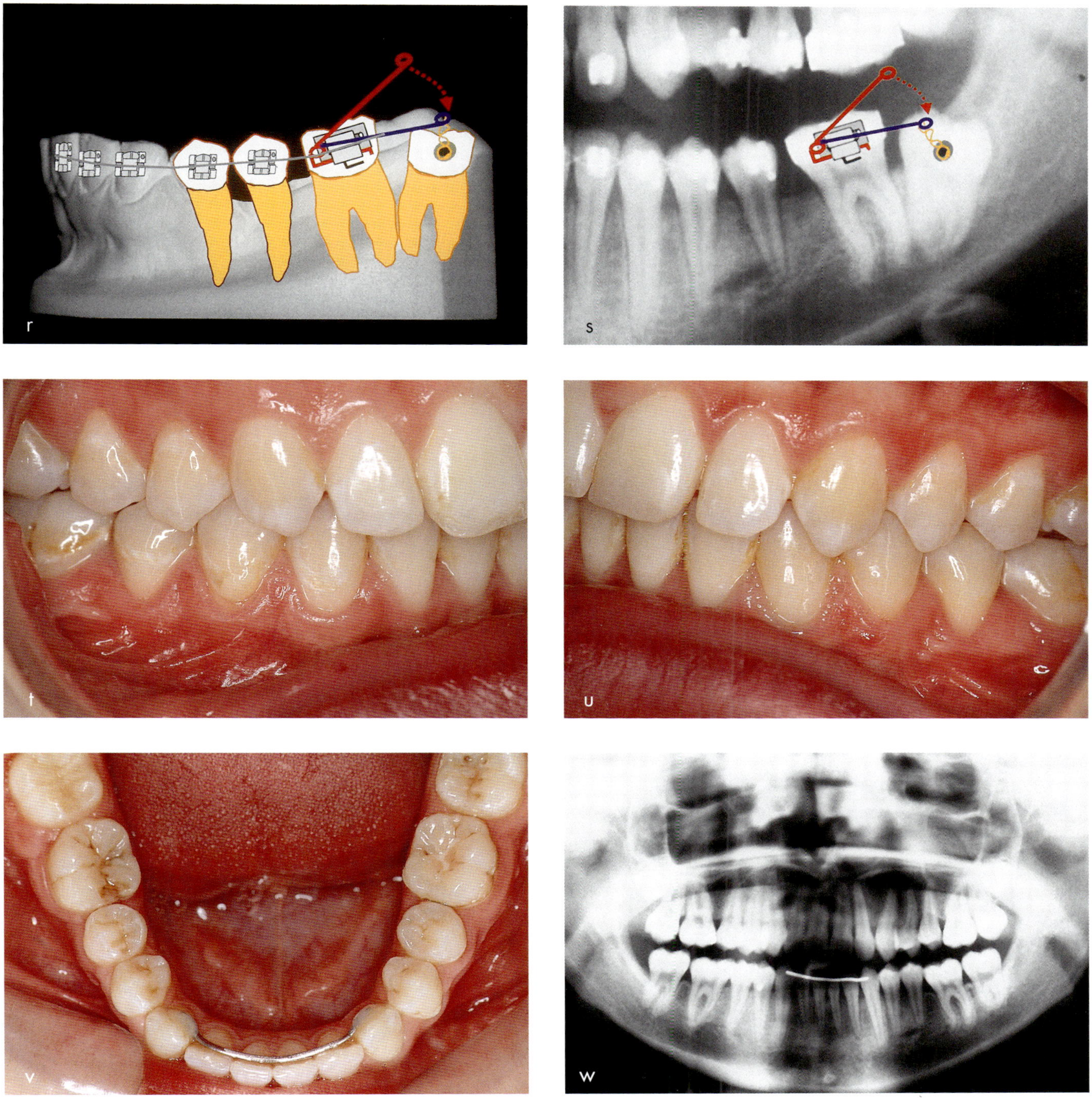

Abb. 6.18r bis w
r und s Schema der Feder zur Einstellung von Zahn 37: im vorbereiteten, passiven Zustand (rot) und im aktiven, angebundenen Zustand (blau).
t bis v Klinische Situation nach Entfernung der Multibandapparatur.
w OPG: Gute Situation an den Zähnen 35 und 37.

Fall 3

Diagnose. Das OPG einer 22-jährigen Patientin zeigte folgende Befunde (Abb. 6.19a):

- Eine multiple Verlagerung der Unterkieferprämolaren,
- einen überzähligen Prämolaren im dritten Quadranten,
- zwei retinierte und verlagerte überzählige Prämolaren im vierten Quadranten,
- eine unterminierende Resorption an der mesialen Wurzel des Zahnes 46 durch einen der verlagerten Prämolaren sowie
- eine mesioanguläre Verlagerung und Retention aller Weisheitszähne.

Zur Abklärung der Erhaltungswürdigkeit der resorptiv betroffenen Zähne, der Darstellung des exakten Umfanges der Resorptionen und der genauen Lokalisation der verlagerten Zähne wurden CT-Aufnahmen angefertigt (Abb. 6.19b bis d). Die Bilder zeigen die Lage der verlagerten Zähne und das Ausmaß der Wurzelresorption an Zahn 46.

Therapie. Die angestrebten Ziele der kieferorthopädischen Behandlung waren (Abb. 6.19e):

1. Extraktion der Zähne 14 und 24 (zur Platzbeschaffung und Herstellung einer stabilen Okklusion), zweier Prämolaren im dritten Quadranten und von drei Prämolaren im vierten Quadranten sowie die Extraktion des Zahnes 38.
2. Einstellung eines verlagerten Prämolaren im vierten Quadranten.
3. Extraktion des anresorbierten Zahnes 46 und Mesialisation des Zahnes 47 für die anschließende Einstellung des verlagerten und retinierten Zahnes 38.

Die Behandlungsreihenfolge war:

1. Extraktion bzw. operative Entfernung der mit „X“ markierten Zähne und Freilegung eines Prämolaren im vierten Quadranten und des Zahnes 48.
2. Teilbebänderung im Unterkiefer für die Distalisation der Eckzähne und Mesialisation des Zahnes 47.
3. Extraktion der Zähne 14 und 24 zu einem späteren Zeitpunkt und anschließende Bebänderung des Oberkiefers.
4. Restbebänderung im Unterkiefer.
5. Aktive Eruption des Zahnes 48.
6. Aktive Eruption des Prämolaren im vierten Quadranten.

Zunächst wurden die genannten Zähne im Unterkiefer extrahiert und der Prämolar mittels geschlossener Elongation (Abb. 6.19f und g) freigelegt. Anschließend folgte die Teilbebänderung des Unterkiefers (Abb. 6.19h bis k).

Nach ausreichender Mesialisation des Zahnes 47 (Abb. 6.19l und m) wurde für die Einstellung des Zahnes 48 ein Teilbogen eingesetzt (Abb. 6.19n bis p).

12 Wochen später war Zahn 48 klinisch zu sehen (Abb. 6.19q und r).

Nach der aktiven Darstellung der Zahnkrone wurde der Zahn mit einer Tube für die weitere Einstellung beklebt und in den Hauptbogen miteinbezogen (Abb. 6.19s).

Für die Einstellung des verlagerten Prämolaren im vierten Quadranten wurde ein Teilbogen eingegliedert (Abb. 6.19t).

Nach ausreichender Eruption der Krone konnte ein Knöpfchen mit starrer Ligatur auf die Krone geklebt werden. Von dieser Ligatur wurden gegen den Oberkieferzahnbogen Elastics gehängt (Abb. 6.19u).

Für die Feineinstellung der Zähne 45 und 48 wurden die Brackets der Zähne 45 und 48 auf die endgültige Position gesetzt (Abb. 6.19v).

Nach 20-monatiger Behandlung wurde die Patientin entbändert (Abb. 6.19w bis c2).

Das OPG zeigt die Situation nach Abschluss der Behandlung; die Zähne 45 und 48 wurden in den Zahnbogen eingestellt (Abb. 6.19d2). Die Zähne 18 und 28 wurden extrahiert.

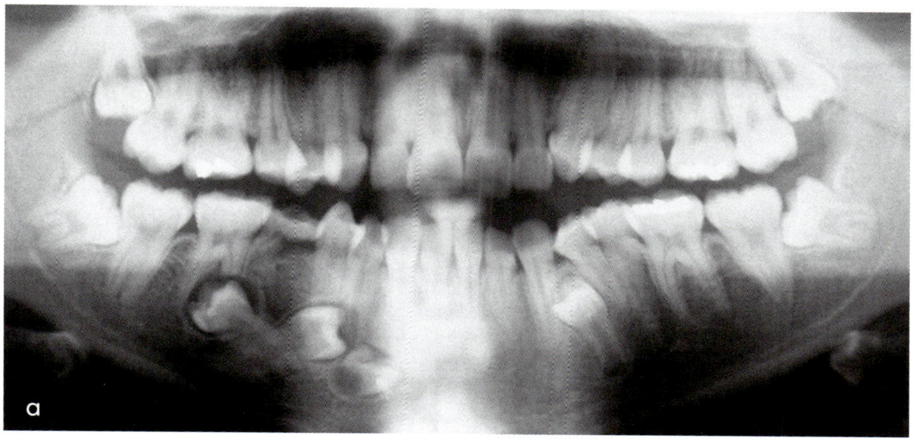

Abb. 6.19a bis d
a OPG: Multiple Verlagerungen und überzählige Prämolaren im Unterkiefer.
b bis d CT-Aufnahmen: Resorption der mesialen Wurzel von Zahn 46, Anordnung der Prämolaren in bukko-lingualer Richtung.

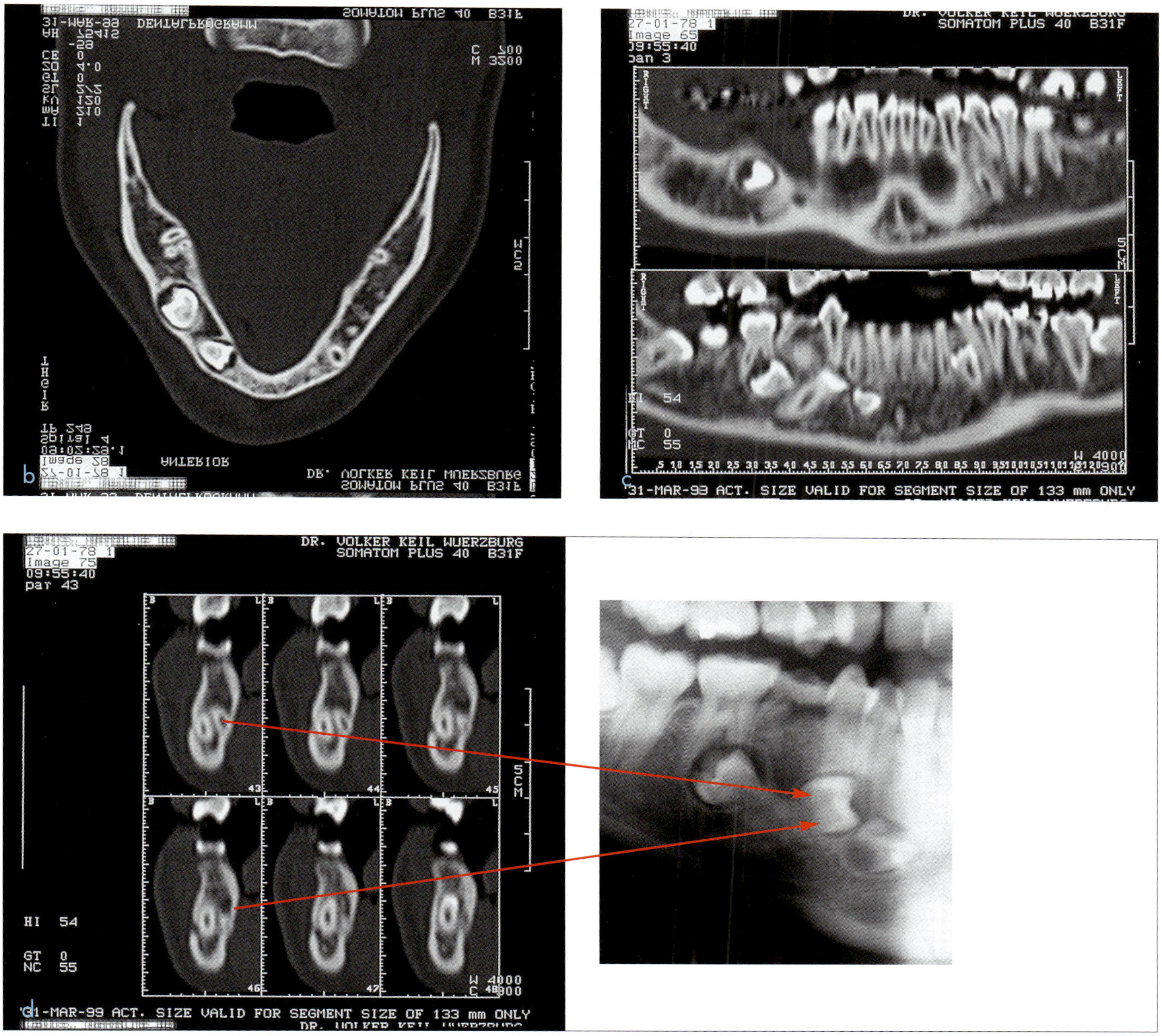

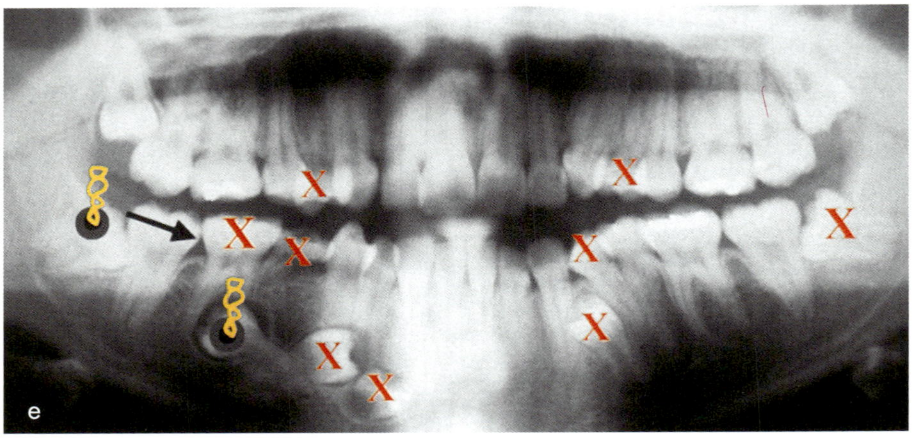

Abb. 6.19e bsi k
e OPG: Extraktion mehrerer Zähne (x), Mesialisation von Zahn 47 (Pfeil) und intraoperative Attachmentfixation an 45 und 48.
f und g Klinische Situation nach zeitversetzter Extraktion im Ober- und Unterkiefer sowie nach erfolgter Freilegung und Attachmentfixation an 45 und 48 (geschlossene Elongation).
h bis k Teilbebänderung in situ.

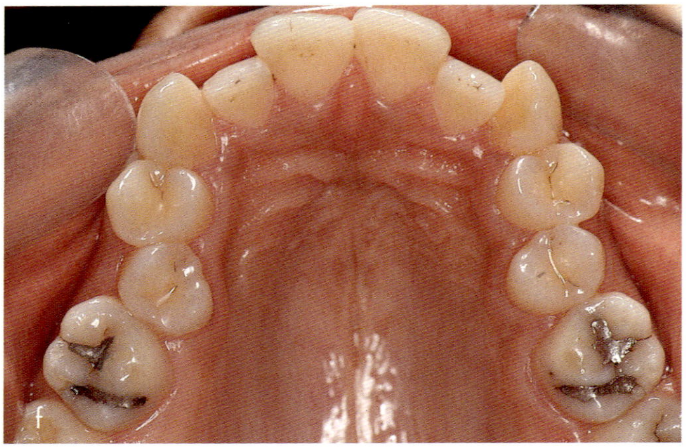

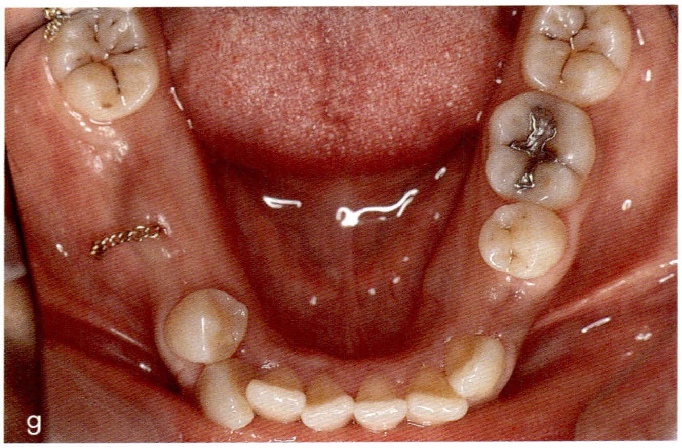

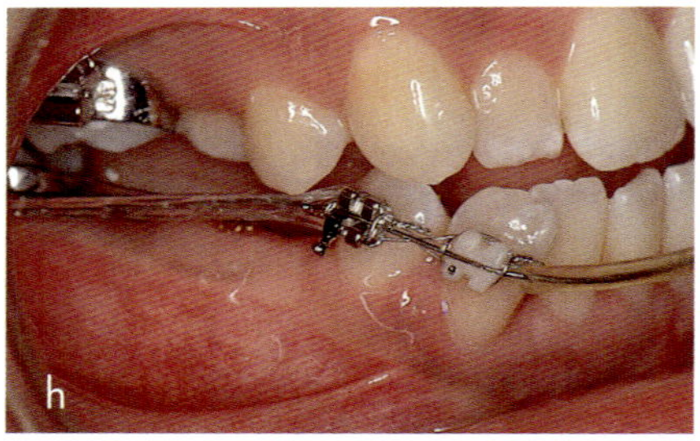

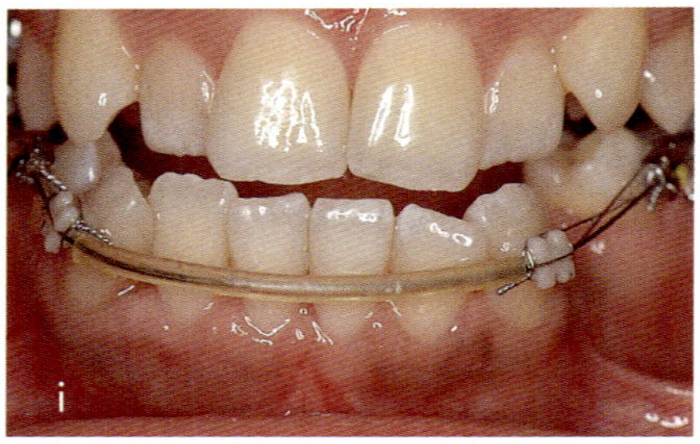

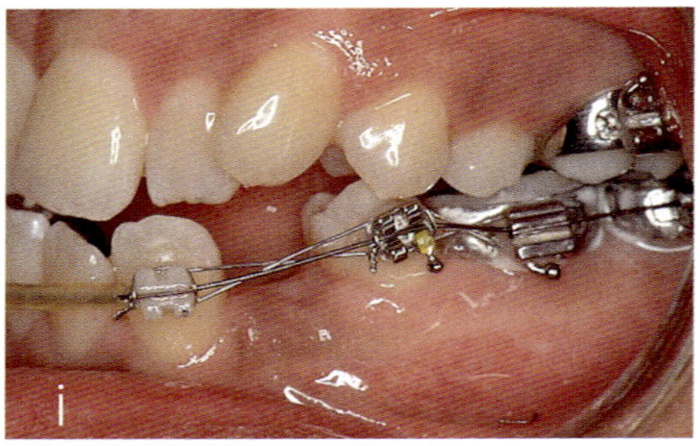

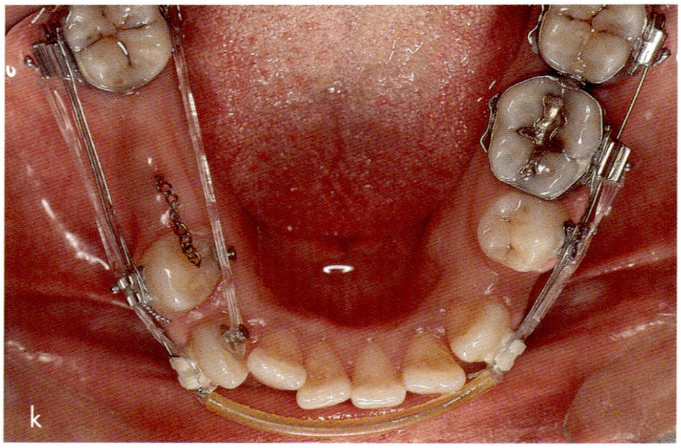

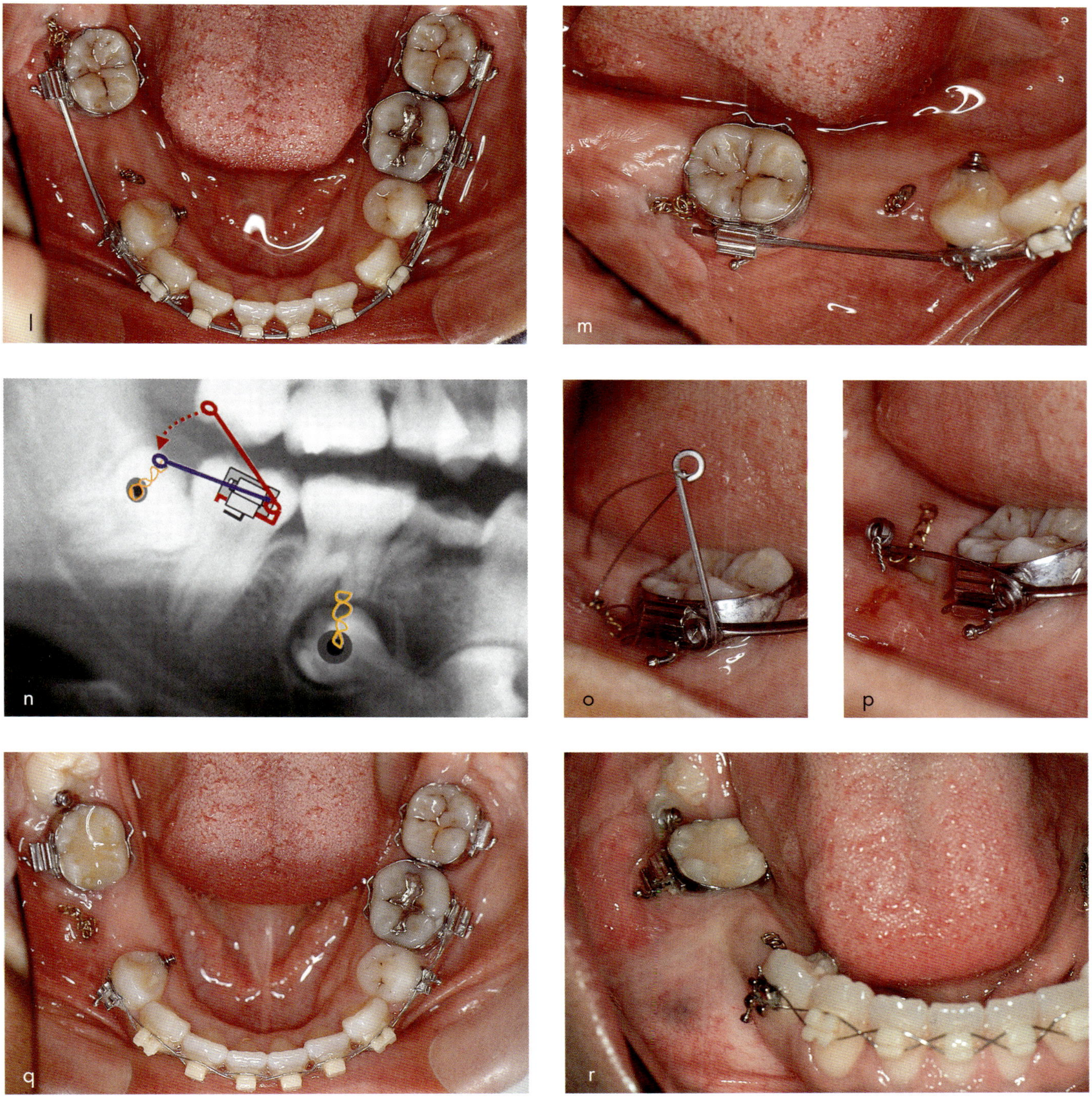

Abb. 6.19l bis r
l und m Mesialisierter Zahn 47.
n Schema der Feder zur Einstellung von Zahn 48: im vorbereiteten, passiven Zustand (rot) und im aktiven, angebundenen Zustand (blau).
o und p Feder in situ, im passiven und aktiven Zustand.
q und r Eruptierter Zahn 48.

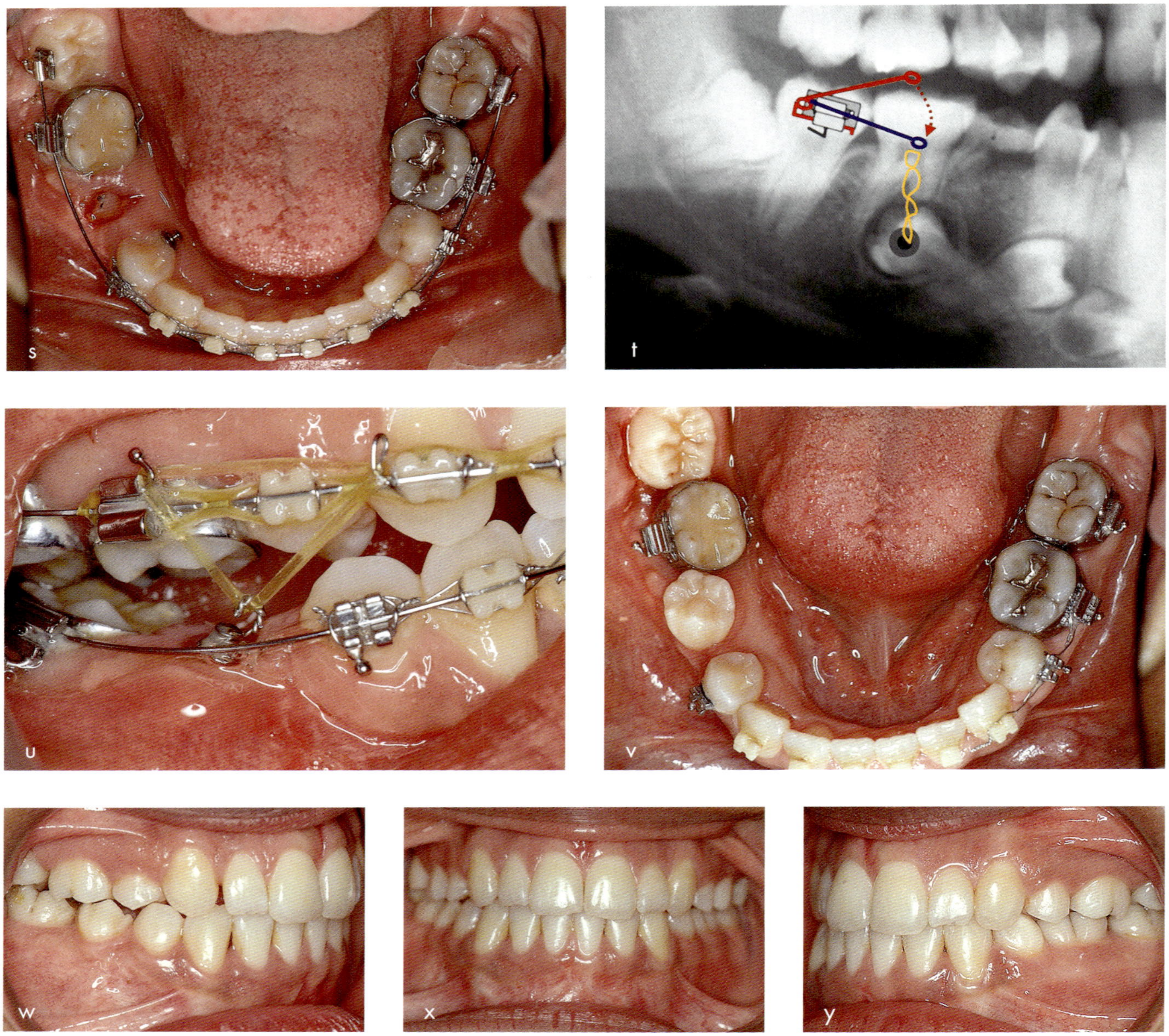

Abb. 6.19s bis y
s Zahn 48 am Hauptbogen.
t Schema der Feder zur Einstellung von Zahn 45: im vorbereiteten, passiven Zustand (rot) und im aktiven, angebundenen Zustand (blau).
u Zahn 45 nach erfolgter Eruption, Elastic zur weiteren Extrusion.
v Zähne 45 und 48 im eruptierten Zustand vor der Befestigung von Brackets zur Anbindung an den Hauptbogen.
w bis y Klinische Situation nach Entfernung der Multibandapparatur.

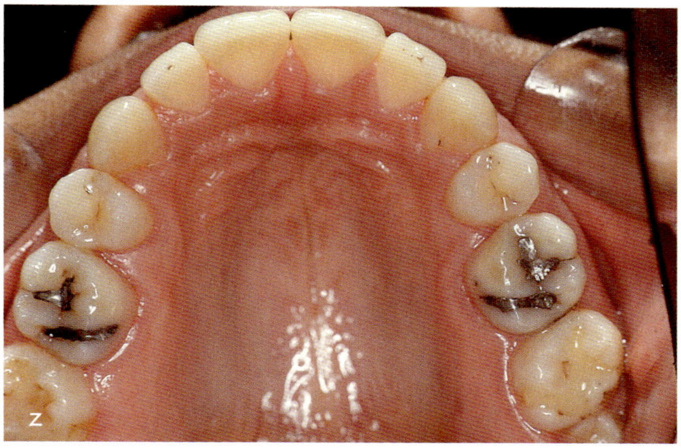

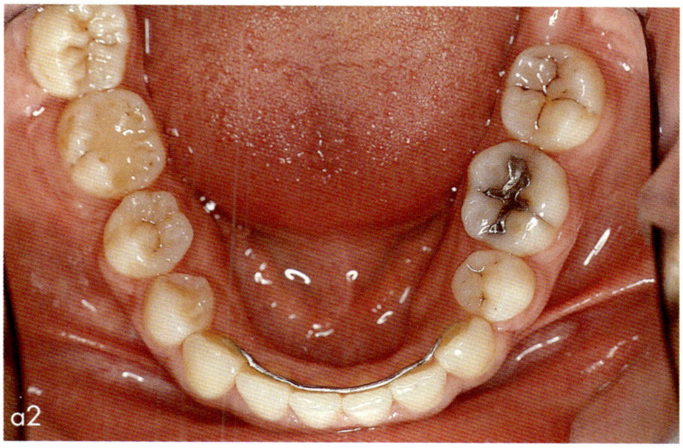

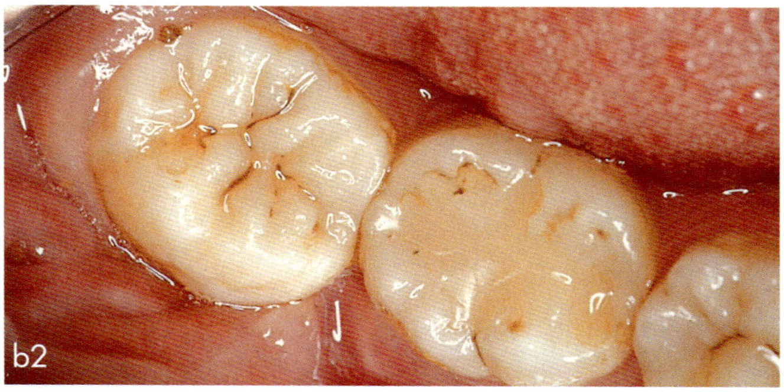

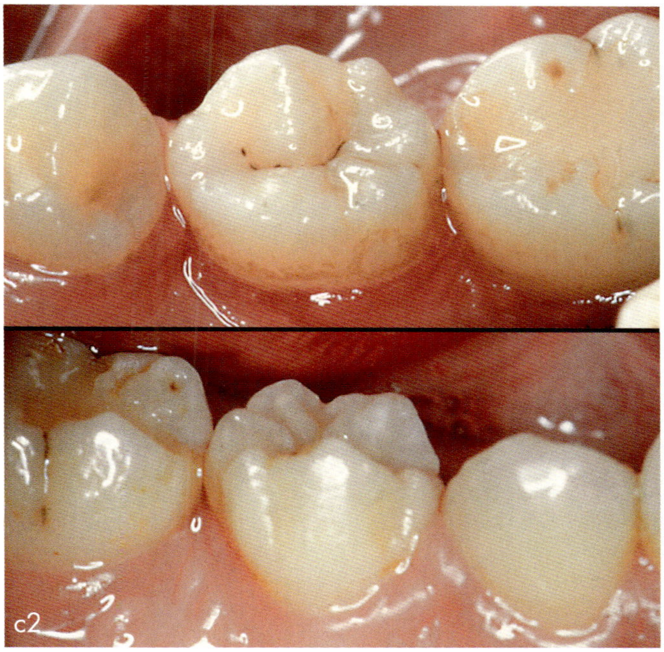

Abb. 6.19z bis d2
z bis c2 Klinische Situation nach Entfernung der Multibandapparatur.
d2 OPG: Gute Situation an den Zähnen 45 und 48. Nachfolgende Extraktion der Zähne 18 und 28.

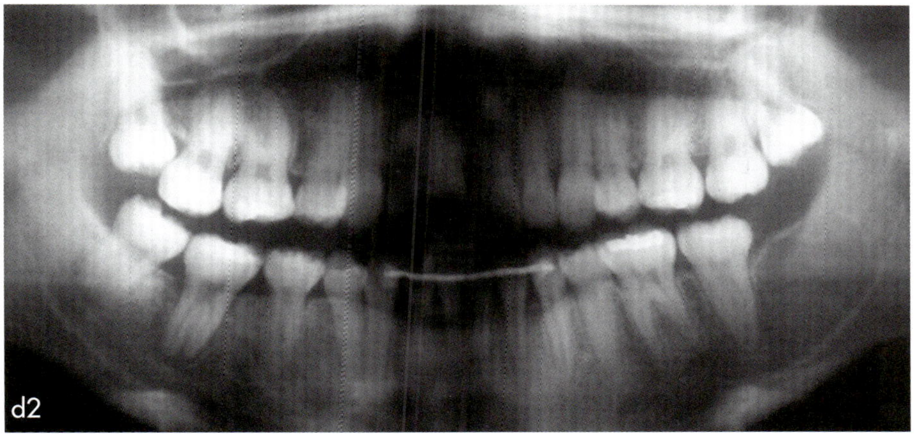

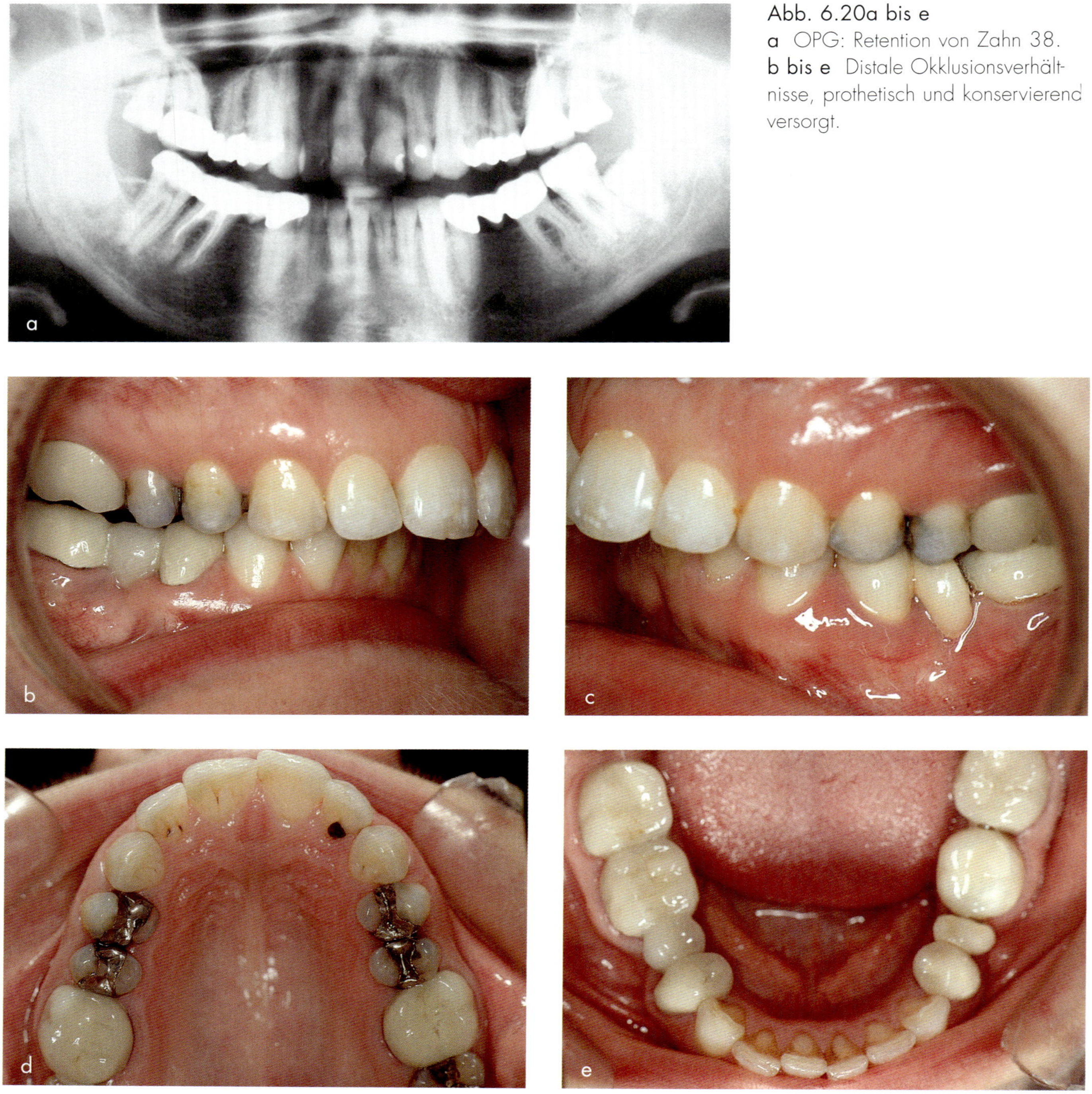

Abb. 6.20a bis e
a OPG: Retention von Zahn 38.
b bis e Distale Okklusionsverhältnisse, prothetisch und konservierend versorgt.

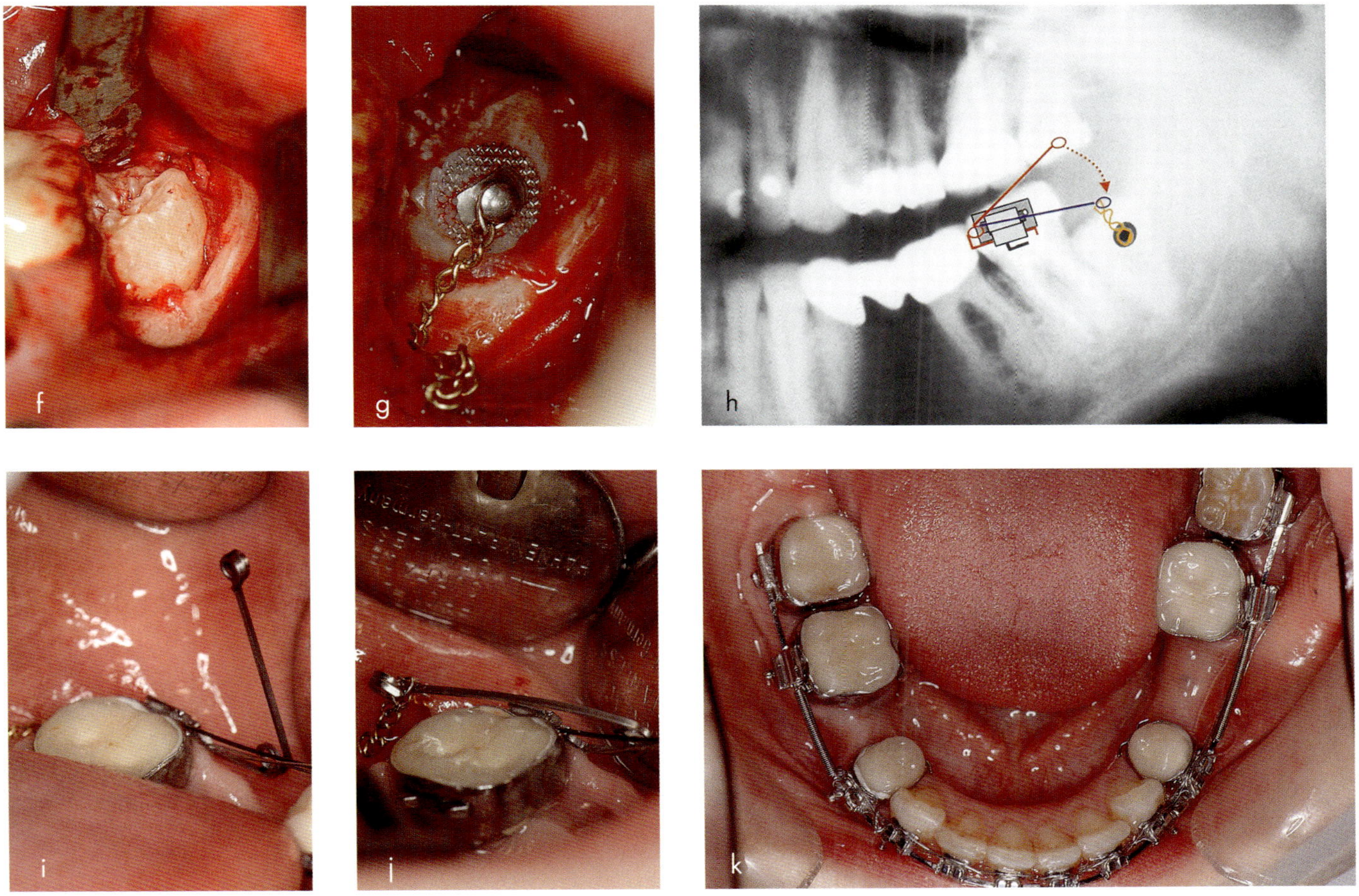

Abb. 6.20f bis k

f und g Chirurgische Freilegung und Attachmentfixation an Zahn 38.

h Schema der Feder zur Einstellung von Zahn 38: im vorbereiteten, passiven Zustand (rot) und im aktiven, angebundenen Zustand (blau).

i bis k Feder in situ, im passiven und aktiven Zustand.

Fall 4

Diagnose. Der untere Weisheitszahn ist am häufigsten retiniert, gefolgt von den oberen Eckzähnen und den dritten oberen Molaren. Nach Untersuchungen von *Björk* weisen 45% der Bevölkerung verlagerte untere Weisheitszähne auf[14]. Auf den Röntgenbildern einer 28-jährigen Patientin war ein retinierter Zahn 38 zu sehen (Abb. 6.20a).

Klinisch lagen distale Okklusionsverhältnisse und ein prothetisch versorgtes Gebiss vor (Abb. 6.20b bis e).

Therapie. Im Rahmen einer kombiniert kieferorthopädisch-kieferchirurgischen Therapie sollte Zahn 38 aktiv eingestellt werden, da Zahn 36 aus parodontalen Gründen extrahiert werden musste. Zahn 38 wurde mittels geschlossener Elongation freigelegt (Abb. 6.20f und g).

Zur Einstellung des Weisheitszahnes diente eine Aufrichtefeder (Abb. 6.20h bis k).

Nach kombinierter Therapie und Neuanfertigung der prothetischen Versorgung lagen neutrale Okklusionsverhältnisse vor. Zahn 38 stand gut im Zahnbogen (Abb. 6.20l bis q).

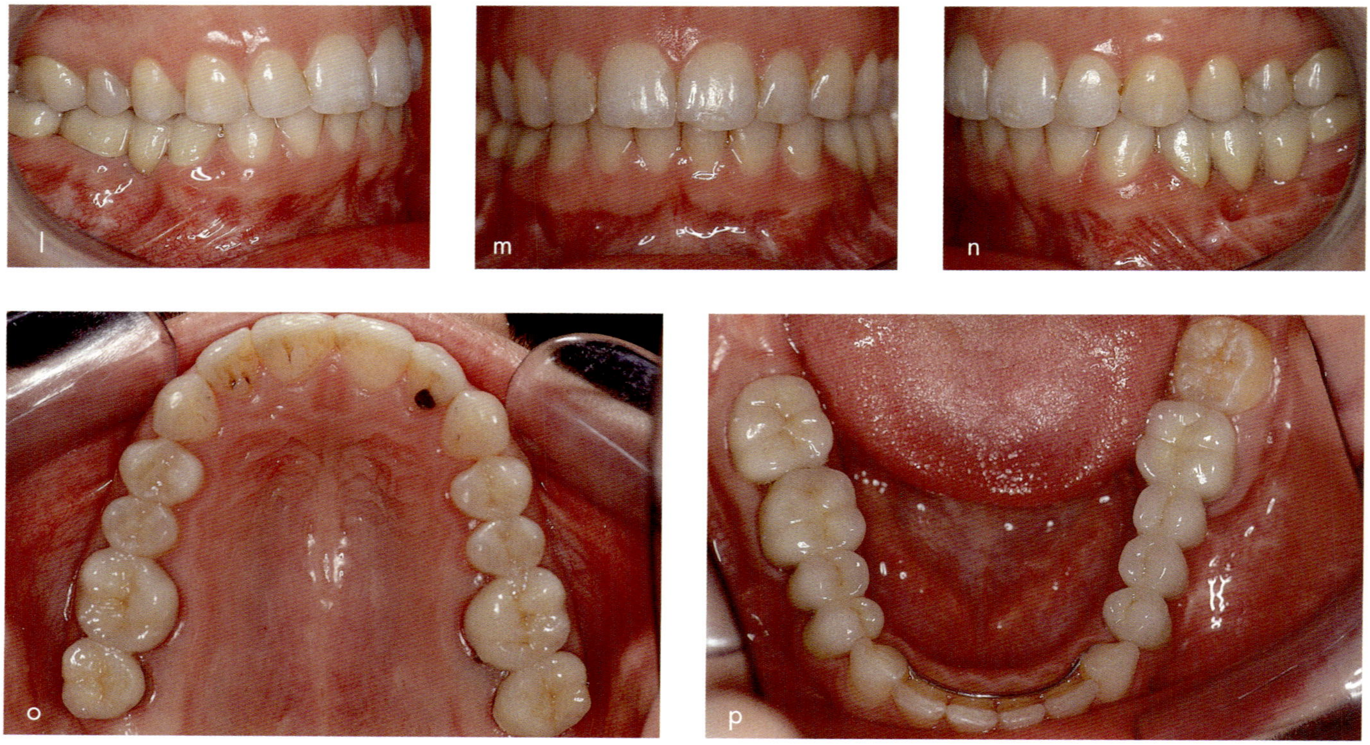

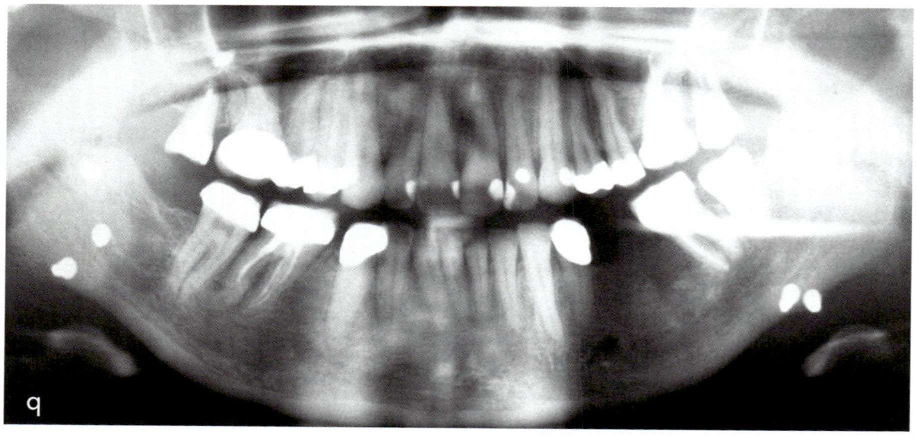

Abb. 6.20l bis q
l bis p Klinische Situation nach Entfernung der Multibandapparatur sowie nach konservierender und prothetischer Versorgung.
q OPG: Gute Situation an Zahn 37.

Fall 5

Diagnose. Eine 26-jährige Patientin stellte sich auf Veranlassung ihres Zahnarztes vor, um abklären zu lassen, ob die verlagerten Zähne 18 und 28 einzustellen seien.

Sowohl auf dem OPG als auch auf dem FRS waren eine distoanguläre Verlagerung und die Retention der Zähne 18 und 28 zu sehen (Abb. 6.21a und b).

Die Patientin hatte im Jugendalter bereits eine kieferorthopädische Therapie durchlaufen, bei der zwei Molaren (16 und 26) und vier Prämolaren (14, 24, 34 und 44) extrahiert worden waren. Laut Patientenangabe waren die Zähne 38 und 48 aufgrund einer Verlagerung und Retention ebenfalls extrahiert worden.

Die Patientin störte sich zudem an dem Erscheinungsbild der lückigen Oberkieferfront. Die Lücken waren u. a. auf die Hypoplasie der

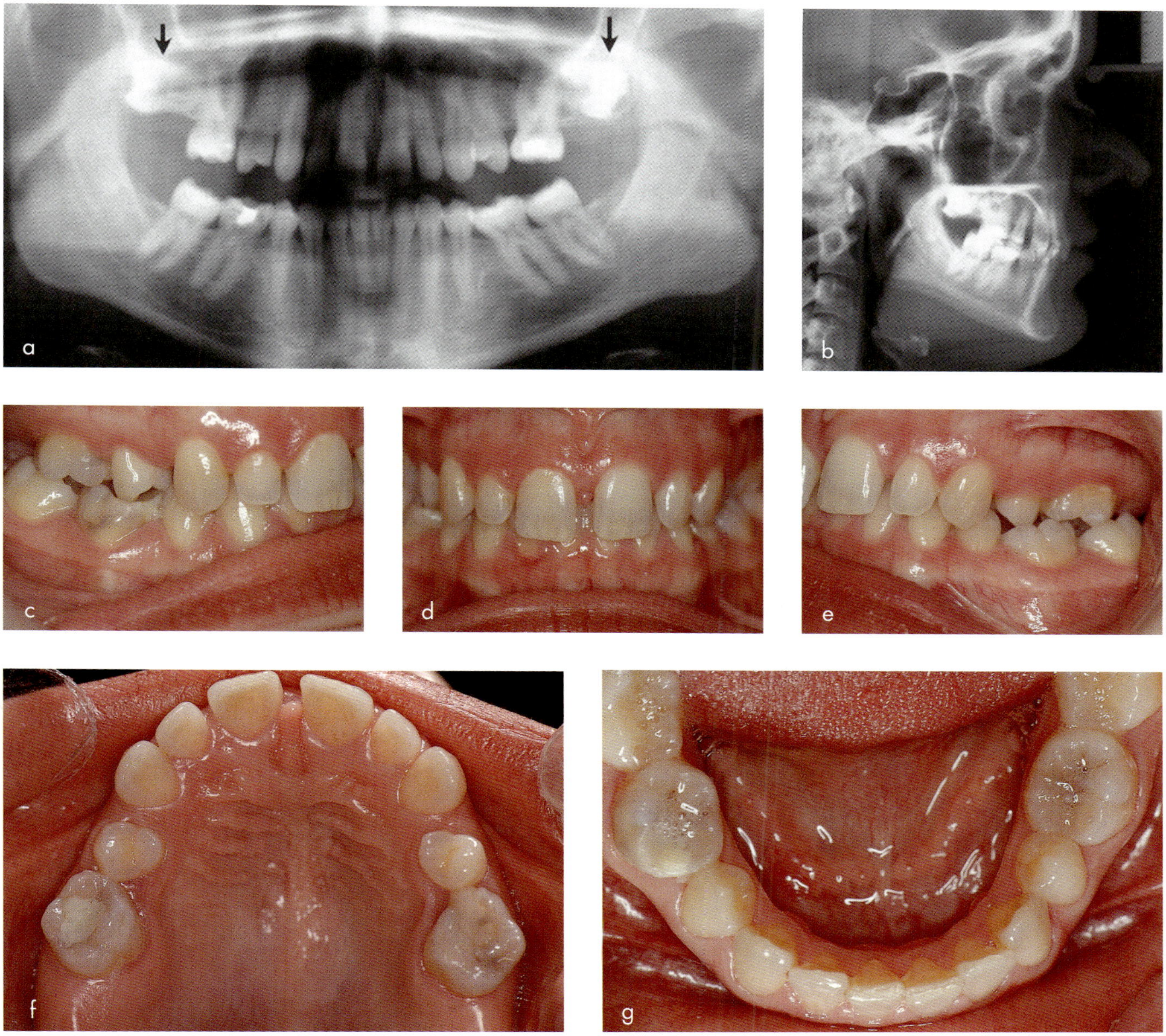

Abb. 6.21a bis g
a OPG: horizontale Verlagerung und Retention der Zähne 18 und 28.
b FRS: horizontale Lage der Zähne 18 und 28.
c bis g Klinische Situation: laterale Kreuzbisse, lückige OK-Front.

seitlichen Schneidezähne zurückzuführen (*Tonn*-Diskrepanz) (Abb. 6.21c bis g).

Therapie. Folgende Behandlungsziele und -schritte wurden festgelegt:

1. Mesialisierung der Molaren und Prämolaren im Oberkiefer.
2. Chirurgische Freilegung und Einstellung der verlagerten Zähne 18 und 28.
3. Verbesserung der dentalen Ästhetik durch adhäsive Verbreiterung der Oberkieferfrontzähne.

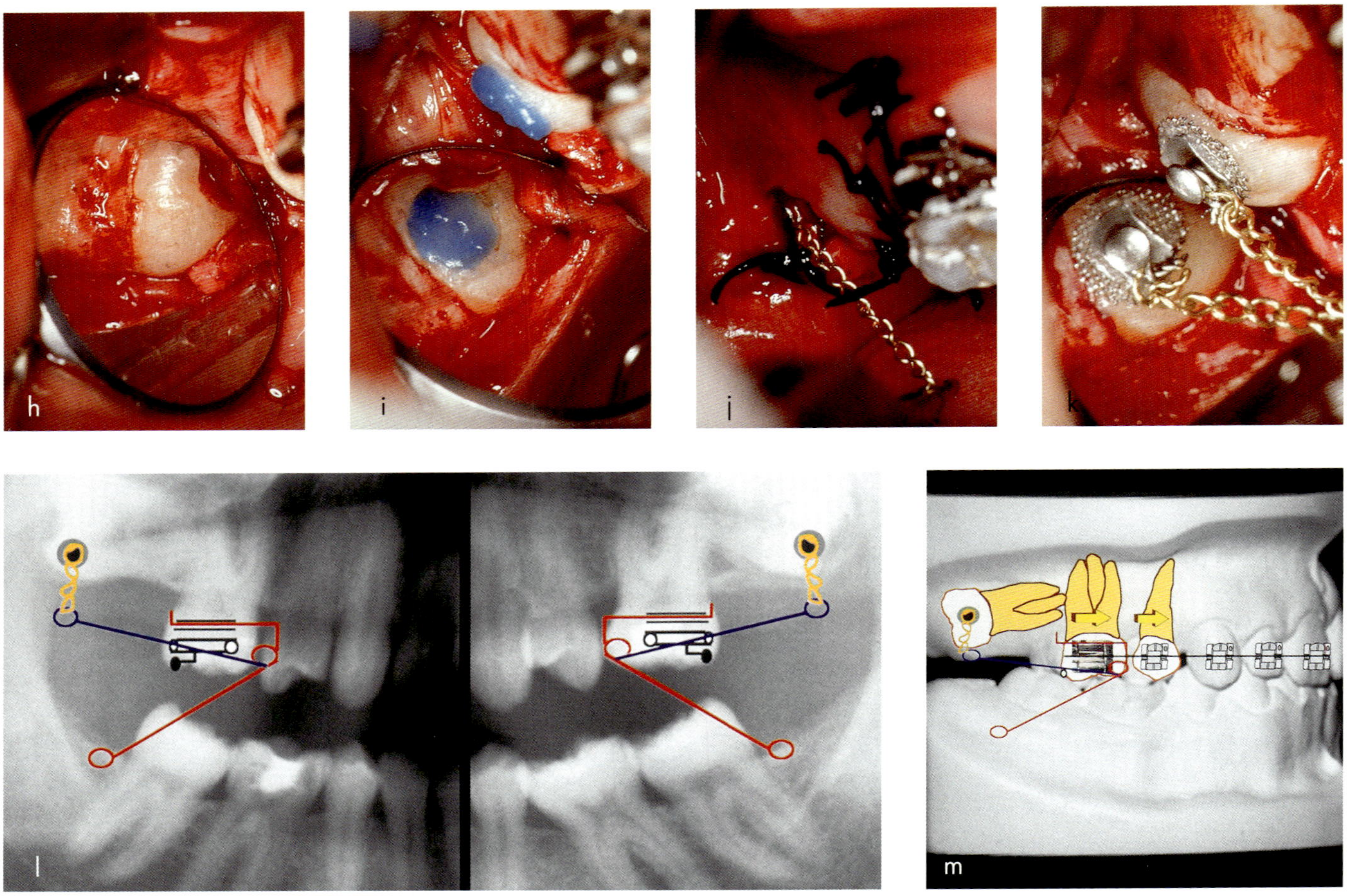

Abb. 6.21h bis m
h bis k Chirurgische Freilegung und Attachmentfixation an Zahn 18.
l und m Schema der Feder zur Einstellung der Zähne 18 und 28: im vorbereiteten, passiven Zustand (rot) und im aktiven, angebundenen Zustand (blau).

Nach erfolgter Nivellierung der Zahnbögen mittels einer Multibracketapparatur wurde die Freilegung der verlagerten Zähne 18 und 28 nach der Methode der geschlossenen Elongation durchgeführt (Abb. 6.21h bis k).

Mit der aktiven Einstellung wurde unmittelbar nach der Operation begonnen. Hierfür wurde eine Aufrichtefeder eingesetzt (Abb. 6.21l bis r).

Nach weitgehend erfolgter Elongation der Weisheitszähne wurden die Knöpfchen entfernt und durch Tuben ersetzt. Für die endgültige Einstellung wurden die Weisheitszähne in den Hauptbogen einligiert (Abb. 6.21s und t).

17 Monate später wurde die Multibandapparatur entfernt. Die Zähne 18 und 28 waren gedreht elongiert, auf eine Derotation wurde verzichtet (Abb. 6.21u bis y).

Aufgrund der Zahnhypoplasie konnten die Lücken in der Oberkieferfront nicht geschlossen werden.

Nach Abschluss der aktiven, kieferorthopädischen Therapie wurde die Verbreiterung der Zähne 12, 11, 21 und 22 mit Kompositmasse durchgeführt. Durch die Herstellung eines lückenlosen Zahnbogens wurde neben der Verbesserung der Ästhetik eine zusätzliche Stabilisierung des Behandlungsergebnisses erreicht (Abb. 6.21z bis b2).

Abb. 6.21n bis t
n bis q Federn in situ, im passiven und im aktiven Zustand.
r Zahnfilme direkt nach dem Einsetzen der Federn.
s und t OPG und klinische Situation während der Aufrichtung der Zähne 18 und 28.

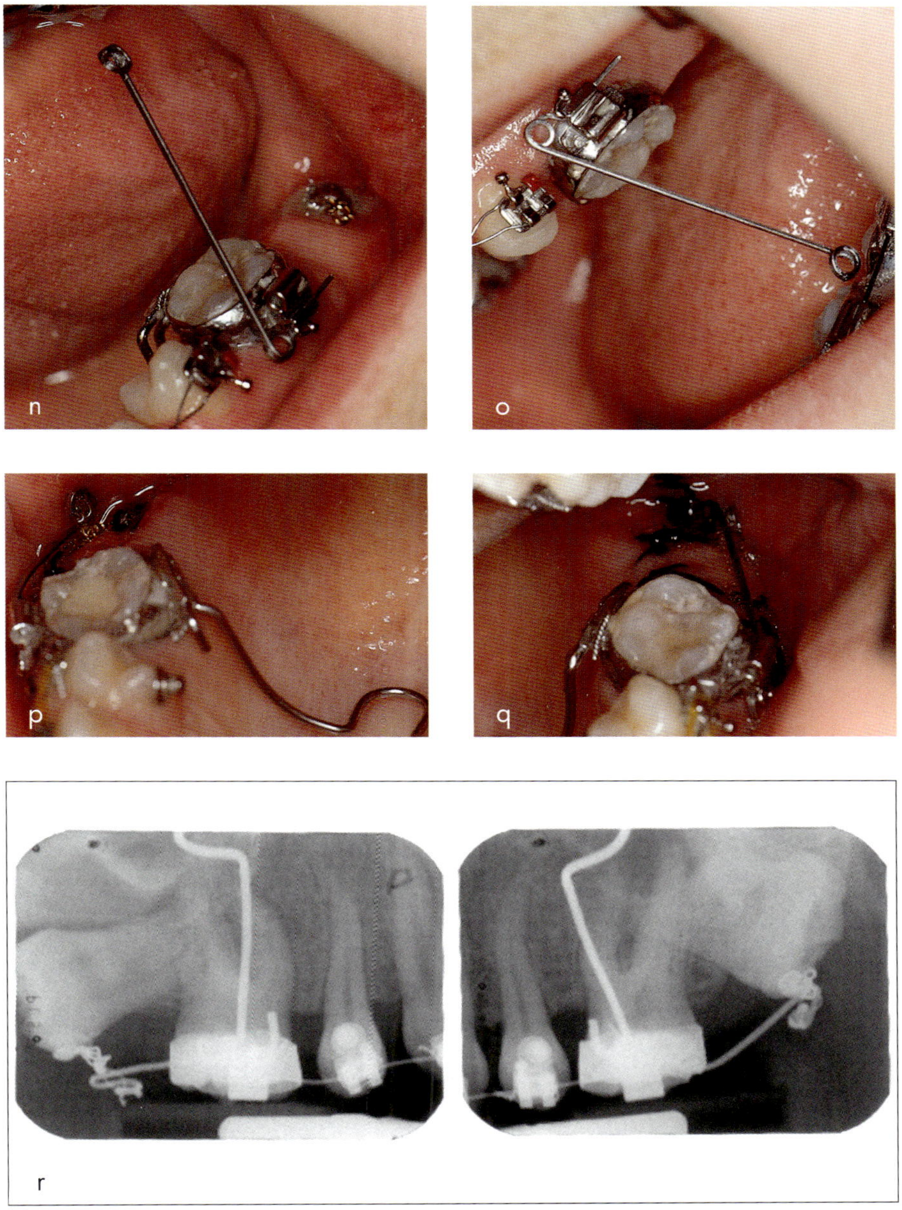

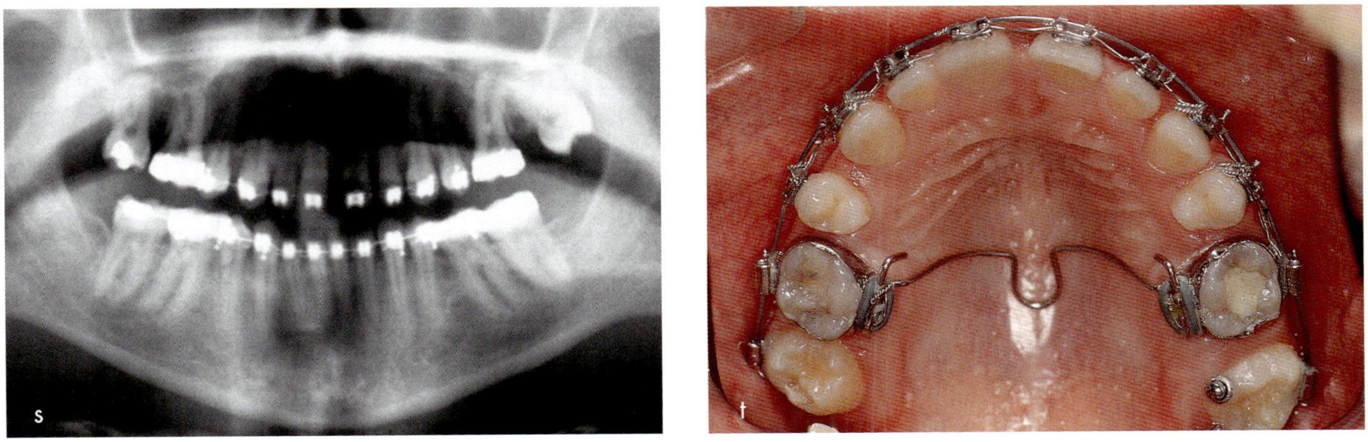

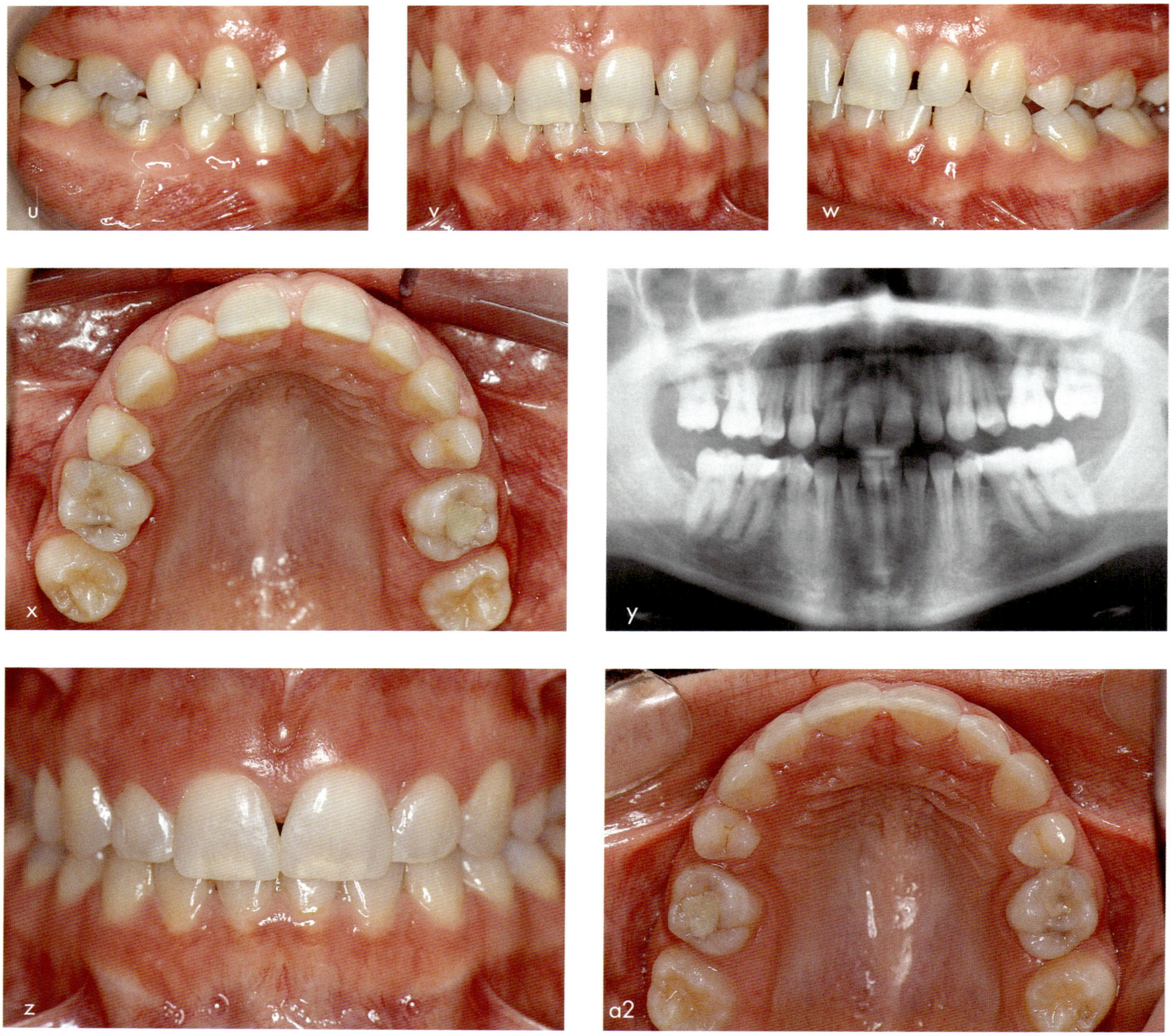

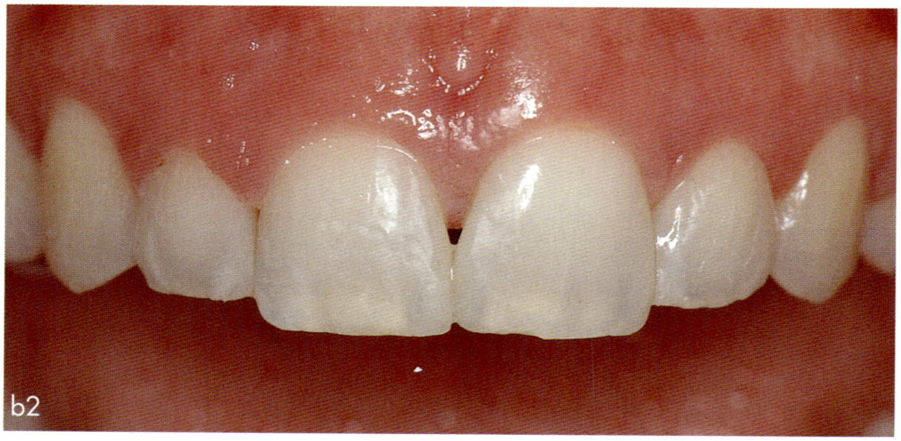

Abb. 6.21u bis b2
u bis x Klinische Situation nach Entfernung der Multibandapparatur.
y OPG: Gute Situation an den Zähnen 18 und 28.
z bis b2 Zustand nach Verbreiterung der Frontzähne mit Komposit.

Abb. 6.22a bis c
a OPG: Nichtanlage des Zahnes 23, multiple Retentionen.
b 2. OPG (1 Jahr später): geringe Vertikalentwicklung der retinierten Zähne.
c 2. OPG: geringe Positionsänderung der retinierten Zähne.

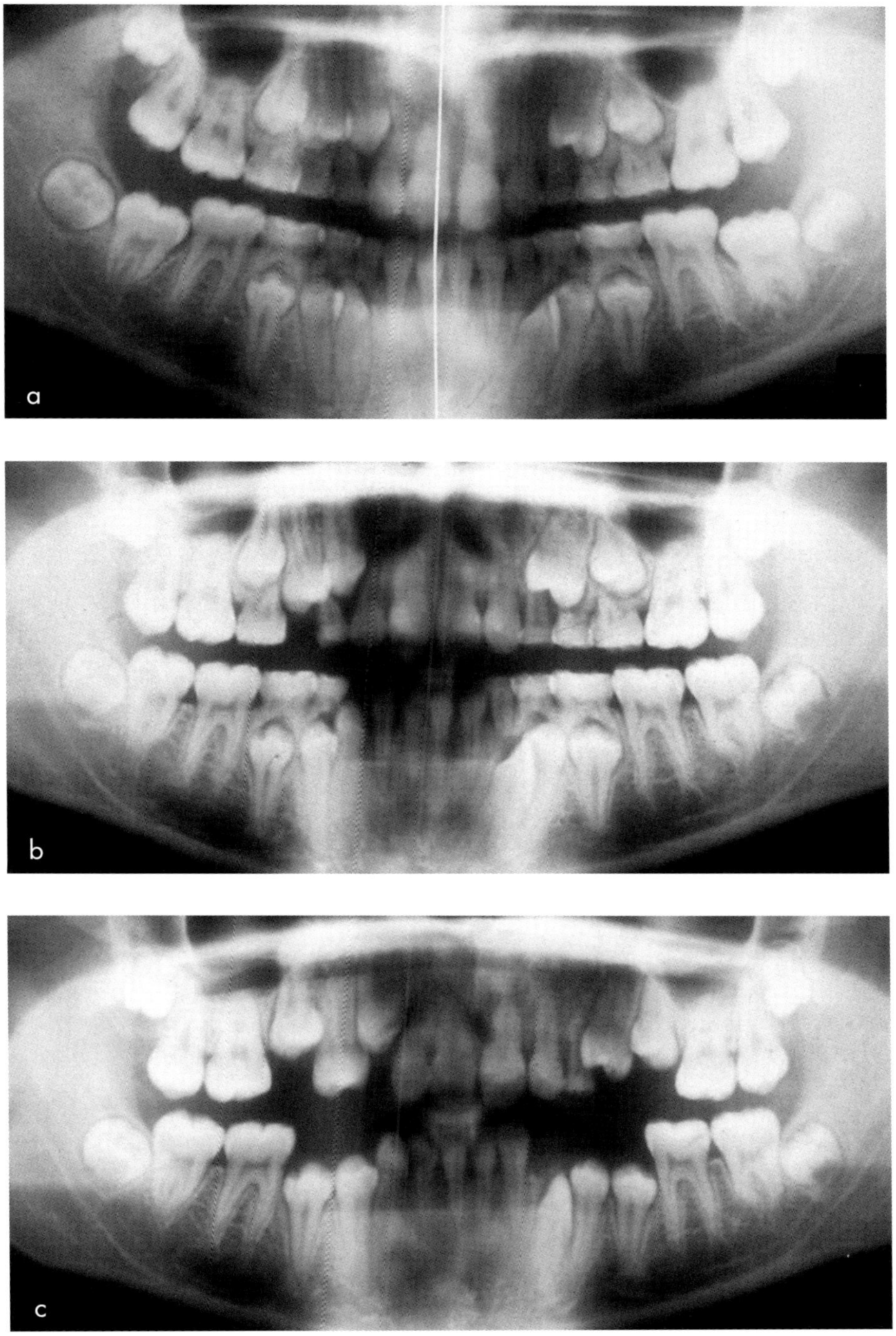

Fall 6

Diagnose. Die Patientin stellte sich im Alter von 16 Jahren vor. Es gab zwei Orthopantomogramme, die vom Zahnarzt im Abstand von einem Jahr angefertigt worden waren. Dem älteren OPG (Abb. 6.22a) war folgender Befund zu entnehmen:

Mit Ausnahme der 8er war das Wurzelwachstum aller bleibenden Zähne weitgehend abgeschlossen. Retention der Zähne 13, 14, 15, 24, 25, 33, 34, 35, 43, 44 und 45 mit Persistenz der ent-

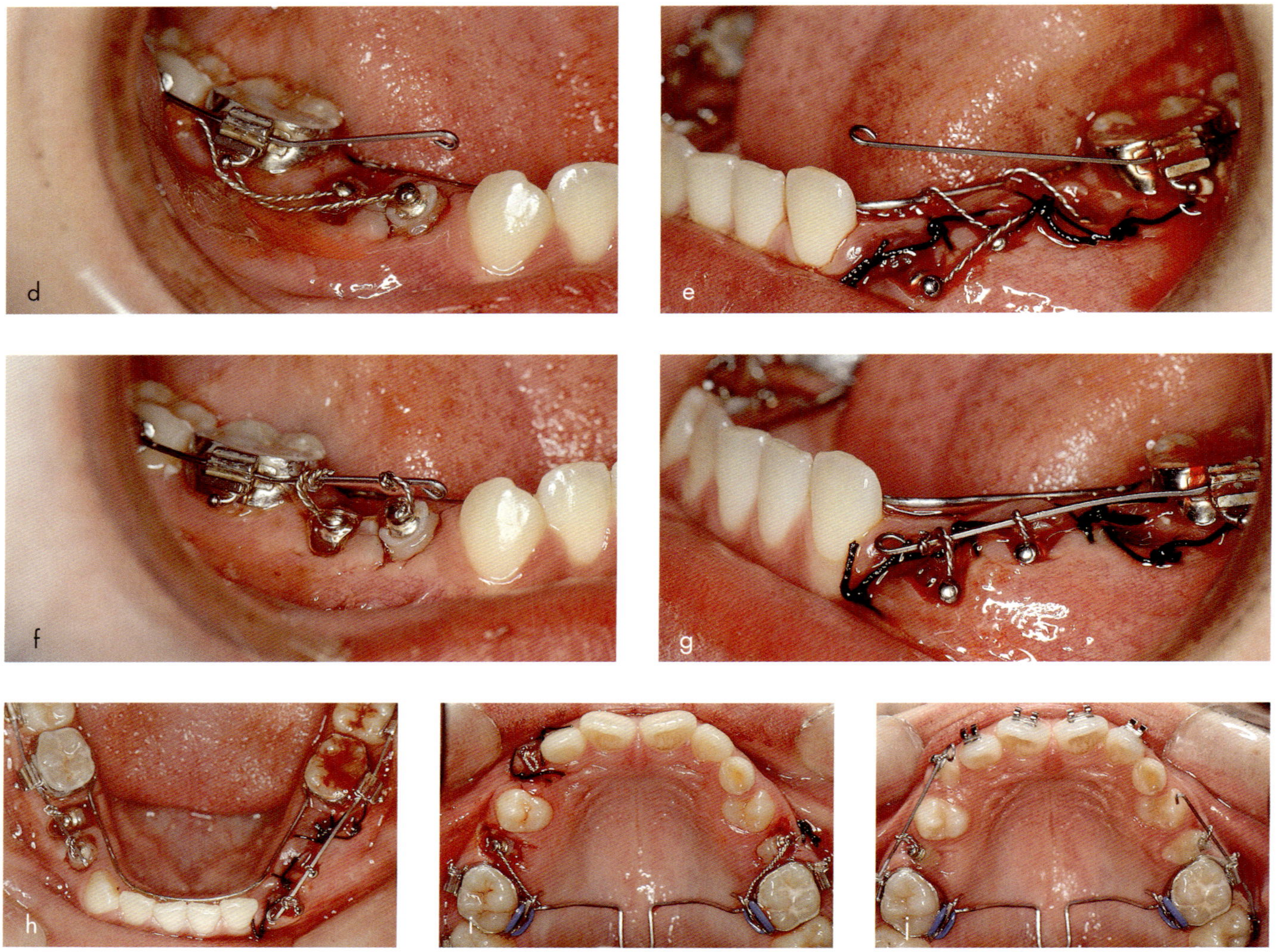

Abb. 6.22d bis j
d und e Klinische Situation nach chirurgischer Freilegung und Attachmentfixation. Teilbögen im passiven Zustand in situ.
f bis j Teilbögen im aktiven Zustand in situ.

sprechenden Milchzähne sowie ein nicht-angelegter Zahn 23.

Auf dem zuletzt angefertigten OPG waren die Positionen der bleibenden Zähne in den Stützzonen nahezu unverändert. Die Zähne 54 und 83 waren verloren gegangen (Abb. 6.22b).

Alle Milchzähne wurden zur Extraktion angewiesen, um einen spontanen Zahndurchbruch zu ermöglichen. Ein weiteres OPG wurde 9 Monate später angefertigt. Die Bilder zeigten nur eine geringe Veränderung der Position der retinierten Zähne (Abb. 6.22c).

Therapie. Da das Wurzelwachstum abgeschlossen war und die bleibenden Zähne trotz ausreichendem Platzangebot nicht durchgebrochen waren, wurde die chirurgische Freilegung mit anschließender aktiver Einstellung beschlossen.

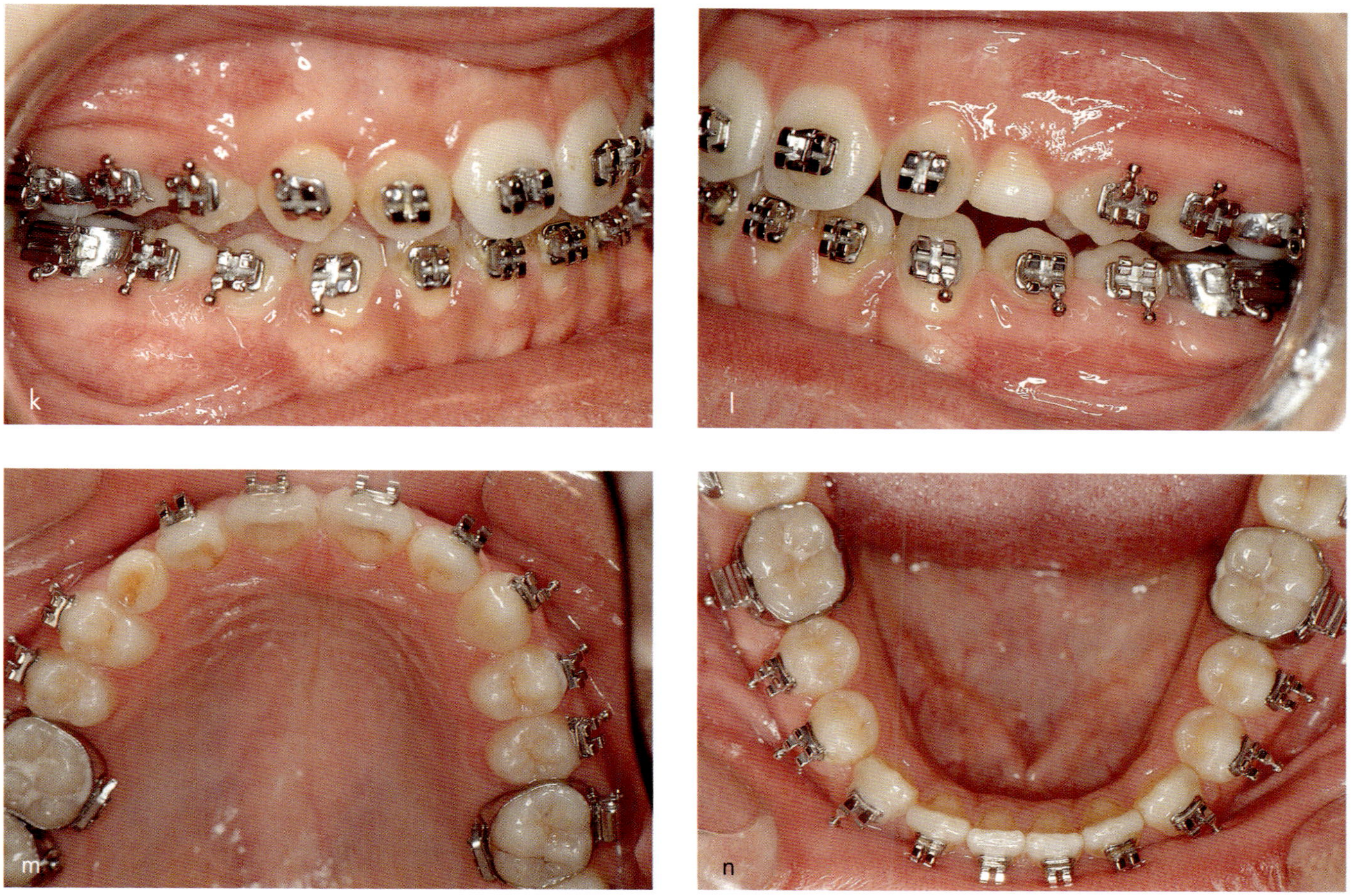

6.22k bis n Eruptierte, für die Einbindung am Hauptbogen vorbereitete Zähne.

Vor der chirurgischen Freilegung der retinierten Zähne wurde im Unterkiefer ein laborgefertigter Lingualbogen eingesetzt. Im Oberkiefer wurde ein Palatal-Bar eingegliedert (Abb. 6.22h und i). Direkt nach der Freilegung mittels geschlossener Elongation und teilweiser Fenestration, begann die Einstellung der retinierten Zähne. Die aktive Eruption wurde mit Teilbögen (17 x 25 TMA) durchgeführt (Abb. 6.22d bis j).

Nach ausreichender Eruption wurden die Zähne mit Brackets beklebt. Für die weitere Einstellung fanden durchgehende Bögen Verwendung (Abb. 6.22k bis n).

Nach 18-monatiger Behandlungsdauer lagen röntgenologisch und klinisch gute Verhältnisse vor (Abb. 6.22o bis s).

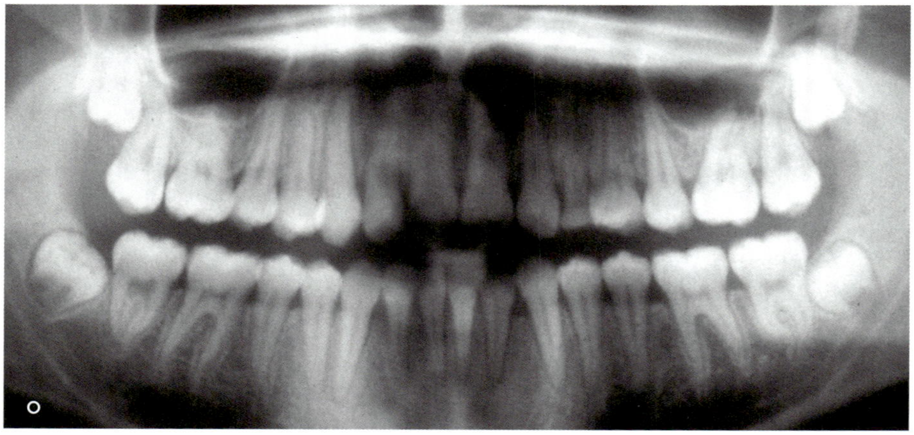

6.22o bis s
o OPG: Gute Situation der retinierten Zähne.
p bis s Klinische Situation nach Entfernung der Multibandapparatur.

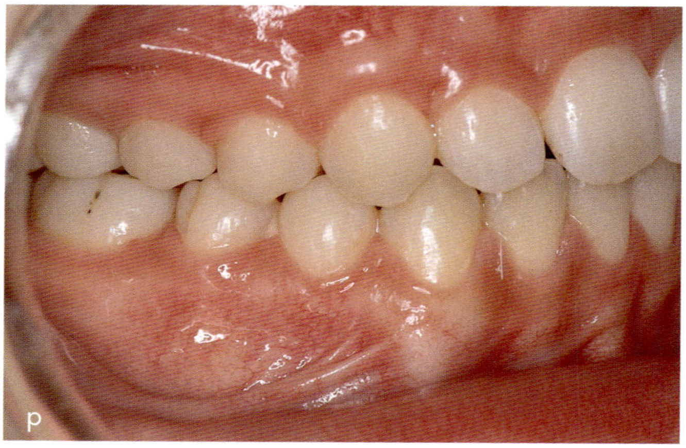

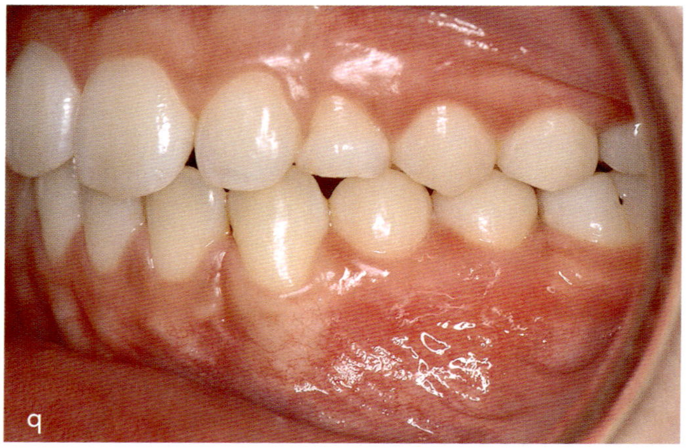

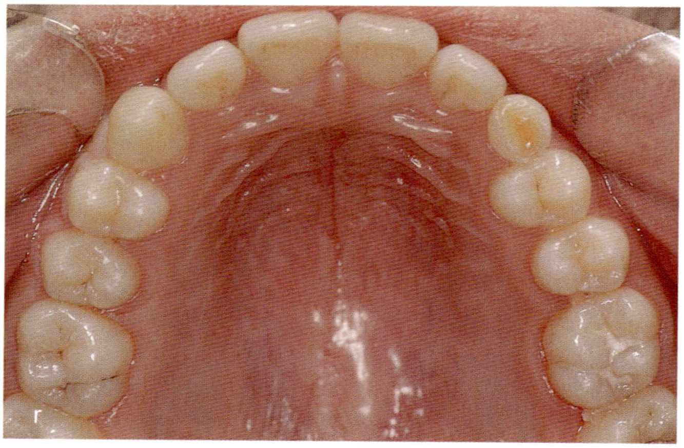

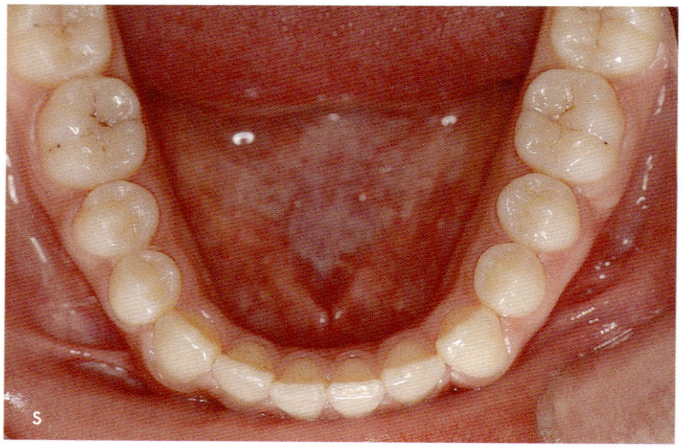

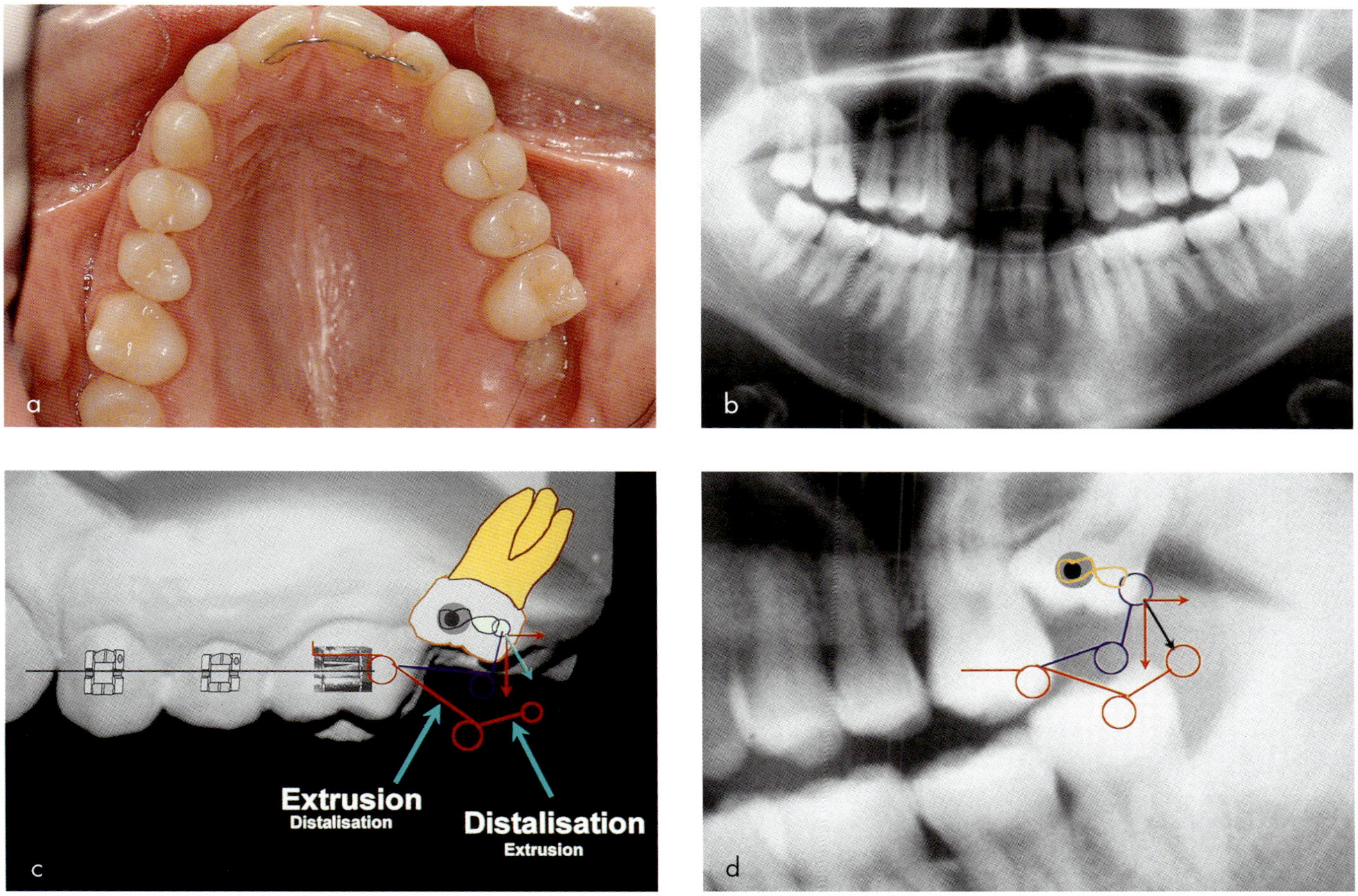

Abb. 6.23a bis d
a Teilweise durchgebrochener Zahn 28.
b OPG: mesioanguläre Verlagerung und Retention von Zahn 28.
c Schema der Feder zur Einstellung von Zahn 28: im vorbereiteten, passiven Zustand (rot) und im aktiven, angebundenen Zustand (blau).
d Projektion der Feder auf den verlagerten Zahn 28.

Fall 7

Diagnose. Eine 29-jährige Patientin hatte in ihrer Jugend eine kieferorthopädische Behandlung durchlaufen, bei der die Zähne 16, 26, 34 und 44 extrahiert worden waren. Mit Ausnahme von Zahn 28 waren die Weisheitszähne durchgebrochen. 28 war mesioangulär verlagert und retiniert (Abb. 6.23a und b).

Therapie. Die Patientin entschied sich gegen die Entfernung des Zahnes 28 und für dessen kieferorthopädische Einstellung. Die chirurgische Freilegung des Zahnes war nicht erforderlich; aufgrund des stattgefundenen, teilweisen Durchbruchs konnte direkt ein Attachment auf den Zahn geklebt werden.

Für die Einstellung des Zahnes 28 wurde eine Feder (0,017/0,025 TMA-Draht) gebogen, die eine distalisierende und extrudierende Wirkung aufwies (Abb. 6.23c bis e), was nach 10 Wochen zu einer deutlichen Extrusion von Zahn 28 führte (Abb. 6.23f).

Das Knöpfchen an Zahn 28 wurde durch eine Tube ersetzt und der Zahn in den Hauptbogen einbezogen (Abb. 6.23g).

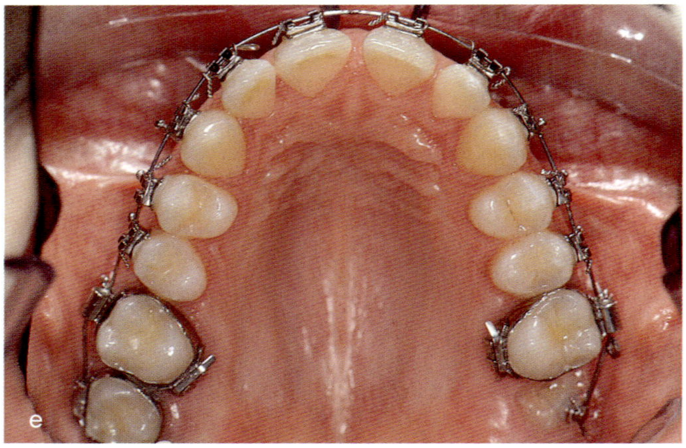
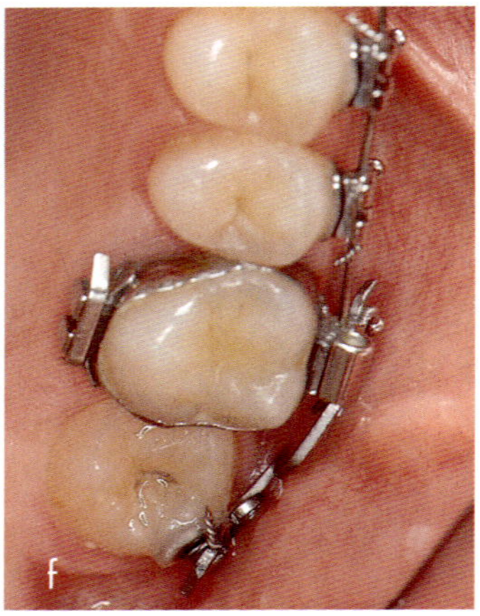
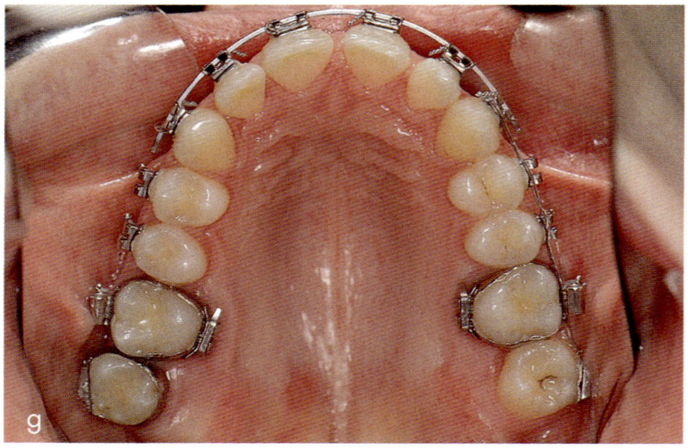
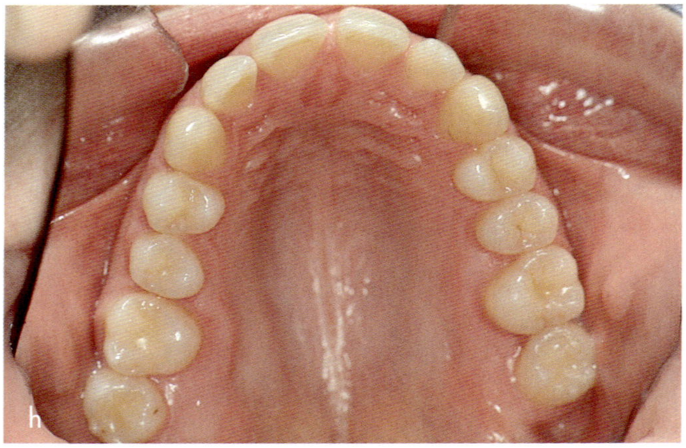
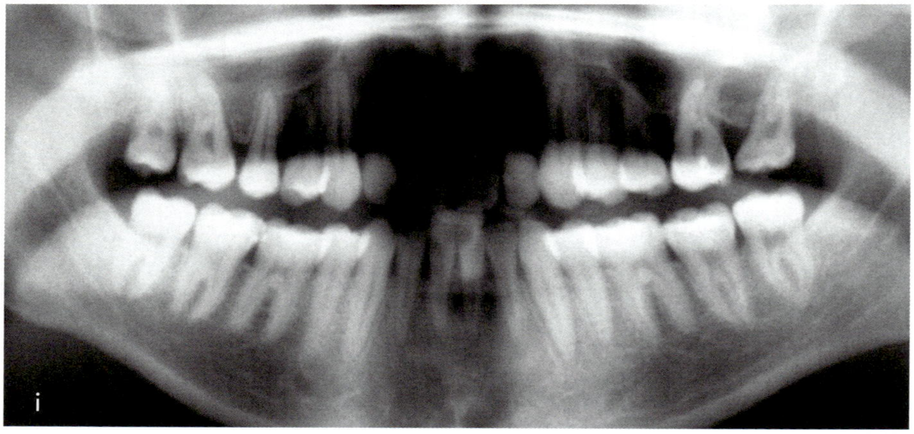

6.23e bis i
e und f Klinische Situation direkt nach dem Einsetzen und nach 10 Wochen Wirkungsdauer.
g Zahn 28 am Hauptbogen einligiert.
h Klinische Situation nach Entfernung der Multibandapparatur.
i OPG: Gute Situation an Zahn 28.

Nach 12-monatiger Behandlungsdauer wurde die Multibandapparatur entfernt (Abb. 6.23h und i).

Anschließend wurde der Aufbau der Oberkieferfrontzähne mit Komposit durchgeführt. Das vorliegende Missverhältnis von Kronenlänge und Kronenbreite störte das ästhetische Erscheinungsbild (Abb. 6.23j bis m). Das als ästhetisches Optimum empfundene Verhältnis beträgt im Durchschnitt 1 : 0,85 (Länge : Breite)[11].

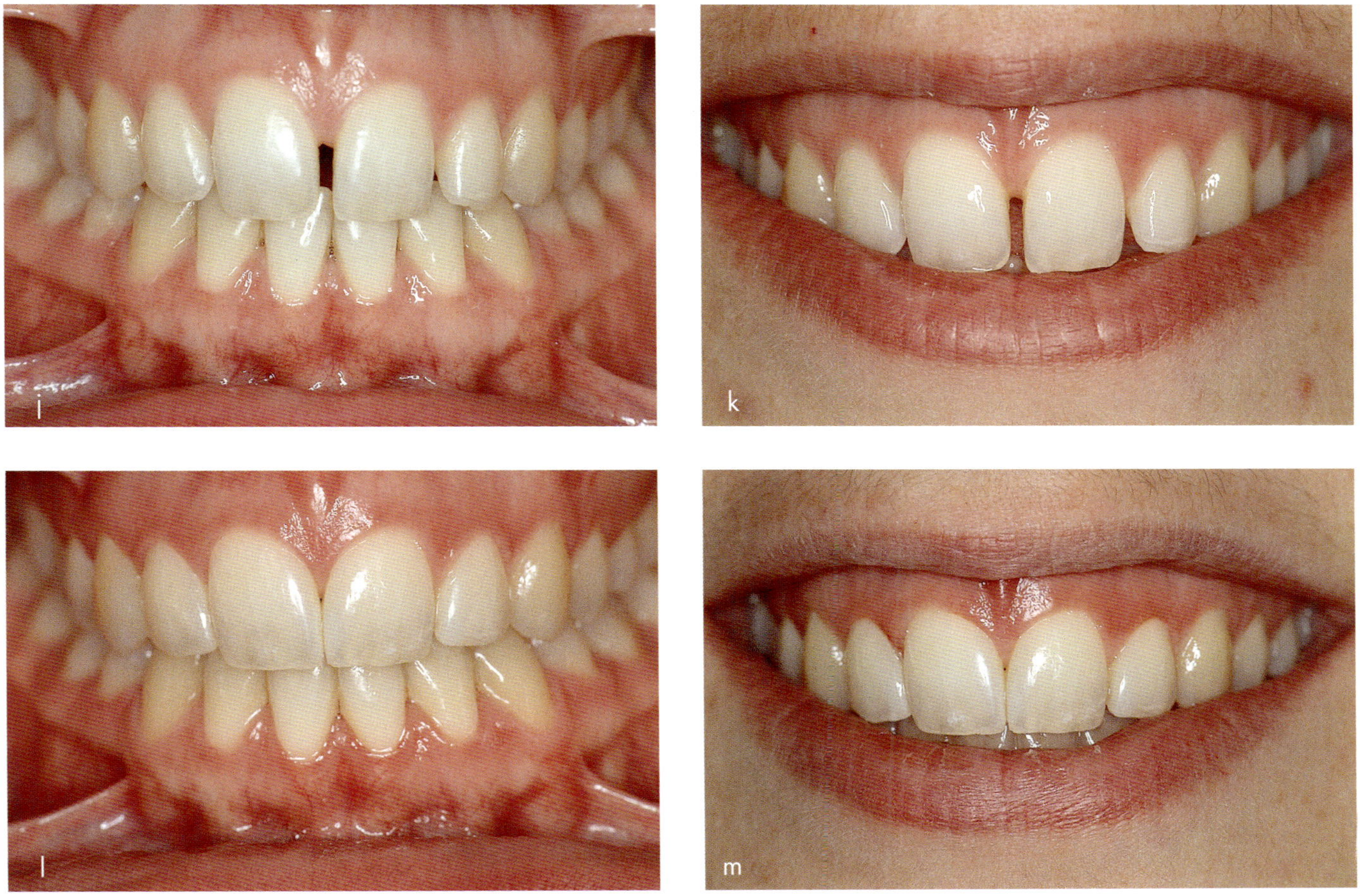

Abb. 6.23j bis m
j und k Zustand vor Verbreiterung der Frontzähne mit Komposit.
l und m Zustand nach Verbreiterung der Frontzähne mit Komposit.

7 Transposition als Sonderfall der Verlagerung

Die Transposition bleibender Zähne stellt eine Sonderform der Verlagerung von Zähnen dar.

7.1 Definition

Von einer Transposition spricht man, wenn im Verlauf der Gebissentwicklung zwei Zähne eines Quadranten ihre Position getauscht haben[58, 77]. Zu unterscheiden ist die komplette von der inkompletten Transposition, wobei Synonym die Begriffe der echten bzw. teilweisen Transposition verwendet werden. Eine echte Transposition zeichnet sich dadurch aus, dass nicht nur die Kronen, sondern auch die Wurzeln der betroffenen Zähne ihre Position vollständig getauscht haben (Abb. 7.1).

Bei einer inkompletten Transposition können die Kronen den Platz des benachbarten Zahnes eingenommen haben, die Wurzeln allerdings an ihrer physiologischen Position stehen (Abb. 7.2).

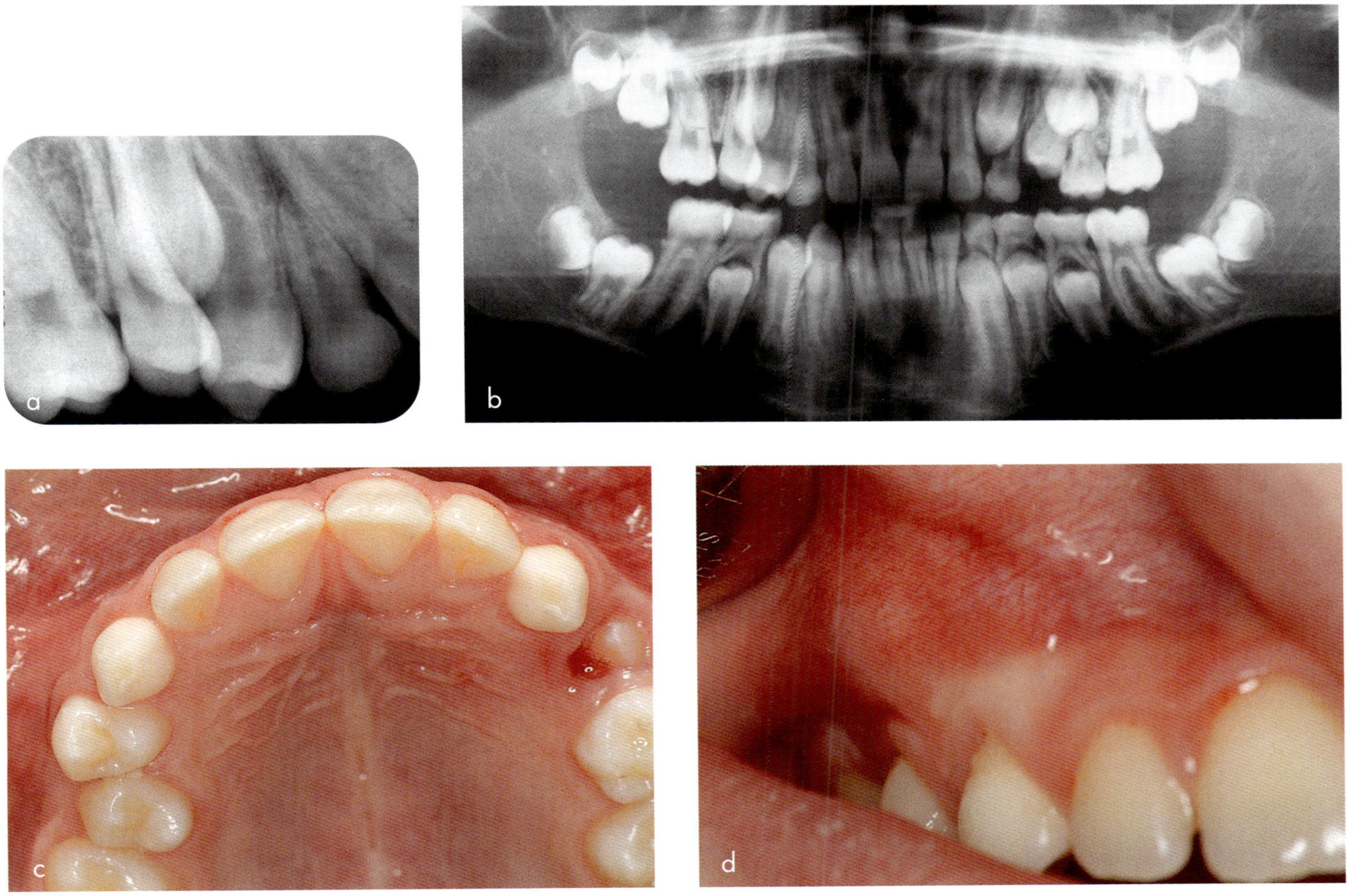

Abb. 7.1a bis d Röntgenbilder: Komplette Transposition zwischen 13 und 14 mit Persistenz des Zahnes 53 (c). Vestibuläre Auftreibung im Bereich des transponierten Zahnes 13 (d).

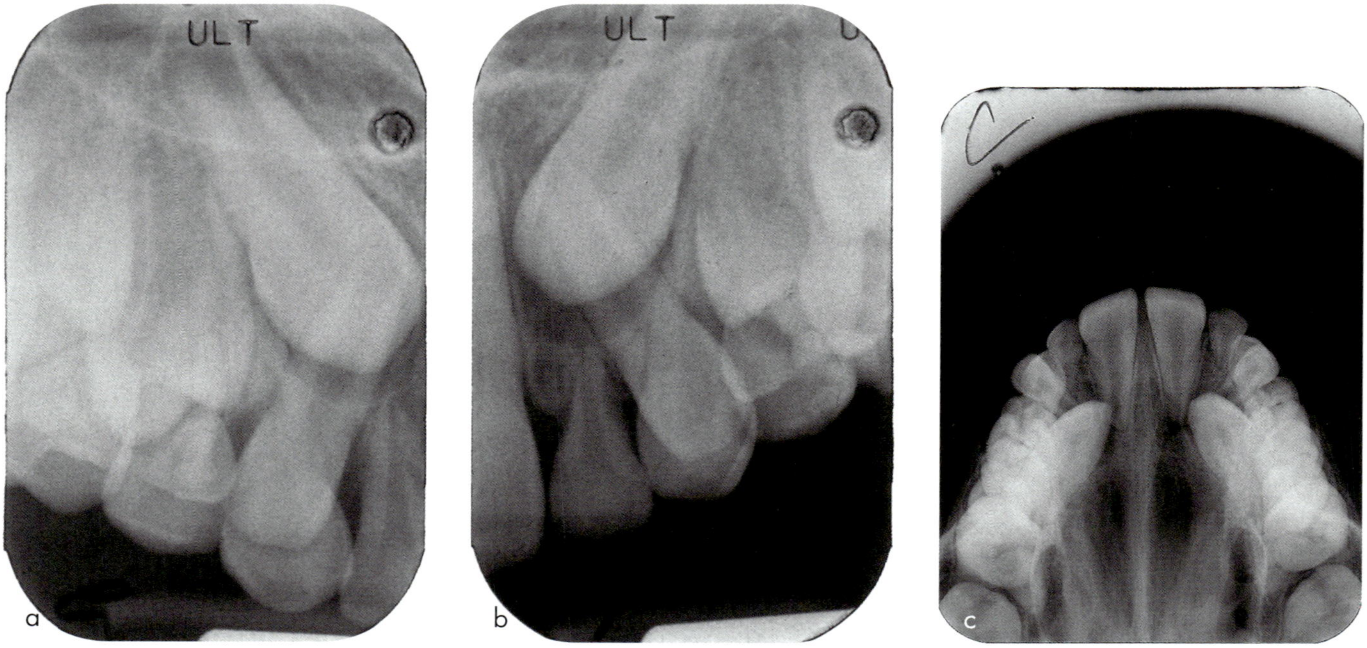

Abb. 7.2a und b Periapikale (a und b) und Oberkieferaufbiss-Aufnahme (c): Entwicklung der Zähne 13 und 23 in eine inkomplette Transposition mit den lateralen Schneidezähnen. Die Zähne 52 und 62 persistieren.

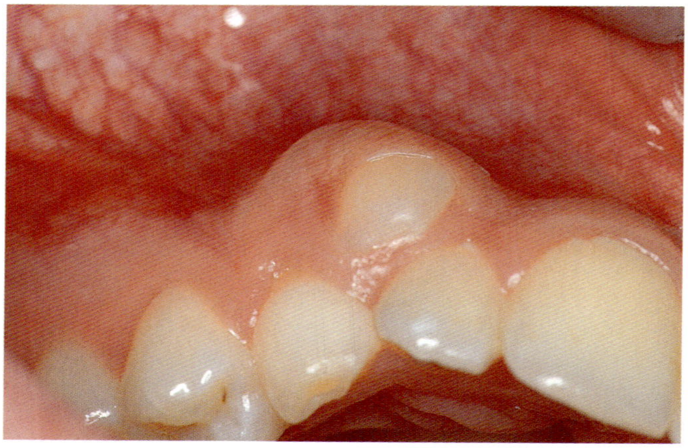

Abb. 7.3 Ektopischer Durchbruch des Zahnes 13, Persistenz des Zahnes 53.

Zusätzlich gibt es den Begriff der Pseudotransposition[66]. Diese bezeichnet einen ektopischen Zahndurchbruch unterschiedlichen Ausmaßes, der aber nicht dem Oberbegriff der Transposition zugerechnet wird (Abb. 7.3).

7.2 Prävalenz

Die Prävalenz der Transposition variiert je nach Autor zwischen 0,08% und 0,16%[15, 67, 72]. Eine Transposition kann sowohl im Oberkiefer als auch im Unterkiefer auftreten, wobei der Oberkiefer weitaus häufiger betroffen ist[36, 50, 74, 78]. *Peck* und *Attia* fanden bezüglich des Geschlechts der

Abb. 7.4a bis g
a OPG: Komplette Transposition zwischen 23 und 24.
b und c Komplette Transposition der Zähne 23 und 24. Zahn 23 ist distal in Kontakt zum Zahn 25 durchgebrochen.

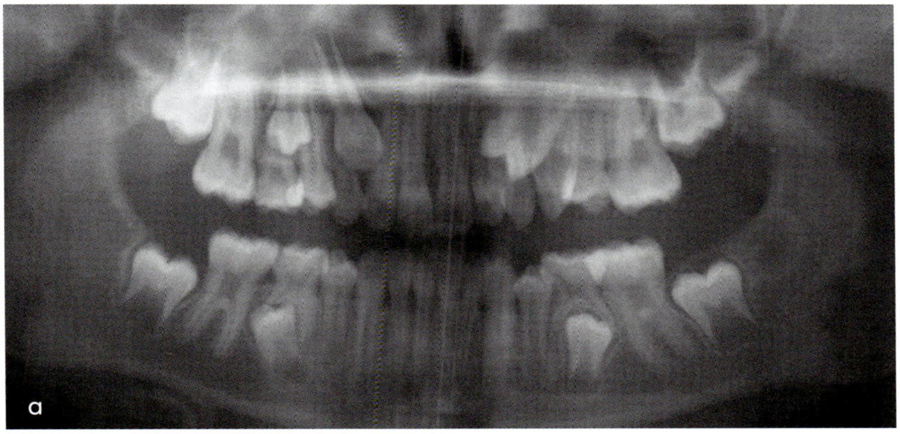

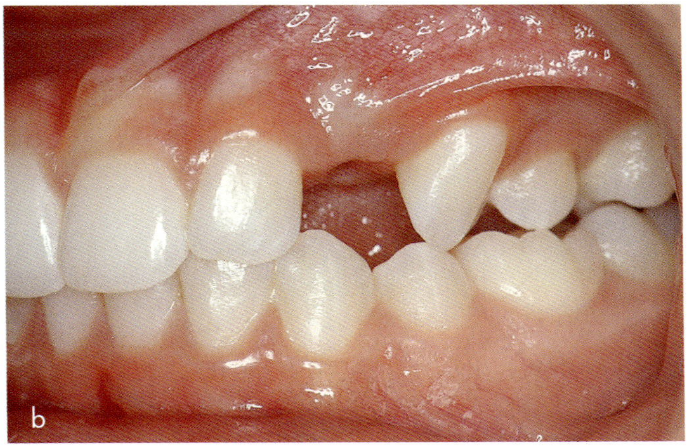

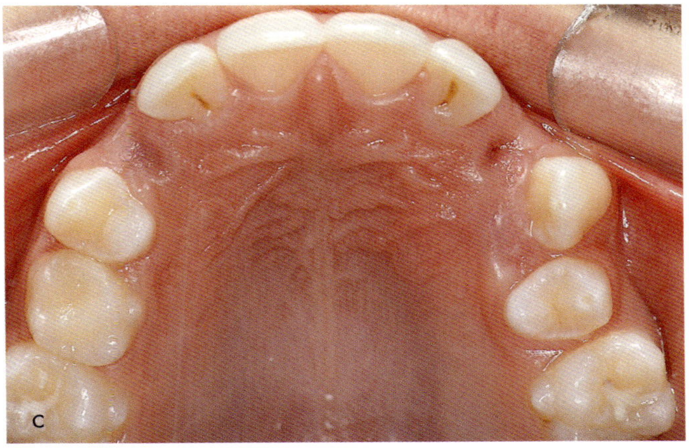

Patienten in der Verteilung signifikante Unterschiede[65]. Im Gegensatz dazu konnten in anderen Arbeiten keine Diskrepanzen festgestellt werden[34, 68]. *Joshi* und *Batt* beobachteten unilaterale Transpositionen häufiger als bilaterale, wobei die linke Seite öfter betroffen ist als die rechte[45].

Das Verhältnis der Verteilung von unilateral zu bilateral beträgt laut Literaturangaben 12:1, mit einer Verteilung von linker zu rechter Seite von 2:1[66]. Bislang ist in der Literatur kein Fall verzeichnet, bei dem sowohl im Oberkiefer als auch im Unterkiefer eine Transposition aufgetreten ist. Ebenfalls bisher unbekannt ist eine Transposition im Milchgebiss.

Der am häufigsten von der Transposition betroffene Zahn ist der obere Eckzahn[69].

Im Unterkiefer ist der Eckzahn mit 0,03% nur selten betroffen[44, 70]. Vereinzelte Veröffentlichungen berichteten von unterschiedlichsten Zahntranspositionen[24, 35, 41, 90], von der Transposition des oberen mittleren Inzisivus mit dem lateralen Inzisivus[17] oder des unteren zweiten Prämolaren mit dem ersten Molaren. Die häufigste klinische Manifestation der Transposition ist zwischen dem oberen Eckzahn und dem ersten Prämolaren zu beobachten (Abb. 7.4a bis g).

In vielen Fällen kann man den Eckzahn vestibulär zwischen dem ersten und zweiten Prämolaren palpieren, der Milcheckzahn ist meist noch vorhanden (vgl. Abb. 7.1). Die Transposition zwischen Eckzahn und dem lateralen Schneidezahn zeigt eine niedrigere Inzidenz, selten findet eine Transposition mit dem mittleren Inzisivus statt.

Oft werden im Zusammenhang mit der Transposition andere dentale Anomalien beob-

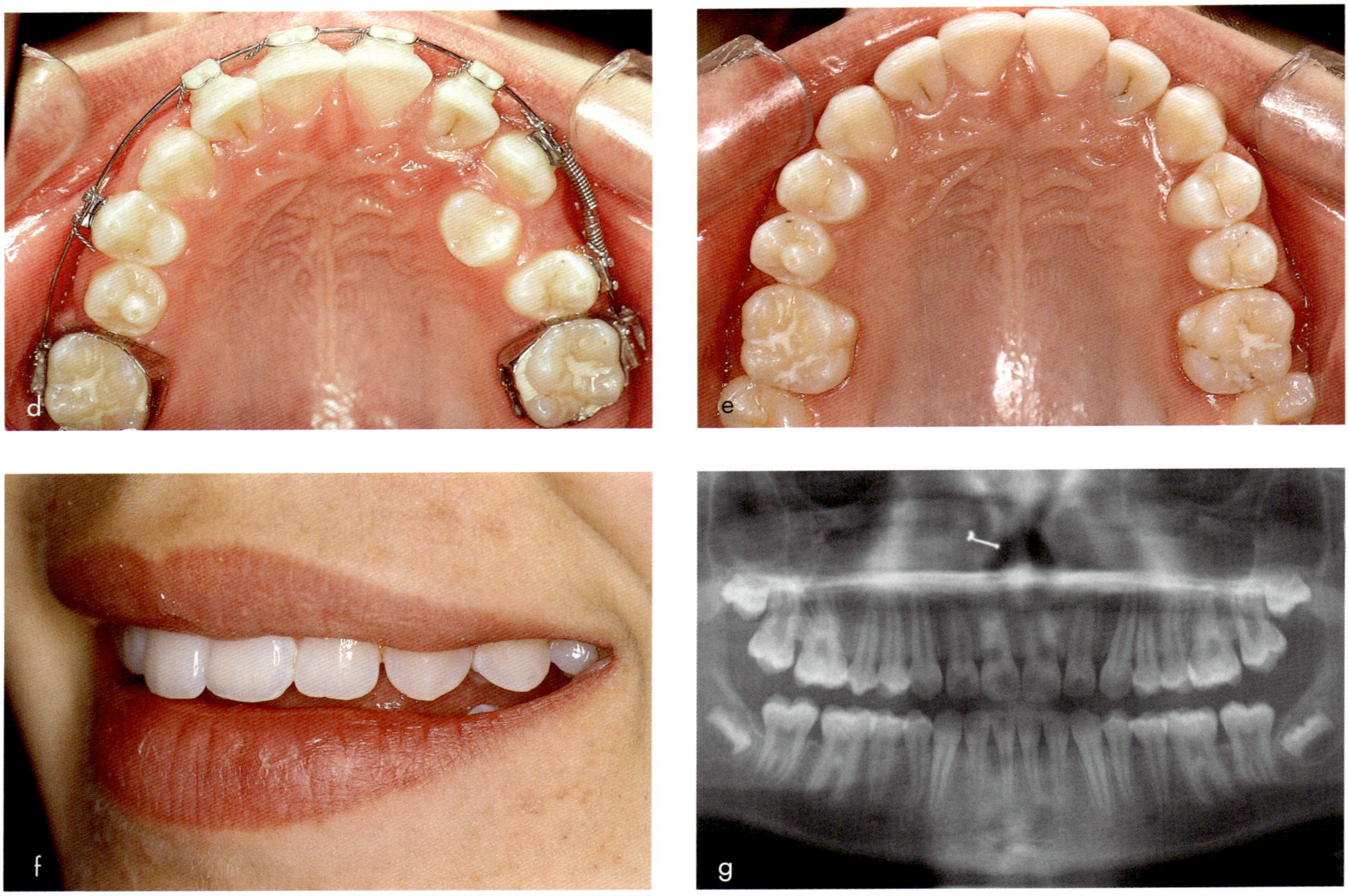

Abb. 7.4d bis g

d Frühzeitiges Eingreifen hat die Lösung der Transposition erleichtert. Zahn 23 wurde mesialisiert, bevor der Prämolar durchgebrochen ist. Zahn 24 ist im Drehstand durchgebrochen.

e Oberkieferaufbissaufnahme am Ende der aktiven Behandlung.

f Gutes Erscheinungsbild nach Auflösung der Transposition.

g OPG: Zustand nach Auflösung der Transposition.

achtet. Die häufigsten Befunde sind fehlende oder zapfenförmige laterale Schneidezähne, multiple Drehstände, Fehlstände benachbarter Zähne, persistierende Milchzähne sowie Dilazerationen und Fehlformen anderer Zähne im Zahnbogen. Auch überzählige Zähne konnten in diesem Zusammenhang beobachtet werden (Abb. 7.5).

7.3 Ätiologie

Die Ätiologie der Transposition wird in der Literatur kontrovers diskutiert. Dabei spielen sowohl exogene als auch endogene Faktoren eine Rolle. Als endogene Faktoren werden Knochenobstruktionen, insuffiziente Knochenentwicklung, enge Keimlagen oder die Retention benachbarter Zähne in Erwägung gezogen[46].

Wird z. B. der obere Eckzahn in seiner Durchbruchsrichtung nach palatinal abgelenkt, kann es zur Impaktion kommen. Findet eine

7.5a bis d
a OPG: Mesiodens als Durchbruchshindernis für Zahn 21.
b und c OPG und Oberkieferaufbissaufnahme nach Entfernung des überzähligen Zahnes und spontanem Durchbruch von Zahn 21. Komplette Transposition zwischen den Zähnen 23 und 22.
d Klinisches Bild der kompletten Transposition zwischen 22 und 23.

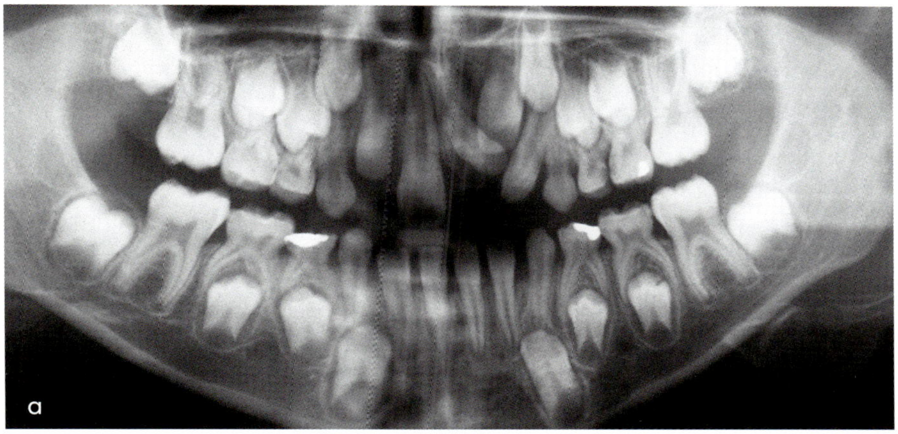

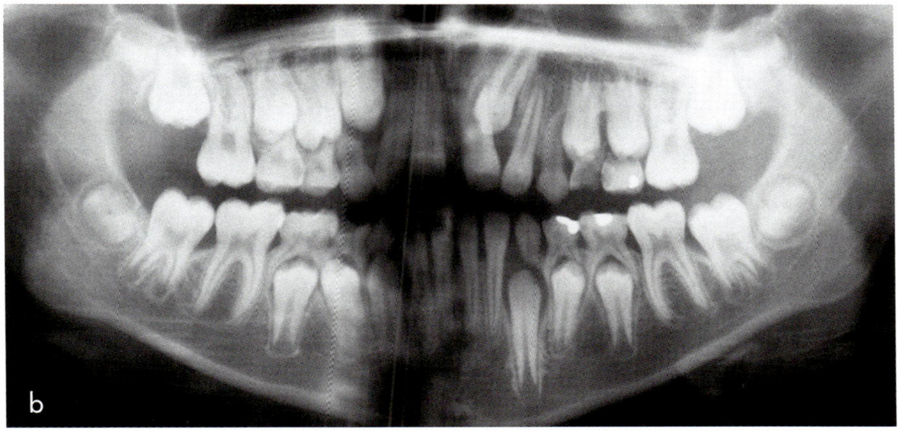

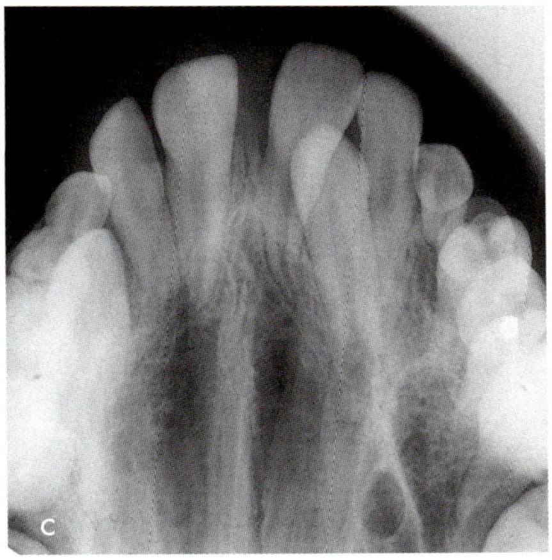

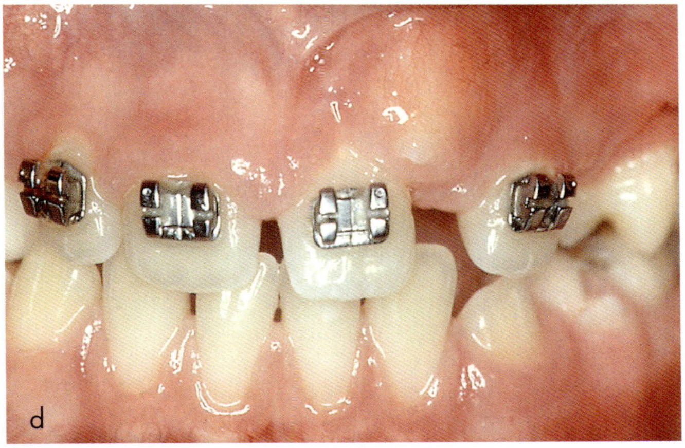

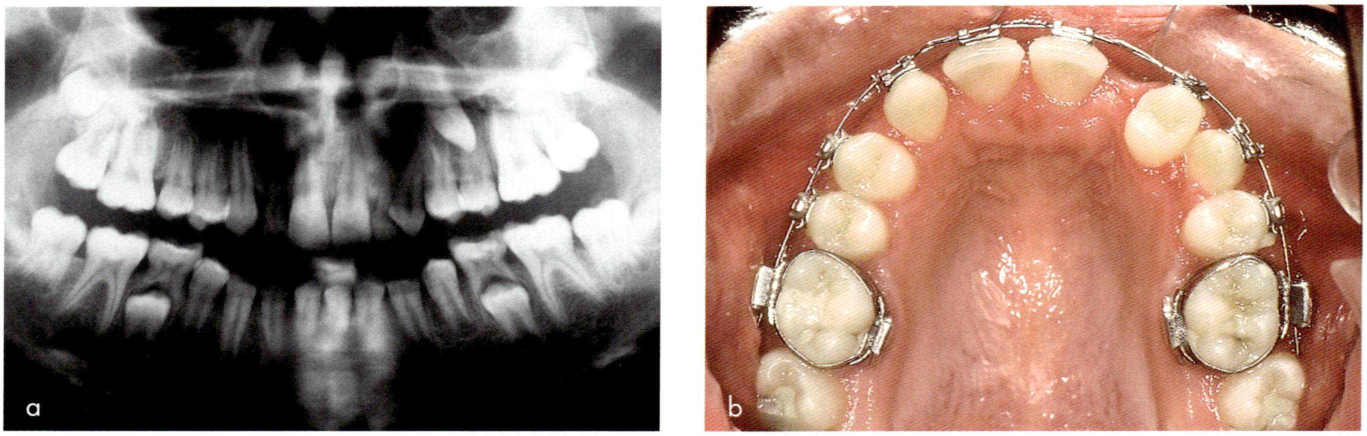

Abb. 7.6a und b **a** Komplette Transposition der Zähne 23 und 24. Nichtanlage der Zähne 12 und 22. **b** Klinische Situation: Einstellung der transponierten Zähne. (Die Aufnahmen wurden mit freundlicher Genehmigung von Dr. *G. Schuster*, Frankfurt, zur Verfügung gestellt.)

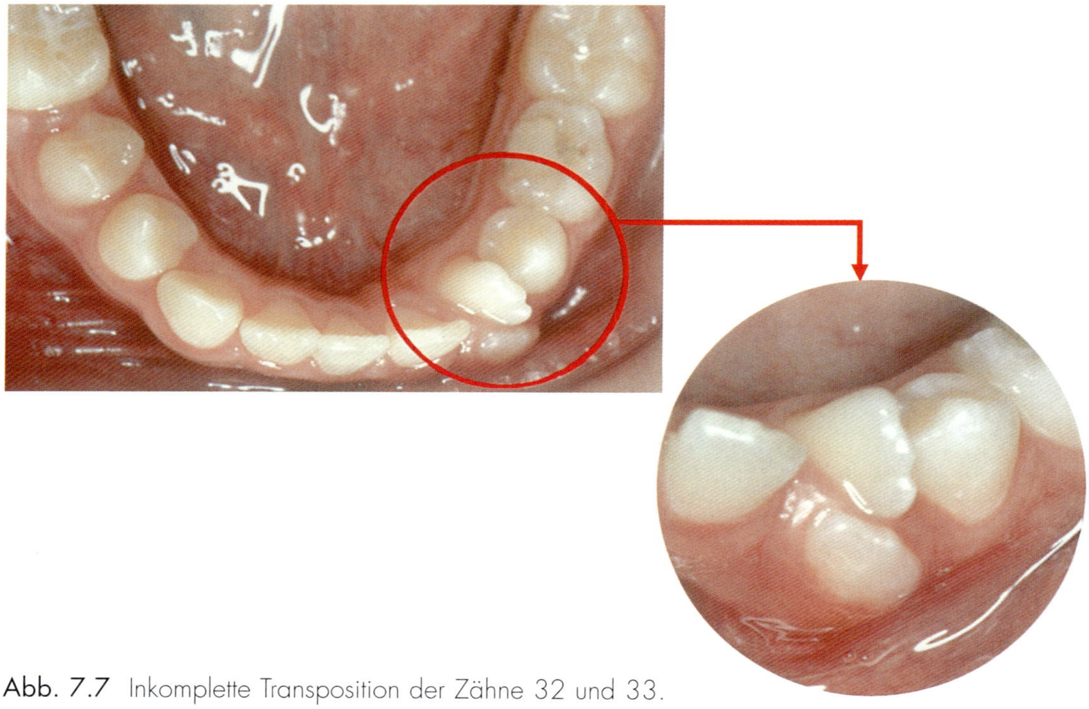

Abb. 7.7 Inkomplette Transposition der Zähne 32 und 33.

Ablenkung nach mesial oder distal statt, kann es zur Transposition mit dem lateralen Schneidezahn (vgl. Abb. 7.5) bzw. dem ersten Prämolaren kommen (Abb. 7.6).

Im Unterkiefer ist der laterale Schneidezahn der am häufigsten verlagerte Zahn. Durch den ektopischen Durchbruch dieses Zahnes weiter distal im Zahnbogen wird bei gleichzeitiger mesialer Durchbruchsrichtung des Eckzahns eine Transposition begünstigt. Dieser Umstand verdeutlicht, dass im Unterkiefer, im Gegensatz zum Oberkiefer, eine Verlagerung eines benachbarten Zahnes die Grundlage für eine Transposition des Eckzahnes bietet (Abb. 7.7). Im

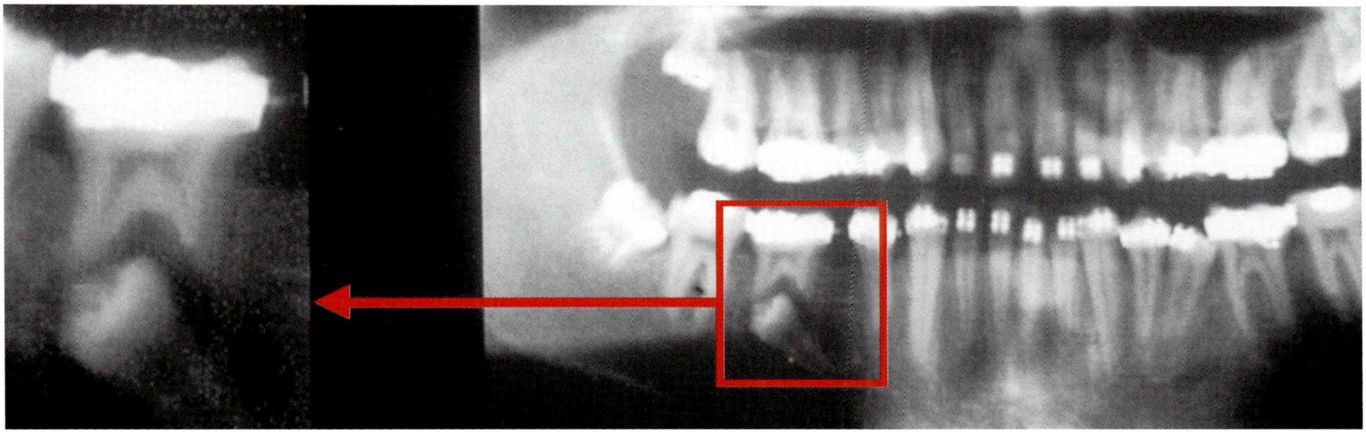

Abb. 7.8 Wurzelresorption an Zahn 46 durch die distoanguläre Verlagerung des Zahnes 45.

Oberkiefer hingegen ist der primäre Faktor eine Abweichung des Eckzahns von seiner physiologischen Durchbruchsrichtung.

Eine andere Theorie nimmt einen Austausch der Lage der Zahnkeime an[53].

Auch persistierende Milchzähne werden oft als Befund und damit als mögliche Ursache angeführt. Als endogene Faktoren kommen außerdem pathologische Knochenbefunde, wie z. B. Zysten in Frage (vgl. Abb. 1.19). Auch eine genetische Disposition wird diskutiert[1]. Die Vermutung eines Traumas als auslösendes Moment wurde v. a. im Zusammenhang mit der Beobachtung von Dilazerationen der betroffenen Zähne geäußert[4].

7.4 Diagnose

Zur Abklärung einer Transposition sind neben Eigen- und Familienanamnese eine genaue klinische Untersuchung einschließlich bildgebender Verfahren notwendig.

Die Therapieplanung bei Transpositionen erfordert eine genaue Beurteilung der Lage zu benachbarten anatomischen Strukturen. *Shapira* und *Kuftinec* (1989) halten eine umfassende Röntgendiagnostik bei Verdacht auf eine Transposition im Alter von 6 bis 8 Jahren für sinnvoll. Besonders im Fall einer drohenden Verlagerung des bleibenden unteren seitlichen Schneidezahns kann durch frühzeitige Diagnostik therapeutisch eingegriffen werden. Durch rechtzeitige Entfernung von persistierenden Milchzähnen kann der Durchbruch des verlagerten Zahnes angeregt bzw. der Zahn aktiv in den Zahnbogen eingestellt und somit eine Transposition verhindert werden.

Besondere Aufmerksamkeit ist bei der röntgenologischen Befunderhebung auf die Beziehung der Wurzeln benachbarter Zähne zu richten. Um das Risiko einer Wurzelresorption zu minimieren, muss jeder Verdacht der Berührung zwischen dem verlagerten Zahn und den Wurzeln benachbarter Zähne abgeklärt werden (Abb. 7.8).

Preda und *Fianza* (1997) sehen die Anfertigung von CT-Aufnahmen bei komplexen anatomischen Strukturen, wie z. B. beim Vorliegen von multiplen Transpositionen oder überzähligen Zähnen, als gerechtfertigt.

7.5 Behandlungsplanung

Wurde eine Transposition diagnostiziert, werden die verschiedenen Möglichkeiten und Risiken

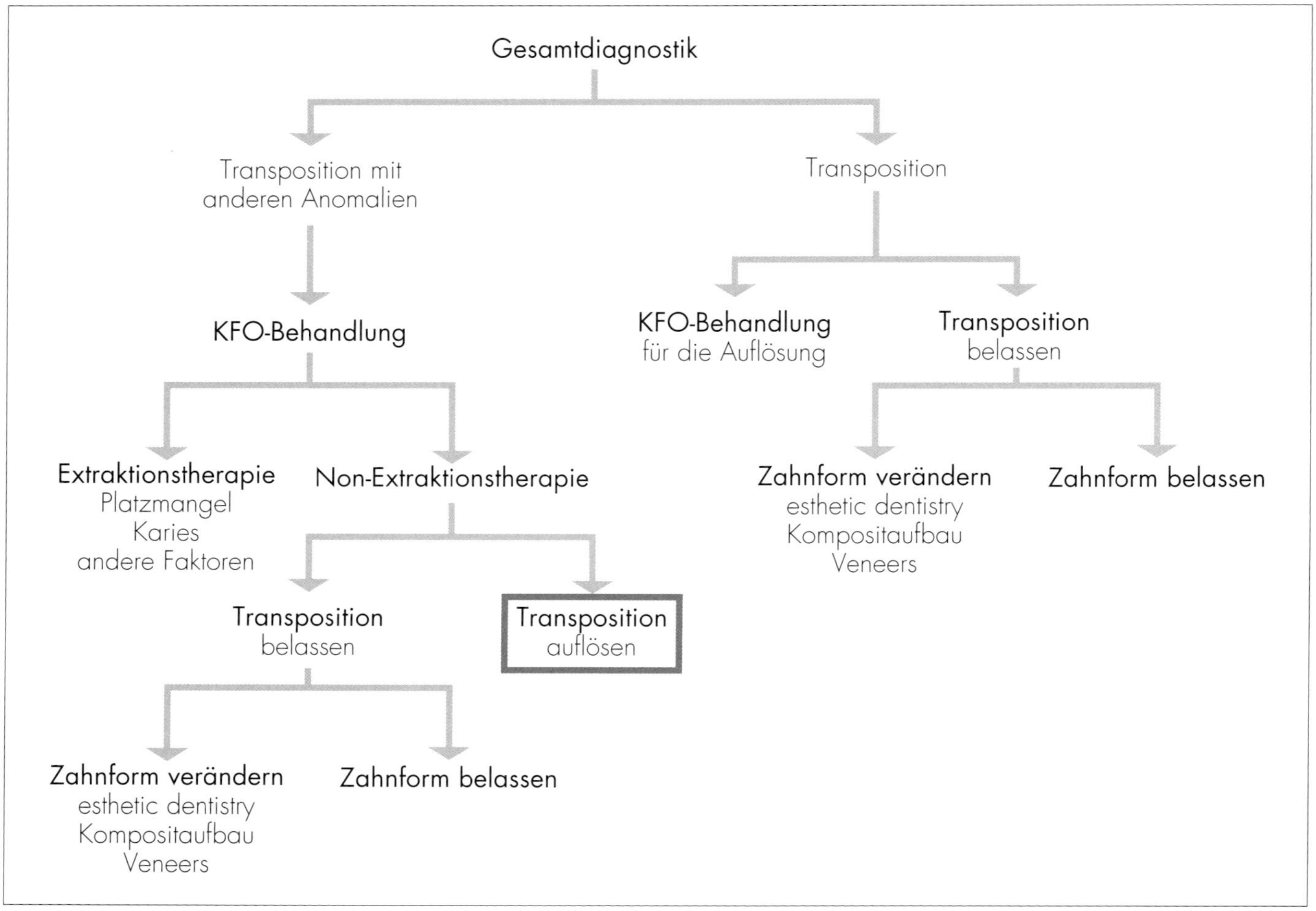

Abb. 7.9 Flussdiagramm zur Darstellung der verschiedenen Behandlungsmöglichkeiten bei Transpositionen.

einer Therapie gegeneinander abgewogen. Das Behandlungskonzept wird in Abhängigkeit von der gestellten Diagnose und unter Berücksichtigung vorliegender Dysgnathien erstellt (Abb. 7.9).

Stehen die transponierten Zähne gut im Zahnbogen und liegt kein weiterer kieferorthopädischer Behandlungsbedarf vor, ist zu diskutieren, ob die Transposition belassen werden kann. Eine kieferorthopädische Behandlung hätte lediglich die Auflösung der Transposition zum Ziel. Bei einem Belassen der Transposition kann die anatomische Form der betroffenen Zähne z. B. durch Kompositaufbauten oder Veneers korrigiert werden.

Ist ohnehin eine kieferorthopädische Behandlung erforderlich, sollte die Auflösung der Transposition geprüft werden. Unter Berücksichtigung der ästhetischen und funktionellen Gesichtspunkte ist die Einstellung der transponierten Zähne an ihre physiologische Position wünschenswert.

Die Voraussetzungen für eine Auflösung sind günstiger, wenn es sich um eine inkomplette Transposition handelt. Liegt eine komplette Transposition vor, so ist deren Auflösung eine äußerst schwierige Behandlung, bei der es zur Beschädigung benachbarter Strukturen kommen kann (Abb. 7.10a bis j und 7.11a bis e).

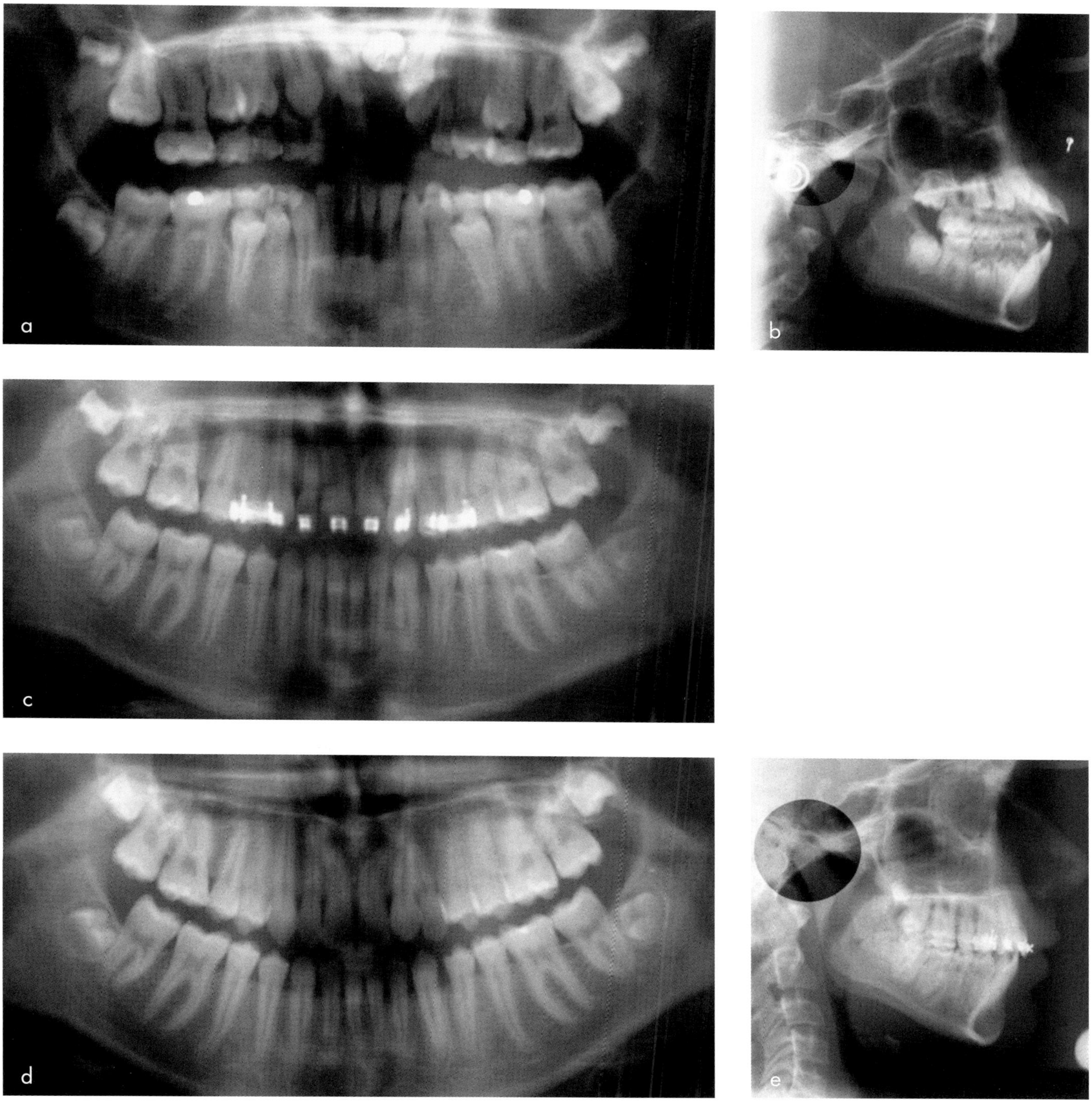

Abb. 7.10a bis e

a OPG: Verlagerter Zahn 21. Zahn 23 entwickelt sich in eine Transposition zwischen 21 und 22.

b FRS derselben Patientin; dentoalveolär offener Biss bei ausgeglichenem Wachstumsmuster.

c Zahn 11 wurde freigelegt und in den Zahnbogen eingestellt. Auf eine Auflösung der Transposition wurde verzichtet.

d OPG: Die Transposition der Zähne 23 und 22 wurde belassen.

e FRS derselben Patientin nach Abschluss der aktiven Therapie.

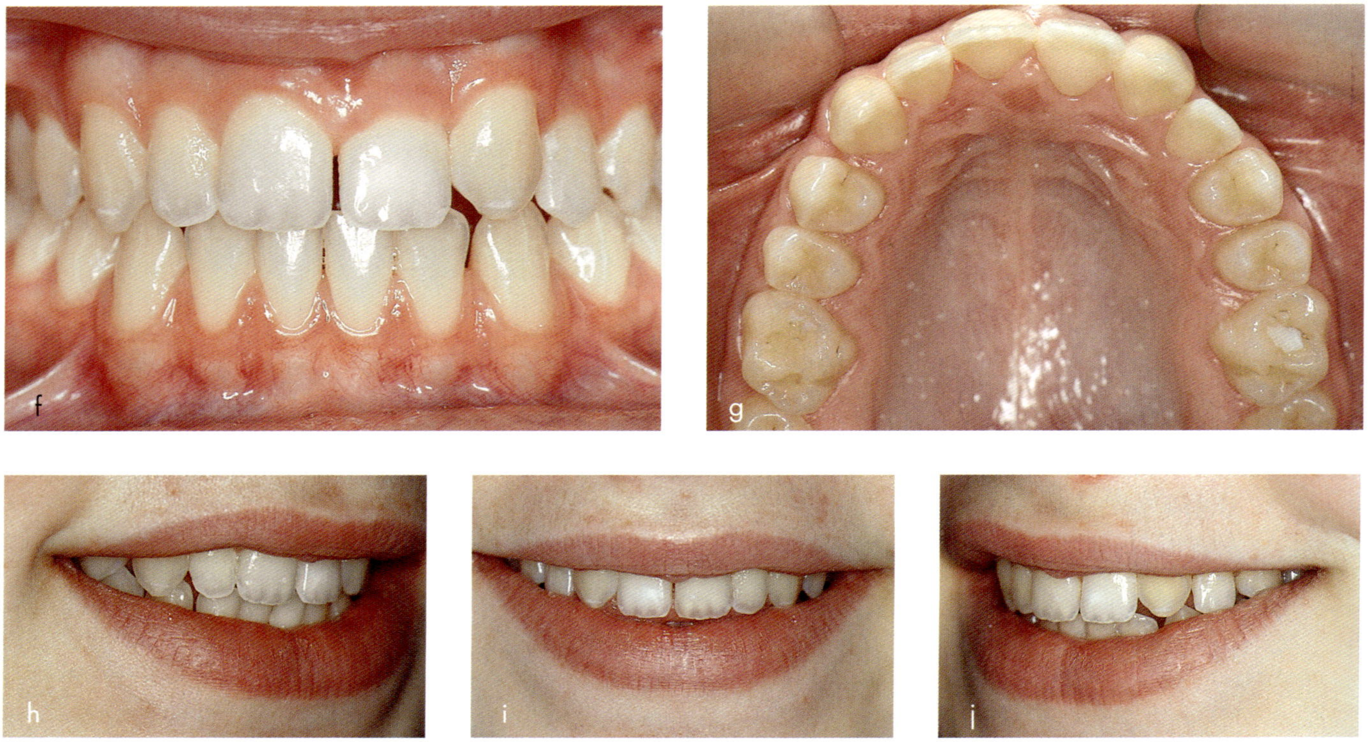

Abb. 7.10f bis j **f und g** Klinische Situation nach Abschluss der Behandlung: Der verlagerte Zahn 21 wurde in den Zahnbogen eingestellt; die Transposition zwischen den Zähnen 22 und 23 wurde belassen. **h bis j** Lachaufnahmen: ästhetische Dysbalance aufgrund belassener Transposition.

Abb. 7.11a bis e
a OPG: Transposition der Zähne 42 und 43.
b OPG derselben Patientin: Situation nach Abschluss der aktiven Behandlung. Die Zähne 42 und 43 wurden in Transposition belassen.
c und d Klinische Situation nach Abschluss der Behandlung mit in Transposition belassenen Zähnen 42 und 43.
e Lachaufnahme mit guter Ästhetik.

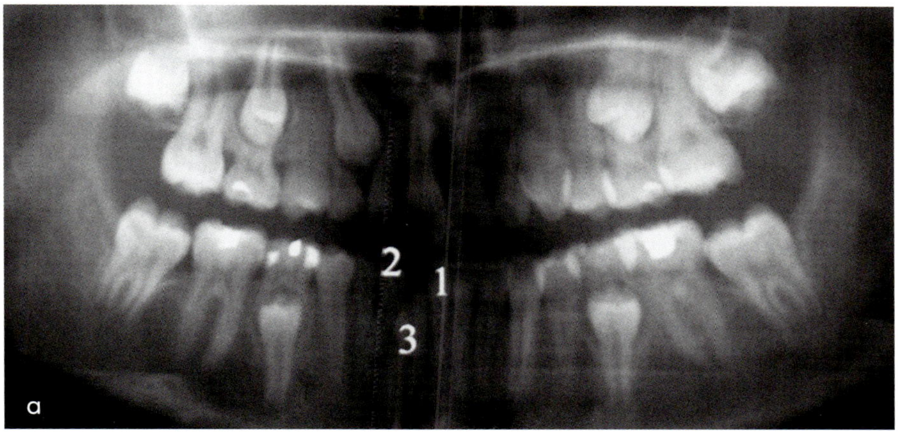

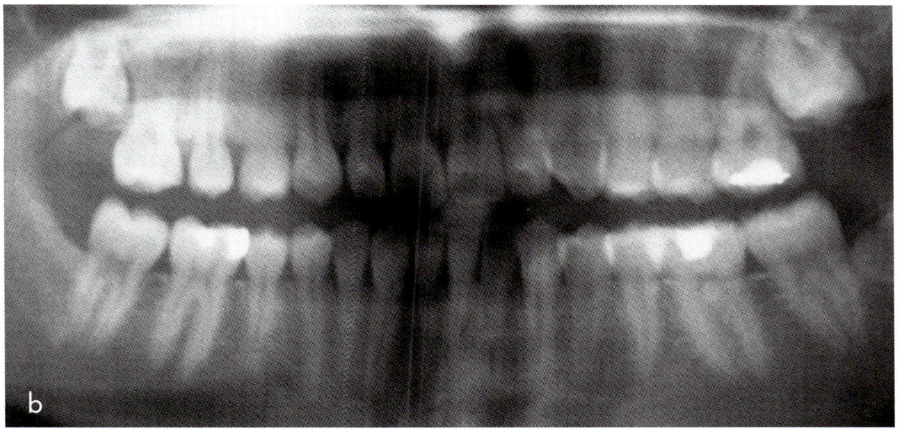

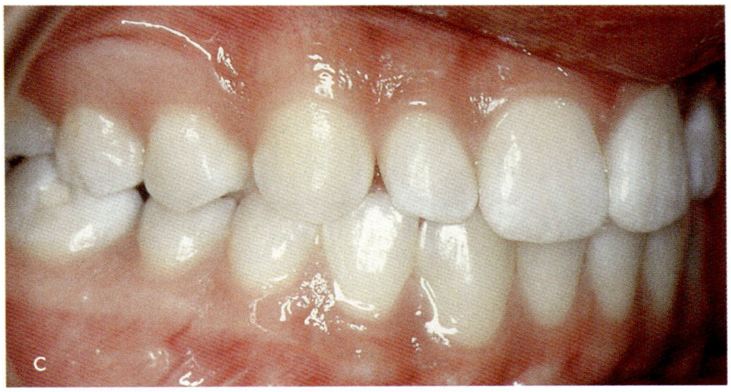

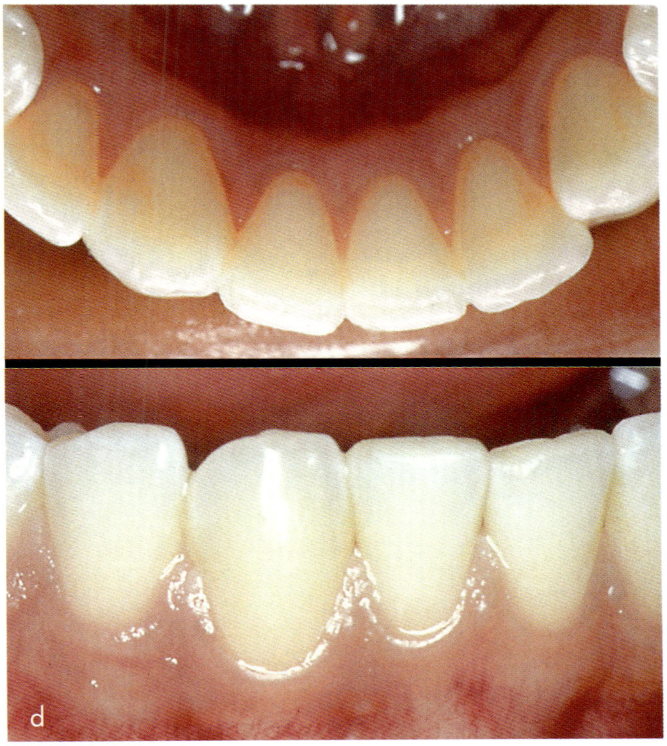

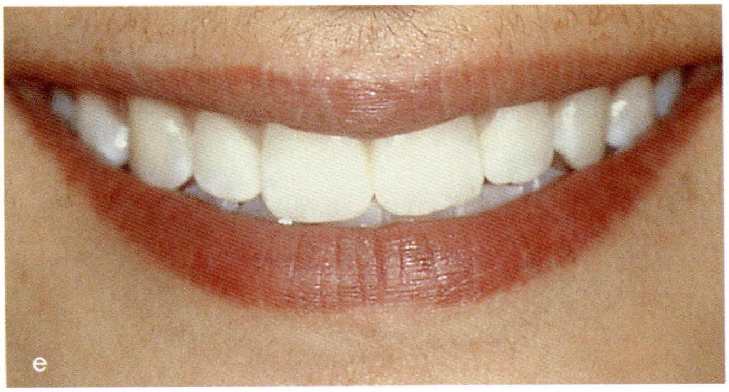

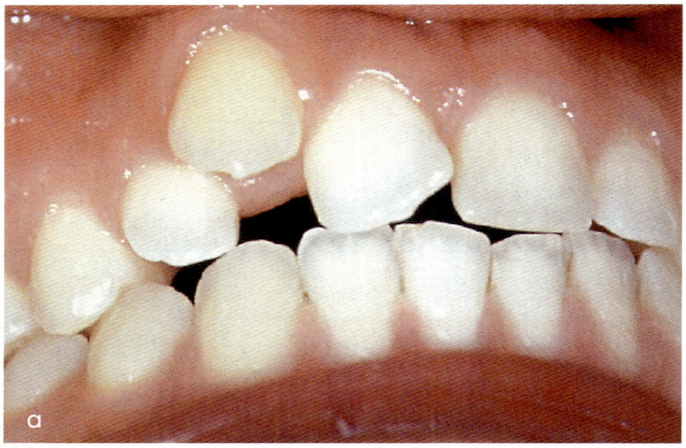

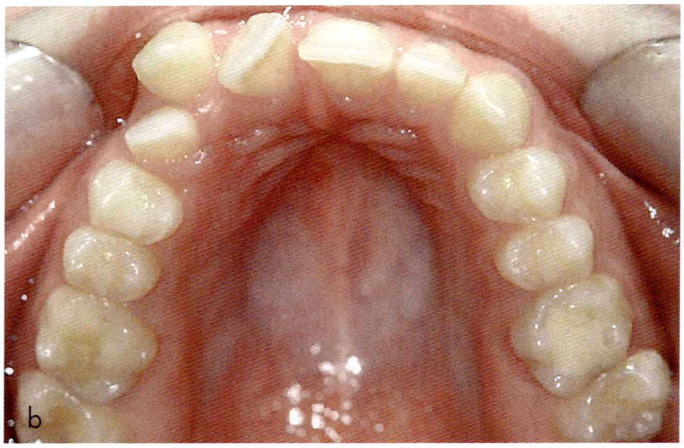

Abb. 7.12a und b Transposition der Zähne 12 und 13.

7.6 Klinische Beispiele

Anamnese und Befund. Bei einer 16-jährigen Patientin lag eine vollständige Transposition der Zähne 12 und 13 vor (Abb. 7.12 und 7.13).

Das OPG (Abb. 7.14) bestätigte die komplette Transposition. Zahn 12 wies zudem eine Abknickung im apikalen Wurzeldrittel auf.

Für die Lagebeurteilung der Wurzeln, die Darstellung der Knochenverhältnisse bzw. -dicke in bukko-lingualer Richtung sowie im interradikulären Bereich und für die Erkennung möglicher Wurzelschädigungen der transponierten Zähne, wurden CT-Aufnahmen angefertigt (Abb. 7.15). Die CT-Aufnahmen zeigten unbeschädigte Wurzeloberflächen und eine ausreichende Knochendicke zwischen den Wurzeln der transponierten Zähne.

Therapie. Die Patientin entschied sich für die Auflösung der Transposition. Die Alternative, das Belassen der Transposition mit Ausformung des Zahnbogens, wäre technisch einfacher gewesen, aber ästhetisch weniger befriedigend. Als Risiko galt die Gefahr einer sich bildenden Gingivarezession an Zahn 13.

Um die Distalisation des Eckzahnes durchführen zu können, musste Zahn 12 nach palatinal bewegt werden. Hierfür diente ein Palatal-Bar mit einem Ausleger[86, 87] (Abb. 7.16). Der Ausleger wurde so aktiviert, dass Zahn 12 sowohl nach palatinal als auch nach ventral bewegt wurde. Um eine traumatische Okklusion zu verhindern, wurde eine Aufbissschiene eingesetzt (Abb. 7.17).

In der ersten Phase wurde Zahn 13 mit Metallligaturen gegen den Zahn 16 verblockt. Nach ausreichender Bewegung von 12 nach palatinal, erfolgte mittels einer Druckfeder und anschließend mit einem offenen Loop die Distalisation des Eckzahnes (Abb. 7.18). Die gestauchte Gingiva zwischen den Zähnen 13 und 14 wurde exzidiert, um die orthodontische Bewegung des Eckzahnes nicht zu behindern.

Der Zahnfilm (Abb. 7.19) zeigt die weitgehend korrekte Kronen- und Wurzelposition von Zahn 13 im Zahnbogen, während die Wurzel von 12 zu diesem Zeitpunkt noch nicht aufgerichtet war.

Für die endgültige Einstellung des Zahnes 12 wurde zunächst ein Vierkant-Teilbogen (Abb. 7.20), später ein durchgehender Vierkantbogen zur Stabilisierung verwendet. Oberhalb dieses durchlaufenden Stahlbogens wurde zusätzlich ein dünner elastischer Bogen einligiert (Abb. 7.21). Nach der Einstellung in den Zahnbogen wurde begonnen, die Wurzel nach bukkal zu bewegen. Dafür war ein bukkaler Wurzeltorque erforderlich, der bei einem normal geklebten Bracket nur unzureichend hätte erreicht werden können. Deshalb wurde das für den Zahn 22 gedachte Bracket um 180 Grad gedreht geklebt,

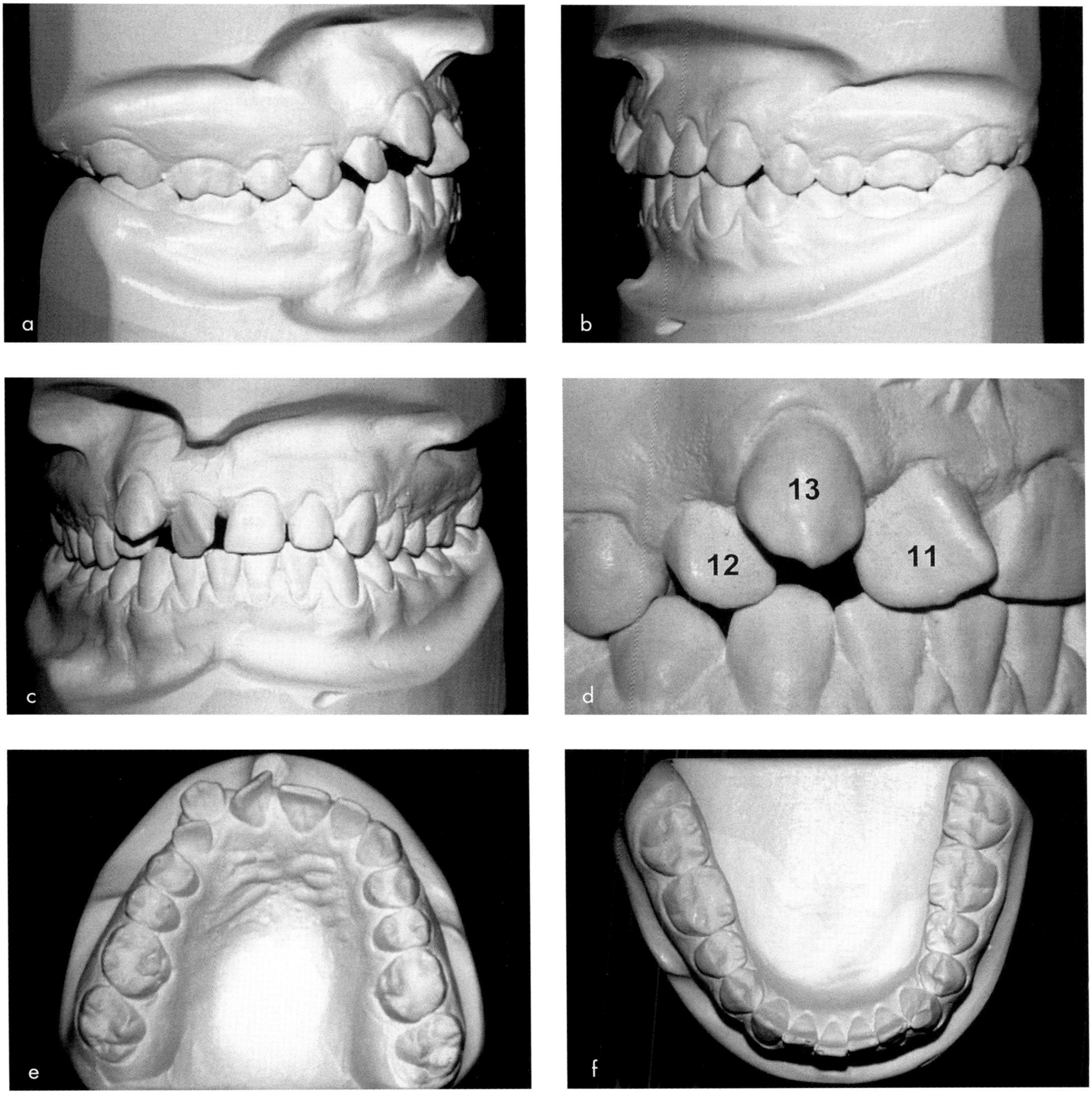

Abb.7.13a bis f Modellsituation: neutrale Okklusionsverhältnisse, harmonischer Unterkieferzahnbogen mit ausgeglichenen Platzverhältnissen.

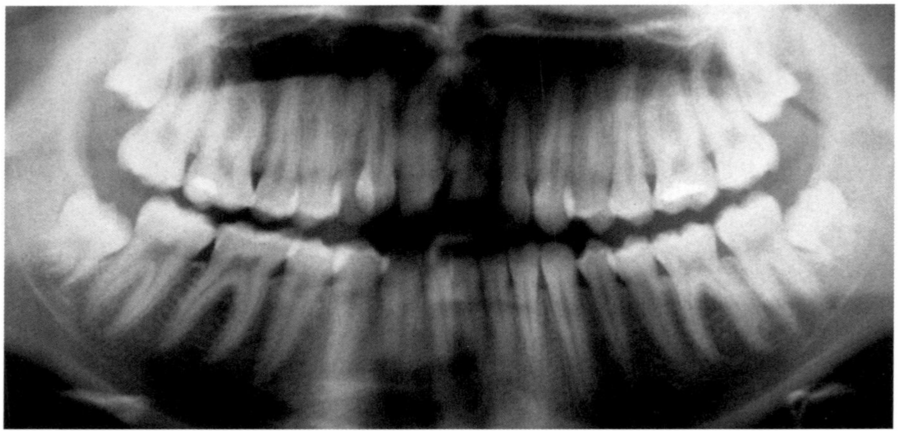

Abb. 7.14 OPG: Komplette Transposition der Zähne 12 und 13.

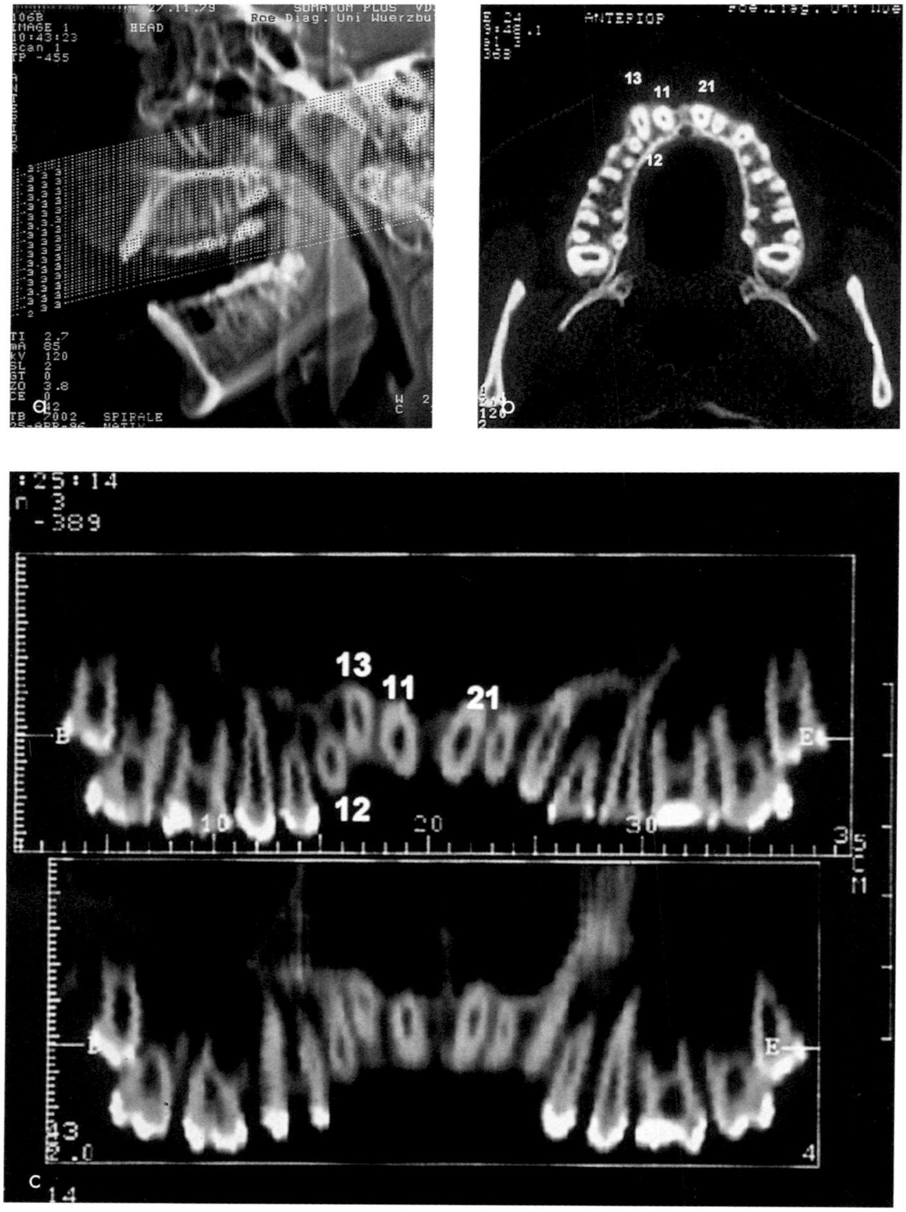

Abb. 7.15a bis c Axiale (a und b) und koronale (c) Computertomogrammaufnahmen: komplette Transposition der Zähne 12 und 13.

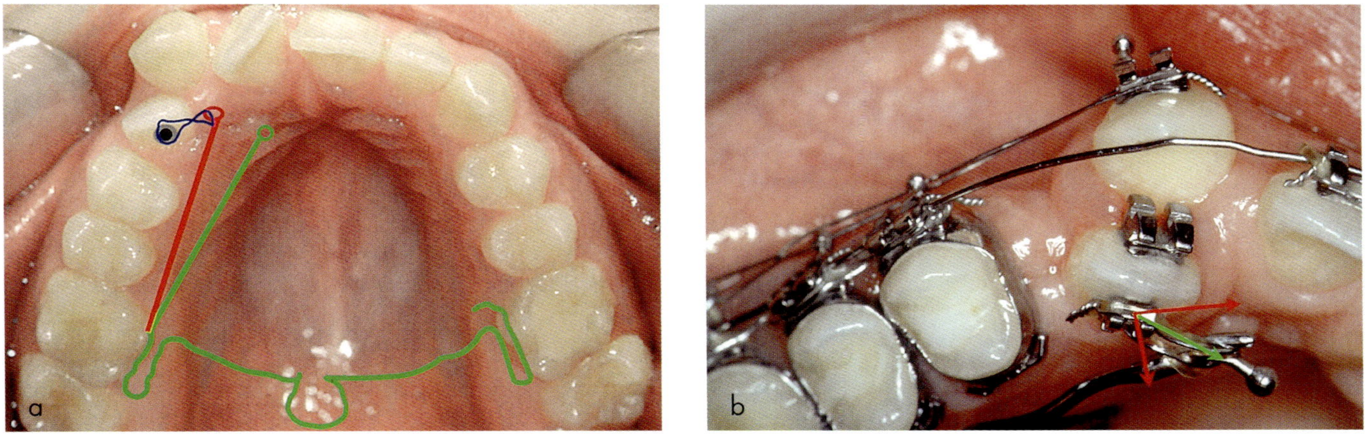

Abb. 7.16a und b Schematische Darstellung des Palatal-Bars mit Ausleger für die initiale Bewegung des Zahnes 12 nach palatinal, im passiven (grün) und im aktiven (rot) Zustand (**a**). Einligierter Palatal-Bar zur Bewegung des Zahnes 12 nach palatinal und gleichzeitig nach ventral. Grüner Pfeil: Kraftvektoren und die resultierende Bewegungsrichtung (**b**).

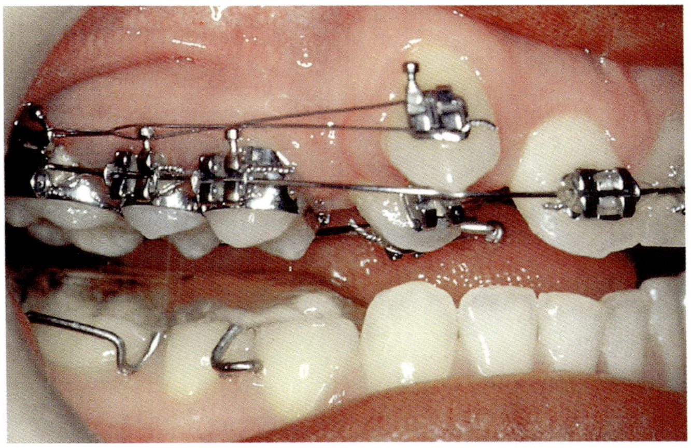

Abb. 7.17 Aufbissschiene zur Entkopplung der Okklusion.

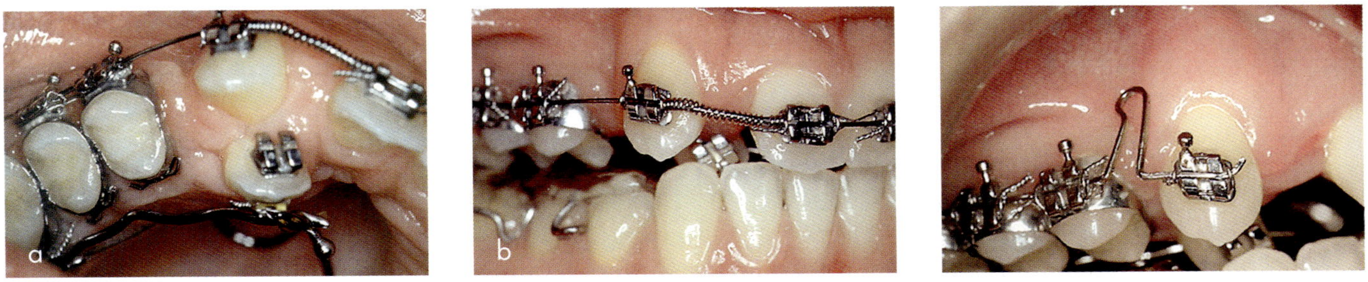

Abb. 7.18a bis c
a und b In den Hauptbogen einbezogener Zahn 13.
c Offener Loop im aktiven Zustand zur Distalisation des Eckzahnes.

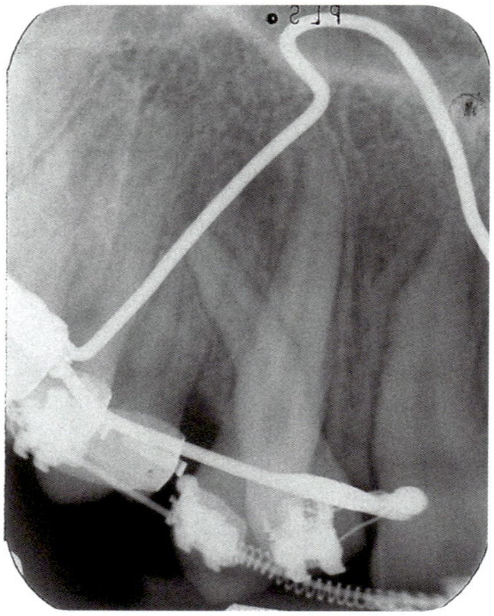

Abb. 7.19 Zahnfilm: Kreuzung der Wurzeln des seitlichen Schneidezahnes und des Eckzahnes nach dessen Distalisation.

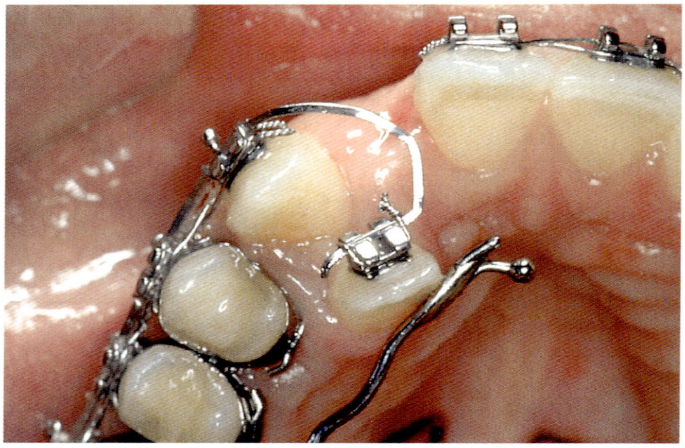

Abb. 7.20 Distal stehender Eckzahn. Bewegung von Zahn 12 in Richtung seiner physiologischen Position.

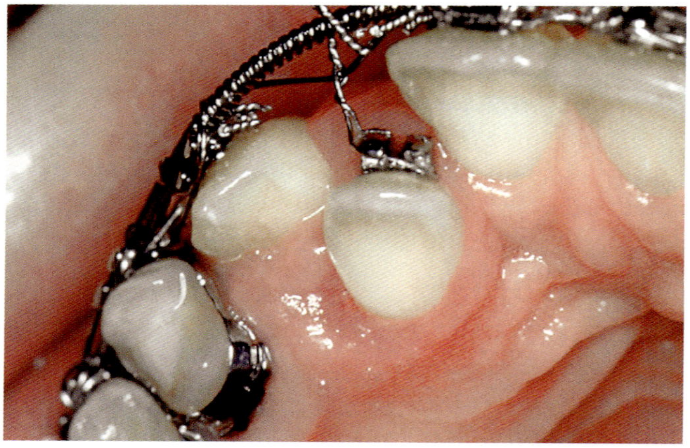

Abb. 7.21 Dünner elastischer Draht oberhalb des dicken durchlaufenden Stahldrahtes an Zahn 12 einligiert.

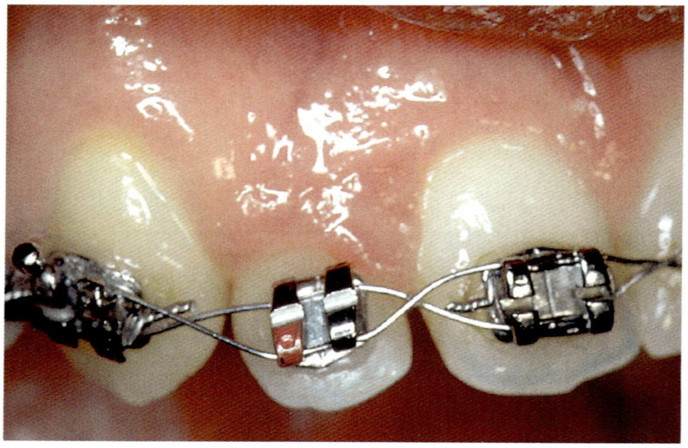

Abb. 7.22 An Zahn 12 wurde das Bracket um 180 Grad gedreht geklebt, um einen bukkalen Wurzeltorque zu erreichen.

wodurch ein bukkaler Wurzeltorque an 12 resultierte (Abb. 7.22 und 7.23).

Aufgrund der Hypoplasie des Zahnes 12 wurde die Krone mit Komposit aufgebaut (Abb. 7.24). Die korrekte Zahnstellung und die guten Parodontalverhältnisse ergaben ein ästhetisch ansprechendes Ergebnis (Abb. 7.25). Der Zahnfilm zeigt eine Wurzelresorption an Zahn 12 (Abb. 7.26).

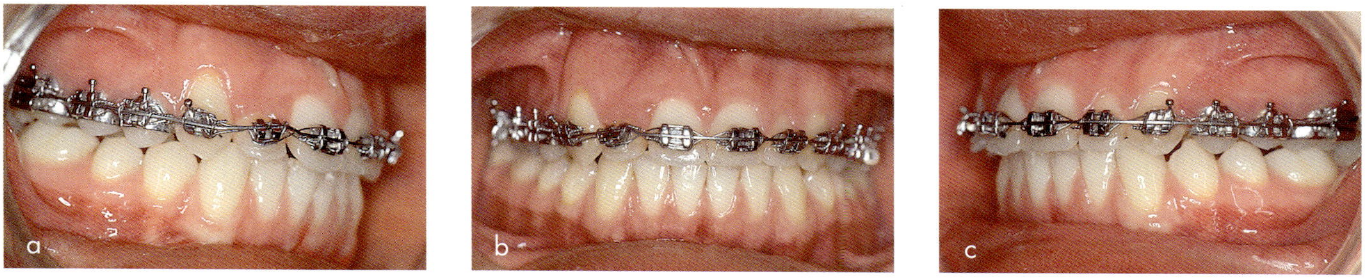

Abb. 7.23a bis c Klinische Situation vor Entbänderung.

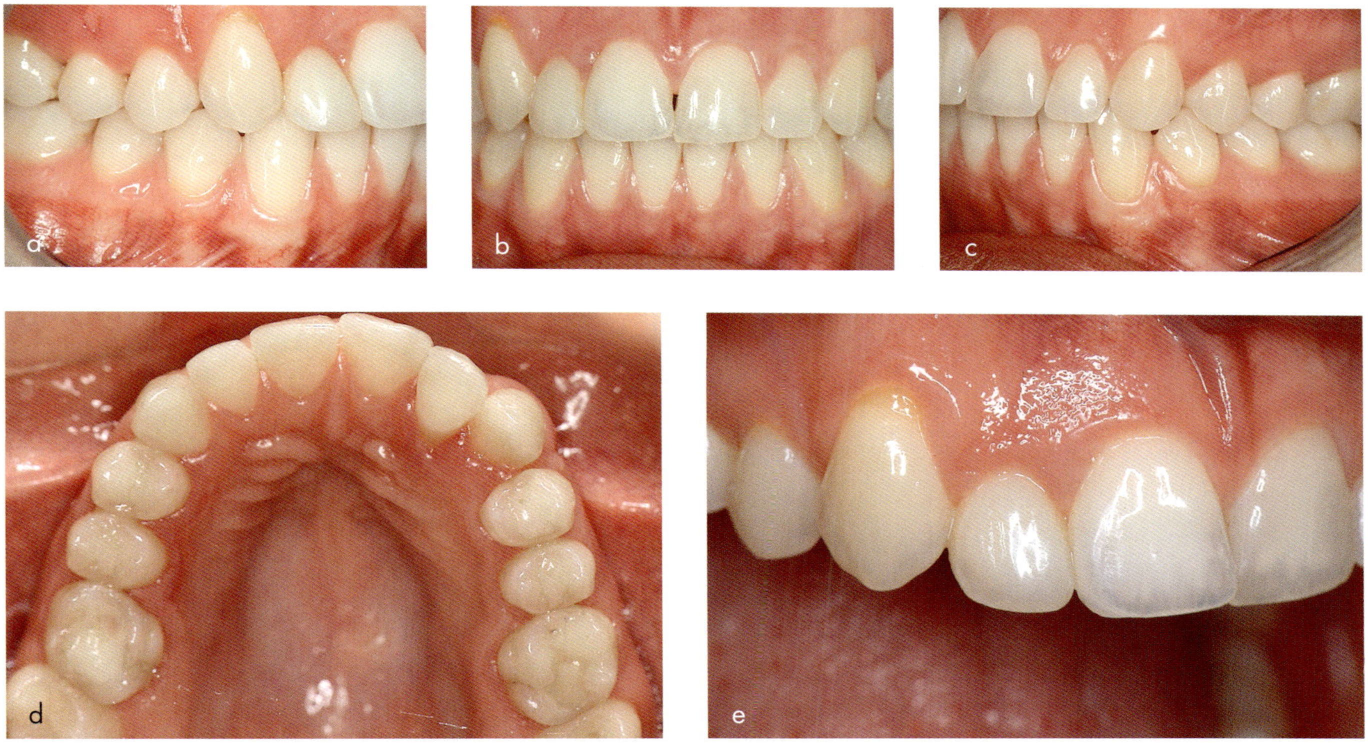

Abb. 7.24a bis e
a bis d Klinische Situation nach Auflösung der Transposition.
e Harmonische Zahnbreite und -form von 12 nach dem Aufbau mit Komposit. Gesunde Parodontalverhältnisse mit ausreichend befestigter Gingiva.

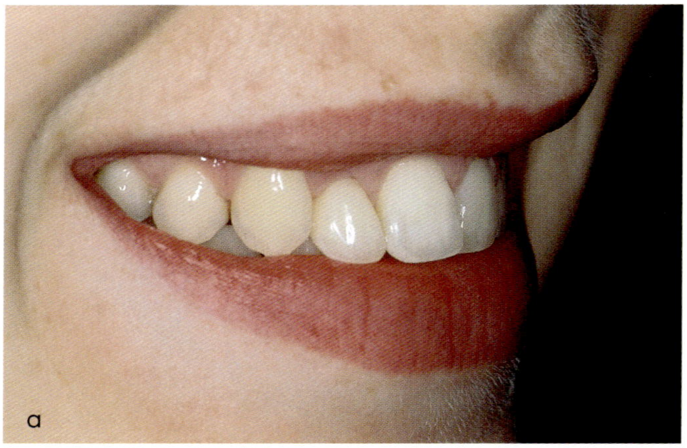

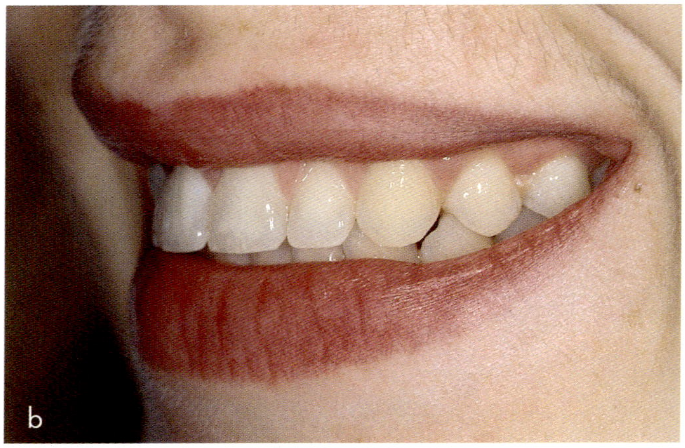

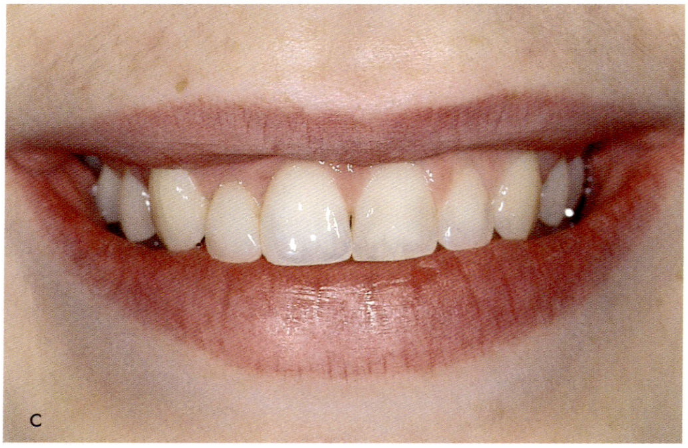

Abb. 7.25a bis d Ästhetisch ansprechendes Ergebnis.

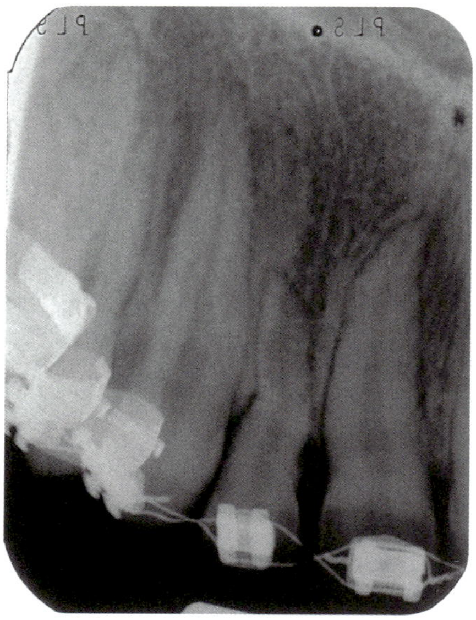

Abb. 7.26 Zahnfilm: Zahn 12 weist eine Wurzelabknickung und eine leichte Wurzelresorption auf.

Literaturverzeichnis

1. Allen WA: Bilateral transposition of teeth in two brothers. Br Dent J 1967; 123: 439-440.
2. Andreasen JO, Andreasen FM: Textbook and color atlas of traumatic injuries to the teeth. Copenhagen: Munksgaard 1994; 57-120.
3. Andreasen JO: Review of root resorption systems and models. Etiology of root resorption and the homeostatic mechanisms of the peridontal ligament. In: Davidovitch Z, editor: Biological mechanisms of tooth eruption and root resorption. Birmingham, AL: EBSCO Media 1988; 9-22.
4. Andreasen JO: Traumatic injuries of the teeth; 2nd Ed. Copenhagen: Munsgaards Forlag 1981. Dayal P K, Shodham K H, Dave C J: Transpositiones of canine with traumatic etiology. J Ind Dent Assoc 55: 283-285 (1983).
5. Artun J, Osterberg SK, Joondeph DR: Long-term periodontal status of labially erupted canines following orthodontic treatment. J Clin Periodontol 1986; 13: 856-861.
6. Bass T: Observation of the misplaced upper canine tooth. Dent Pract 1976; 18: 25-31.
7. Becker A: The orthodontic treatment of impacted teeth. London: Thieme, 1998; 25-96.
8. Becker A, Shpack N, Shteyer A: Attachment bonding to impacted teeth at the time of surgical exposure. Eur J Orthod 1996; 18: 457-463.
9. Becker A, Kohavi D, Zilberman Y: Periodontal status following the alignment of palatally impacted canine teeth. Am J Orthod 1983; 84: 332-336.
10. Becker A, Zilberman Y: The palatally impacted canine: A new approach to treatment. Am J Orthod 1978; 74: 422-429.
11. Bell, RA: The geometric theory of selection of artificial teeth: is it valid? JADA 1978; 4: 637-640.
12. Bishara SE: Impacted maxillary canines: A review. Am J Orthod Dentofac Orthop 1992; 101: 159-171.
13. Bishara SE, Kommer DD, McNeil MH, Montagano LN, Oesterle LJ, Youngquist HW: Management of impacted canines. Am J Orthod 1976; 69: 371-387.
14. Björk A, Jensen E, Palling M: Mandibular growth and the third molar impaction. Acta odont scandinav 1956; 14: 231-242.
15. Buenviaje TM, Rapp R: Dental anomalies in children. J Dent Child 1984; 51: 42-45.
16. Burstone CJ, Manhartsberger C: Precision lingual arches. Passive applications. J Clin Orthod 1988; 22: 444-451.
17. Cook EF: Misplacement of upper canine. Br Dent J 1929; 50: 842-850.
18. Crescini A, Clauser C, Giorgetti R, Cortellini P, Pini Prato GP: Tunnel traction of infraosseous impacted maxillary canines. A three-year periodontal follow-up. Am J Orthod Dentofacial Orthop 1994; 105: 61-72.
19. Dachi SF, Howell FV: A survey of 3874 routine full mouth radiographs. Oral Surg Oral Med Oral Path 1961, 14: 1165-1169.
20. Dausch-Neumann D: Der Durchbruchsweg bleibender Eckzähne. Fortschr Kieferorthop 1970; 31: 9-16.
21. Dewel BF: The upper cuspid. Its development and impaction. Angle Orthod 1949; 19: 79-90.
22. Di Biase DD: The effects of variations in tooth morphology and position on eruption. Dent Pract Dent Rec 1971; 22: 95-108.
23. Diedrich P: Die kieferorthopädische Einordnung retinierter Zähne. In: Deutscher Zahnärztekalender. München, Wien: Carl Hanser Verlag 1986; 84-101.
24. Dinayar B: Orthodontic management of canine transposition. J Ind Dent Assoc 1983; 55: 323-324.
25. Ericson S, Kurol J: Early treatment of palatally erupting maxillary canines by extraction of the primary canines. Eur J Orthod 1988a; 10: 283-295.
26. Ericson S, Kurol J: Resorption of maxillary lateral incisors caused by ectopic eruption of the canines. Am J Orthod Dentofac Orthop 1988b; 94: 503-513.
27. Ericson S, Kurol J: CT diagnosis of ectopically erupting maxillary canines - a case report. Eur J Orthod 1988c; 10: 115-120.
28. Ericson S, Kurol J: Radiographic examination of ectopically erupting maxillary canines. Am J Orthod and Dentof Orthop 1987; 91: 483-492.

29. Ericson S, Kurol J: Radiographic assessment of maxillary canine eruption in children with clinical signs of eruption disturbance. Eur J Orthod 1986; 8: 133-140.

30. Fournier A, Turcotte J, Bernard C: Orthodontic considerations in the treatment of maxillary impacted canines. Am J Orthod 1982; 81: 236-239.

31. Fox NA, Fletcher GA, Horner K: Localizing maxillary canines using dental panoramic tomography. Br dent J 1995; 12: 9-23.

32. Freisfeld M, Schüller H: Anwendungsmöglichkeiten der Computertomographie in der Kieferorthopädie. Prakt Kieferorthop 1992; 6: 169-182.

33. Gabka J, Kaspar E: Statistische Übersicht über retinierte Zähne. Fortschr Kieferorthop 1975; 36: 331-339.

34. Gholston LR, Williams PR: Bilateral transposition of maxillary canines and lateral incisors: a rare condition. J Dent Child 1984; 51: 58-63.

35. Hallett GE: A maxillary canine erupting in the first molar region. Br Dent J 1942; 72: 191-201.

36. Harris CA: A dictionary of dental sciences, biography, bibliography and medical terminology. 1st Ed., Philadelphia: Lindsay and Blakiston, 1849: 725.

37. Heaney TG, Atherton JD: Periodontal problems associated with the surgical exposure of unerupted teeth. Brit J Orthod 1975; 3: 79-85.

38. Howard RD: The displaced maxillary canine: positional variations associated with incisor resorption. Dent Pract Rec 1972; 22: 279-287.

39. Huey-Yuan W: Root resorption associated with impacted maxillary third molar. Oral Surg Oral Med Oral Pathol 1992; 6: 765-766.

40. Hunter S: Treatment of the unerupted maxillary canine. Br Dent J 1983; 154: 294-296.

41. Jackson M: Transposition of the upper maxillary canine and the lateral incisor. Br Dent J 1951; 90: 158-167.

42. Jacoby H: The etiology of maxillary canine impactions. Am Jour Orthod 1983; 84: 125-132.

43. Jacoby H: The "ballista spring" system for impacted teeth. Am J Orthod 1979; 75: 143-151.

44. Jarvinen S: Mandibular incisor-cuspid transposition: A survey. J Periodontol 1982; 6: 159-163.

45. Joshi MR, Bhatt NA: Canine transposition. Oral Surg Oral Med Oral Pathol 1971; 31: 49-54.

46. Joshi MR, Gaitonde SS: Canine transposition of extensive degree: a case report. Br Dent J 1966; 121: 221-222.

47. Karwetzky R: Die Bedeutung der Eckzahneinordnung beim Lückenschluß im Oberkiefer. Fortschr Kieferorthop 1969; 30: 189-193.

48. Kohavi D, Becker A, Zilberman Y: Surgical exposure, orthodontic movement and final tooth position as factors in periodontal breakdown of treated palatally impacted canines. Am Jour Orthod 1984; 85: 72-77.

49. Kokich, VG, Mathews DP: Surgical and orthodontic management of impacted teeth. Dent Clin North Am 1993; 37: 181-204.

50. Kryshtalskyj B: A rare case of bilateral mandibular canine-lateral incisor transposition. Ont Dent 1982; 54: 123-125.

51. Langford SR, Sims MR: Upper molar root resorption because of distal movement. Am J Orthod 1981; 79: 669-679.

52. Lappin, MM: Practical management of the impacted maxillary cuspid. Am J Orthod 1951; 37: 769-778.

53. Laptook T, Silling G: Canine transposition-approaches to treatment. J Am Dent Assoc 1983; 107: 746-749.

54. Lieb G: Zur therapeutischen Beurteilung retinierter Front- und Eckzähne. Dtsch Zahnärztl Zeitschr 1962; 17: 40-48.

55. Lindauer SJ, Isaacson RJ: One couple orthodontic appliance systems. Seminars in Orthodontics 1995; 1: 12-24.

56. Lundström F, Hamp SE: Effect of oral hygiene education on children with and without subsequent orthodontic treatment. Scand J Dent Res 1980; 88: 53-59.

57. Lundström F, Hamp SE, Nyman S: Systematic plaque control in children undergoing long- term orthodontic treatment. Eur J Orthod 1980; 2: 27-39.

58. Mader C, Konzelmann JL: Transposition of teeth. J Am Dent Assoc 1979; 98: 412-413.

59. Manhartsberger C, Richter M: Der palatinal impaktierte Eckzahn – Neue Möglichkeiten zur kieferorthopädischen Einreihung. Prakt Kieferorthop 1992; 6: 161-168.

60. McBride LJ: Traction – a surgical/orthodontic procedure. Am J Orthod 1979; 76: 87-299.

61. McDonald F, Yap WL: The surgical exposure and application of direct traction of unerupted teeth. Am J Orthod 1986; 89: 331-340.

62. Miller BH: Influence of congenitally missing teeth on the eruption of the upper canine. Transactions of the British Society for the Study of Orthodontics 1963; 50: 17-24.

63. Moyers RF: Handbook of orthodontics. 3rd Ed. Year Book Medical Publishers. Chicago 1973; 526-529.

64. Oliver RG, Hardy P: Practical and theoretical aspects of a method of orthodontic traction to unerupt teeth illustrated by three cases. Brit J Orthod 1986; 13: 229-236.

65. Peck L, Peck S, Attia A: Maxillary canine-first premolar transposition, associated anomalies and genetic basis. Angle Orthod 1993; 63: 99-109.

66. Peck S, Peck L: Classification of maxillary tooth transpositions. Am J Orthod Dentofac Orthop 1995; 107: 505-517.

67. Preda L, La Fianza A: The use of spiral computed tomography in the localization of impacted maxillary canines. Dentomaxillofac Radiol 1997; 26: 236-241.

68. Peretz B, Arnon A: Bilateral transposition of maxillary canines and first premolares: case report. Quintessence Int 1992; 23: 345-348.

69. Pindborg JJ: Pathology of the Dental Hard Tissues. Copenhagen: Munksgard 1970: 68-71.

70. Pratt RJ: Migration of canine across the mandibular midline. Br Dent J 1969; 126: 463-464.

71. Proffit WR, Ackerman JL: Diagnosis and treatment planning. In: Orthodontics. Current principles and techniques. Graber TM, Swain BF, editors. St Louis: Mosby Comp 1985: 95.

72. Sandham A, Harvie H: Ectopic eruption of the maxillary canine resulting in transposition with adjecent teeth. Tandlaegebladet 1985; 89: 9-11.

73. Sasakura H, Yoshida T: Root resorption of upper permanent incisor caused by impacted canine. An analysis of 23 cases. Int J Oral Surg 1984; 13: 299-306.

74. Schachter H: A treated case of transposes upper canine. Dent Rec 1951; 71: 105-108.

75. Schmuth GPF, Freisfeld M, Köster O, Schüller H: The application of computertomography (CT) in cases of aberration of maxillary canines. Eur J Orthod 1990; 12: 173-183.

76. Shapira Y, Kuftinec MM: Early diagnosis and interception of potential maxillary canine impaction. J Am Ass 1998; 129: 1450-1454.

77. Shapira Y, Kuftinec MM: Tooth transposition bis a review of the literature and treatment considerations. Angle Orthod 1989; 83: 271-276.

78. Shapira Y, Kuftinec MM: Orthodontic management of mandibular canine incisor transposition. Am J Orthod 1983; 83: 271-276.

79. Shapira Y, Kuftinec MM: Orthodontic management of the palatally impacted tooth. J Clin Orthod 1981; 15: 810-813.

80. Thilander B, Myrberg N: The prevalence of malocclusion in Swedish school children. Scand J Dent Res 1973; 81: 12-20.

81. Tränkmann J: Ätiologie, Diagnose und Therapie retinierter Eckzähne. Prakt Kieferorthop 1987; 1: 217-236.

82. Trauner R, Byloff-Clar H, Stepantschitz E: Die Vererbung und Entwicklung der Zahn- und Kieferstellungsanomalien. Fortschr Kieferorthop 1961; 22: 1-71.

83. Varnarsdall RL, Corn H: Soft tissue management of labially positioned teeth. Am J Orthod 1977; 72: 53-64.

84. Vermette ME, Kokich VG, Kennedy DB: Uncovering labially impacted teeth: apically positioned flap and closed-eruption techniques. Angle Orthod 1995; 65: 23-34.

85. Wagner L: Zur Einordnung verlagerter Eckzähne. Prakt Kieferorthop 1991; 5: 29-36 (1991).

86. Watted N, Teuscher T, Reinhart E: Einordnung verlagerter Eckzähne im Oberkiefer. Teil I: Palatinal verlagerte Eckzähne. Kieferorthop 1999a; 13: 19-34.

87. Watted N, Teuscher T, Reinhart E: Einordnung verlagerter Eckzähne im Oberkiefer. Teil II: Bukkal verlagerte Eckzähne. Kieferorthop 1999b; 13: 103-114.

88. Williams BH: Diagnosis and prevention of maxillary cuspid impaction. Angle Orthod 1981; 51: 30-40.

89. Wong-Lee T, Wong F: Maintaining an ideal tooth-gingiva relationship when exposing and aligning an impacted tooth. Br J Orthod 1985; 12: 189-192.

90. Wood FI: Developmental anomaly with associated canine transposition. Br Dent J 1958; 104: 212-219.

91. Zilberman Y, Cohen B, Becker A: Familial trends in palatal canines, anomalous lareal incisors, and related phenomena. Eur J Orthod 1990; 12: 135-139.